河南省"十四五"普通高等教育规划教材

计算机科学导论实践教程

韩 丽 黄 伟 主编
朱会东 李红婵 王 华 副主编

电子工业出版社
Publishing House of Electronics Industry
北京·BEIJING

内 容 简 介

本书作为"计算机科学导论"课程的配套实践教程,通过大量的实践项目,引导学生由浅入深地进行实践学习,将培养学生动手能力落到实处。文中每章节实践内容均有详细操作步骤,内容覆盖全面,旨在通过实践项目,加深学生对计算机基本理论知识的理解,提高其对计算机专业学习的兴趣及工程实践能力。本书的实验内容涉及计算机操作基础、常用办公软件、多媒体技术、程序设计、数据库、计算机网络、网页制作、项目开发等方面,并在这些内容中穿插了主流工具软件的使用方法。

本书密切结合"计算机科学导论"课程的实践教学要求,兼顾计算机软件和硬件的最新发展,结构严谨,层次分明,叙述准确。本书可作为高校计算机类专业"计算机科学导论"实践课程的教材,也可作为计算机技术培训用书和计算机爱好者自学用书。

未经许可,不得以任何方式复制或抄袭本书之部分或全部内容。
版权所有,侵权必究。

图书在版编目(CIP)数据

计算机科学导论实践教程 / 韩丽,黄伟主编. —北京:电子工业出版社,2022.7

ISBN 978-7-121-41967-6

Ⅰ. ①计… Ⅱ. ①韩… ②黄… Ⅲ. ①计算机科学—教材 Ⅳ. ①TP3

中国版本图书馆 CIP 数据核字(2021)第 180763 号

责任编辑:李　静　　　　　　　特约编辑:田学清
印　　刷:保定市中画美凯印刷有限公司
装　　订:保定市中画美凯印刷有限公司
出版发行:电子工业出版社
　　　　　北京市海淀区万寿路 173 信箱　　邮编　100036
开　　本:787×1 092　1/16　　印张:15.5　　字数:512.9 千字
版　　次:2022 年 7 月第 1 版
印　　次:2024 年 8 月第 3 次印刷
定　　价:42.00 元

凡所购买电子工业出版社图书有缺损问题,请向购买书店调换。若书店售缺,请与本社发行部联系,联系及邮购电话:(010)88254888,88258888。

质量投诉请发邮件至 zlts@phei.com.cn,盗版侵权举报请发邮件至 dbqq@phei.com.cn。

本书咨询联系方式:(010)88254604,lijing@phei.com.cn。

前言

  进入21世纪，以计算机技术和网络技术为代表的信息技术得到迅猛的发展，信息技术已逐渐成为推动国民经济发展和促进全社会生产效率提升的强大动力，计算机操作已经成为各行各业工作人员应掌握的必备技能。计算思维是运用计算机科学的基础概念进行问题求解、系统设计，以及人类行为理解等涵盖计算机科学之广度的一系列思维活动，计算思维的培养可以帮助人们解决日常生活或和工作中遇到的诸多问题。

  "计算机科学导论"作为计算机科学相关专业学生进入大学后全面了解计算机技术的必修课程，是大学计算机科学教育体系中的核心课程和工程教育专业认证的重要支撑课程之一，要求学生不但要掌握计算机的基础知识与理论，而且要在计算机的操作上达到一定的熟练程度，能够运用计算机解决日常工作中的一些问题。《计算机科学导论实践教程》作为"计算机科学导论"课程的配套教材，与主教材的各知识模块紧密配合，理论联系实际，针对计算机科学领域的实际问题，通过设计覆盖理论课程知识点的实践环节，把培养学生动手解决工程实践问题的能力落到实处。

  本书对"计算机科学导论"课程的知识点进行梳理，在做到对计算机科学知识深入讲解的基础上，又注重对方法、计算思维和实践能力的培养，力求突出如下特色：

  （1）知识覆盖面广。本书涉及的知识既包括操作系统的使用、办公软件的操作、常用软件的使用，又包括多媒体技术、网页制作、程序设计基础，还有数据库、计算机网络等专业知识。

  （2）采用较新版本的主流工具软件。本书中的实验项目介绍的工具软件都是目前较新且在行业内广泛使用的，可为学生提供实例示范以及实践参考。

  （3）实验内容讲解翔实。每章的实验都会先介绍相关知识，通过实验范例介绍实验操作的详细过程和步骤，大量的插图讲解，清晰易懂，实验过程变得非常简单。

  （4）由浅入深，循序渐进。每章的实践都是由2～4个实验题目组成的，涉及的知识点由易到难，循序渐进，通过添加新技术发展的知识，开阔学生视野。

  本实践课程的任务如下：

  （1）培养学生的科学实践能力。

  ①通过阅读教材和资料，做好实验前的准备——自学能力。

  ②根据所学知识，完成实验要求——动手能力。

  ③能够完成简单的具有设计性内容的实验——设计能力。

  ④能够对实践要求进行初步分析判断——分析能力。

  ⑤能够对实践进行功能性拓展——创新能力。

  （2）培养与提高学生的科学素养。

  ①实事求是的科学作风。

  ②严肃认真的工作态度。

  ③主动研究的探索精神。

  全书共11章，内容包括计算机操作基础、常用办公软件Word 2019、电子表格Excel 2019、演示文稿PowerPoint 2019、多媒体技术及应用、程序设计基础、数据库基础、计算机网络与Internet

应用基础、网页制作、常用工具、综合实验项目开发。本书实验大部分来源于编者多年教学中总结的经典案例。本书内容新颖、紧跟时代发展、通俗易懂、实用性强。

本书由郑州轻工业大学韩丽、黄伟任主编，朱会东、李红婵、王华任副主编，王治国、刘岩、胡东华参与了本书编写。本书在编写过程中得到了郑州轻工业大学、河南省高等学校计算机教育研究会及电子工业出版社的大力支持和帮助，在此表示感谢！

编者都有多年从事计算机科学导论课程教学的经验，本书的部分内容展示了教学过程中的一些成果，我们力求使本书内容尽量完善；但由于编者水平有限，书中难免存在不足和疏漏之处，敬请广大读者特别是同行专家们批评指正。

注：因本书是单色印刷，图片无法展示颜色，请读者在阅读时结合软件操作学习。

编 者

2022 年 6 月

目录

第 1 章 计算机操作基础 1
实验一 计算机硬件的认识与连接 1
实验二 Windows 10 的基本操作 4
实验三 Windows 10 的高级操作 15

第 2 章 常用办公软件 Word 2019 23
实验一 文档的创建与排版 23
实验二 表格制作 37
实验三 图文混排与页面设置 46

第 3 章 电子表格 Excel 2019 53
实验一 工作表的创建与格式编排 53
实验二 公式与函数的应用 60
实验三 数据分析与图表创建 63

第 4 章 演示文稿 PowerPoint 2019 69
实验一 演示文稿的创建与修饰 69
实验二 动画效果设置 84

第 5 章 多媒体技术及应用 93
实验一 Premiere 的概述及安装 93
实验二 Premiere 的基本操作 95
实验三 Audition 与 Photoshop 的简单案例 101

第 6 章 程序设计基础 111
实验一 Raptor 的应用 111
实验二 C 程序设计 123
实验三 Go 程序设计 128

第 7 章 数据库基础 135
实验一 数据库和表的创建 135

实验二　数据表的查询 140
　　实验三　窗体与报表的操作 145

第 8 章　计算机网络与 Internet 应用基础 152
　　实验一　Internet 的接入 152
　　实验二　主流浏览器的概述与使用 155
　　实验三　电子邮件的收发与设置 162

第 9 章　网页制作 171
　　实验一　VS Code 的安装与配置 171
　　实验二　网页文档及常用标签 179
　　实验三　CSS 的使用 186

第 10 章　常用工具 195
　　实验一　一键 GHOST 与 FinalData 195
　　实验二　WinRAR 197
　　实验三　视频编辑专家 200
　　实验四　光影魔术手的使用 204

第 11 章　综合实验项目开发 209
　　实验一　软件项目开发流程 209
　　实验二　开发平台搭建 217
　　实验三　创建 Java Web 项目 224

第 1 章 计算机操作基础

本章主要讲述计算机各部件的连接及 Windows 10 的基本操作。通过本章的实验，学生将对计算机硬件有一定的了解和认识，并熟练掌握 Windows 10 的常用操作及一些必要的软硬件设置。

实验一 计算机硬件的认识与连接

一、实验学时：1 学时

二、实验目的

- 了解微型计算机的基本硬件及组成部件；
- 了解计算机系统各个硬件部件的基本功能；
- 掌握微型计算机的硬件连接步骤及安装过程。

三、相关知识

1. 硬件的基本配置

计算机的硬件系统由主机、显示器、键盘、鼠标组成。具有多媒体功能的计算机还配有音箱、话筒等。除此之外，计算机还可外接打印机、扫描仪、数码相机等设备。

计算机最主要的部分位于主机箱，如计算机的主板、电源、CPU、内存、硬盘、各种插卡（如显卡、声卡、网卡）等主要部件。主机箱的前面板上有按钮和指示灯，也有 USB 接口等。

2. 硬件连接步骤

首先在主板的对应插槽中安装 CPU、内存条，如图 1.1 所示，然后把主板安装在主机箱内，再安装硬盘、光驱，接着安装显卡、声卡和网卡等，连接机箱内的接线，最后连接外部设备（如显示器、鼠标和键盘等）。计算机主机箱内部如图 1.2 所示。

图 1.1 计算机主板

图 1.2 计算机主机箱内部

1）安装电源

把电源放在主机箱内的电源固定架上，使电源上的螺丝孔和主机箱上的螺丝孔一一对应，然后拧上螺丝。电源如图 1.3 所示。

2）安装 CPU

CPU 插槽是一个布满均匀圆形小孔的方形插槽，根据 CPU 的引脚和 CPU 插槽上插孔的位置对应关系确定 CPU 的安装方向。拉起 CPU 插槽边上的拉杆，将 CPU 卡扣对准 CPU 插槽相应位置，待 CPU 引脚完全放入后，按下拉杆至水平方向，锁紧 CPU。之后涂抹散热硅胶并安装散热器，然后将风扇电源插头插到主板上的 CPU 风扇插座上。CPU 的正面、背面分别如图 1.4、图 1.5 所示。

图 1.3 电源

图 1.4 CPU 正面

图 1.5 CPU 背面

3）安装内存

内存插槽是长条形的插槽，内存插槽中间有一个用于定位的凸起部分，按照内存插脚上的缺口位置将内存压入内存插槽，使插槽两端的卡子可完全卡住内存。内存如图 1.6 所示。

4）安装主板

首先将主机箱自带的金属螺柱拧入主板支撑板的螺丝孔中，将主板放入主机箱，注意主板上的固定孔对准拧入的螺柱，主板的接口区对准主机箱背板的对应接口孔。边调整位置边依次拧紧螺丝来固定主板。

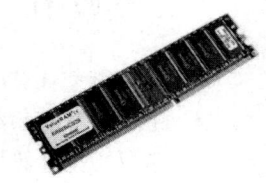

图 1.6 内存

5）安装光驱、硬盘

拆下机箱前部与要安装光驱位置对应的挡板，将光驱从前面板平行推入主机箱内部，边调整位置边拧紧螺丝把光驱固定在托架上。使用同样方法从主机箱内部将硬盘推入并固定在托架上。光驱、硬盘分别如图 1.7、图 1.8 所示。

图 1.7 光驱

图 1.8 硬盘

6）安装显卡、声卡和网卡等各种板卡

根据显卡、声卡和网卡等板卡的接口（PCI 接口、AGP 接口、PCI-E 接口等）确定不同板卡对应的插槽（PCI 插槽、AGP 插槽、PCI-E 插槽等），取下主机箱后部与插槽对应的金属挡片，将相应板卡插脚对准对应插槽，板卡挡板对准主机箱后部的挡片孔，用力将板卡压入插槽中并拧紧螺丝将板卡固定在主机箱上。显卡、声卡、网卡分别如图 1.9、图 1.10、图 1.11 所示。

图 1.9　显卡　　　　　　图 1.10　声卡　　　　　　图 1.11　网卡

7）主机箱内部连线

（1）连接主板电源线：把电源上的供电插头（20 芯或 24 芯）插入主板对应的电源插槽中。电源插头有一个防止插反和固定作用的卡扣，连接时，注意保持卡扣和卡座在同一方向上。为了对 CPU 提供更强更稳定的电压，目前主板会提供一个给 CPU 单独供电的接口（4 针、6 针或 8 针），连接时，把电源上的插头插入主板 CPU 附近对应的电源插座上。

（2）连接主板上的数据线和电源线：包括硬盘、光驱等的数据线和电源线的连接。

硬盘的数据线如图 1.12 所示。根据硬盘接口类型不同，硬盘的数据线可分为 PATA 硬盘采用的 80 芯扁平 IDE 数据线和 SATA 硬盘采用的 7 芯数据线。由于 80 芯数据线的接头中间设计了一个凸起部分，7 芯数据线接头是 L 型防呆盲插接头，因此根据这些可识别接头的插入方向，将数据线上的一个插头插入主板上的 IDE1 插座或 SATA1 插座，将数据线另一端插头插入硬盘的数据接口中，插入方向由插头上的凸起部分或 L 型定位决定。

光驱的数据线连接方法与硬盘的数据线连接方法相同，即把数据线插到主板上的另一个 IDE 插座或 SATA 插座上。

硬盘、光驱的电源线如图 1.13 所示。把电源提供的电源插头分别插到硬盘和光驱上，电源插头都是防呆设计的，只有正确的方向才能插入，因此不用害怕插反。

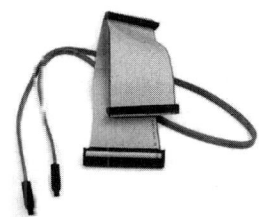　　　　　　　　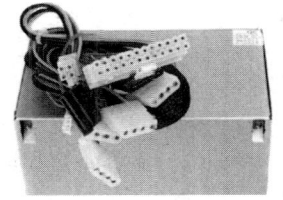

图 1.12　硬盘的数据线　　　　　　图 1.13　硬盘、光驱的电源线

（3）连接主板信号线和控制线，包括 POWER SW（开机信号线）、POWER LED（电源指示灯线）、H.D.D LED（硬盘指示灯线）、RESET SW（复位信号线）、SPEAKER（前置报警喇叭线）等。把信号线插头分别插到主板上对应的插槽上（一般在主板边沿处，并有相应标识），其中，开机信号线线和复位信号线没有正负极之分；前置报警喇叭线是四针结构的，红线为+5V 供电线，与主板上的+5V 接口对应；硬盘指示灯线和电源指示灯线区分正负极，一般情况下，红色代表正极。主板信号线和控制线如图 1.14 所示。

8）连接外部设备

（1）连接显示器：如果是 CRT 显示器，则把旋转底座固定到显示器底部，然后把视频信号线连接到主机背部面板的 15 针 D 型视频信号插座上（如果采用集成显卡主板，则该插座位于 I/O 接口区；如果采用独立显卡，则该插座位于显卡挡板上），最后连接显示器电源线。主机背部面板如图 1.15 所示。

（2）连接键盘和鼠标：鼠标、键盘 PS/2 接口位于主机背部 I/O 接口区。连接时可根据插头、插槽颜色和图形标识来区分，紫色为键盘接口，绿色为鼠标接口。对于 USB 接口的鼠标插到任意一个 USB 接口上即可。

（3）连接音箱/耳机：独立声卡或集成声卡通常有 LINE IN（线路输入）、MIC IN（传声器输入）、SPEAKER OUT（扬声器输出）、LINE OUT（线路输出）等插孔。若外接有源音箱，则可将其接到 LINE OUT 插孔；否则接到 SPEAKER OUT 插孔。耳机可接到 SPEAKER OUT 插孔或 LINE OUT 插孔。

以上步骤完成后，微型计算机系统的硬件部分就基本安装完毕了。

图 1.14　主板信号线和控制线

图 1.15　主机背部面板

四、实验要求

观察计算机的组成；掌握主板各部件的名称、功能等，了解主板上常用接口的功能、外观形状、颜色和防插反措施等；熟悉常用外部设备的连接方法，注意区分不同设备的接口颜色和形状。

实验二　Windows 10 的基本操作

一、实验学时：2 学时

二、实验目的

- 了解 Windows 10 桌面及其组成；
- 掌握鼠标的操作及使用方法；
- 熟练掌握任务栏和"开始"菜单的基本操作、Windows 10 窗口操作、管理文件和文件夹的方法；
- 掌握 Windows 10 中新一代文件管理系统-库的使用方法；
- 掌握启动应用程序的常用方法；
- 掌握中文输入法及系统日期/时间的设置方法；
- 掌握 Windows 10 中附件的使用方法。

三、相关知识

1. Windows 10 桌面

"桌面"就是用户启动计算机登录到系统后看到的整个屏幕界面,如图 1.16 所示。它是用户和计算机进行交流的窗口,可以放置用户经常用到的应用程序和文件夹图标。用户可以根据自己的需要在桌面上添加各种快捷图标,在使用时双击快捷图标就能够快速启动相应的程序或文件。以 Windows 10 桌面为起点,用户可以有效地管理自己的计算机。

第一次启动 Windows 10 时,桌面上只有"回收站"图标,"此电脑""Internet Explorer""我的文档""网上邻居"等图标被整理到了"开始"菜单中。桌面最下方的小长条是 Windows 10 系统的任务栏,它显示系统正在运行的程序和当前时间等内容,用户也可以对它进行一系列的设置。任务栏的最左端是"开始"按钮,右边是语言栏、工具栏、通知区和时钟区等,最右端是显示桌面按钮,中间是应用程序按钮分布区,如图 1.17 所示。

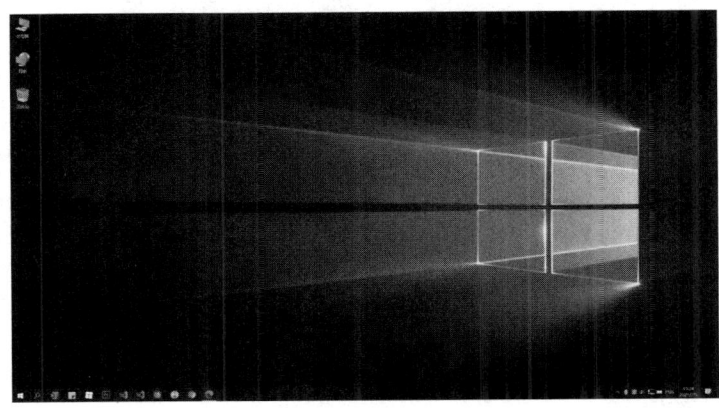

图 1.16　Windows 10 桌面

图 1.17　Windows 10 任务栏

单击任务栏中的"开始"按钮可以打开"开始"菜单,"开始"菜单左边是常用程序的快捷列表,右边为系统工具和文件管理工具列表。在 Windows 10 中取消了 Windows XP 中的快速启动栏,用户可以直接通过拖动鼠标把程序附加在任务栏上快速启动。应用程序按钮分布区表明当前运行的程序和打开的窗口;语言栏便于用户快速选择各种语言输入法,语言栏可以最小化在任务栏显示,也可以还原,独立于任务栏之外;工具栏显示用户添加到任务栏上的工具,如地址、链接等。

2. 驱动器、文件和文件夹

在计算机领域,驱动器指的是磁盘驱动器,是通过某个文件系统格式化并带有一个标识名的存储区域。存储区域可以是可移动磁盘、光盘、硬盘等,驱动器的名字是用单个英文字母表示的,当有多个硬盘或将一个硬盘划分成多个分区时,通常按字母顺序依次标识为 C:、D:、E: 等。

文件是有名称的一组相关信息的集合,程序和数据都是以文件的形式存放在计算机硬盘中的。每个文件都有一个文件名,文件名由主文件名和扩展名两部分组成,操作系统通过文件名对文件进行存取。

文件夹是文件分类存储的"抽屉",可以分门别类地管理文件。文件夹在显示时,也用图标显示,包含不同内容的文件夹,在显示时的图标是不太一样的。

3. 资源管理器

资源管理器是 Windows 系统提供的资源管理工具，可以用它查看本台计算机的所有资源，特别是它提供的树形的文件系统结构，用户能更清楚、更直观地查看和使用文件和文件夹。资源管理器主要由地址栏、搜索栏、工具栏、导航窗格、资源管理窗格、预览窗格及细节窗格 7 部分组成，如图 1.18 所示。导航窗格能够辅助用户在磁盘、库中切换。预览窗格在默认情况下不显示，可以通过单击工具栏左端的"查看"下的"显示/隐藏预览窗格"按钮来显示或隐藏预览窗格。资源管理窗格是用户进行操作的主要地方，用户可进行选择、打开、复制、移动、创建、删除、重命名等操作。同时，根据显示的内容，在资源管理窗格的上部会显示相关操作。

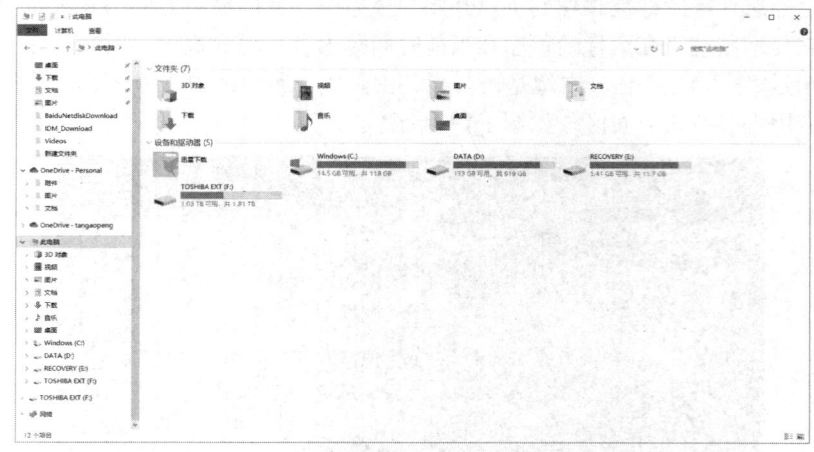

图 1.18　资源管理器

四、实验范例

1. Windows 10 环境下的鼠标基本操作

（1）指向：移动鼠标，将鼠标指针移到操作对象上，通常会激活对象或显示该对象的有关提示信息。

将鼠标指针移到桌面上的"此电脑"图标，如图 1.19 所示。

（2）单击：快速按下并释放鼠标左键，用于选定操作对象。

单击"此电脑"图标，选中"此电脑"图标，如图 1.20 所示。

图 1.19　鼠标的指向操作

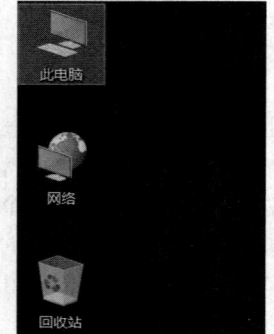
图 1.20　单击操作

（3）右击：快速按下并释放鼠标右键，用于打开相关的快捷菜单。

右击"此电脑"图标,弹出快捷菜单,如图 1.21 所示。

(4) 双击:连续两次快速单击鼠标左键,用于打开窗口或启动应用程序。

双击"此电脑"图标,观察操作系统的响应情况。

(5) 拖动:在鼠标指针指向操作对象后,按下左键不放,然后移动鼠标到指定位置再释放按键,用于复制或移动操作对象等。

把"此电脑"图标拖动到桌面其他位置,如图 1.22 所示。

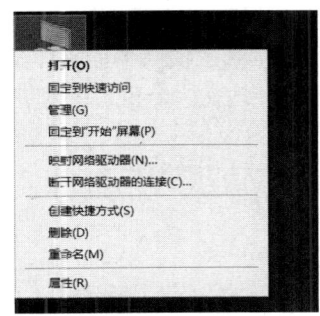
图 1.21 右击操作

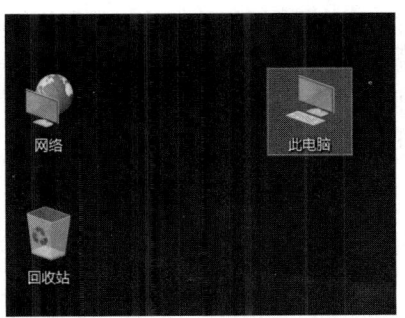
图 1.22 鼠标的拖动操作

2. 执行应用程序的方法

方法一:对 Windows 自带的应用程序,可单击"开始"按钮,再选择相应的菜单项来执行。

方法二:在"计算机"找到要执行的应用程序文件,然后双击(也可以选中之后按 Enter 键;也可右击程序文件,然后选择"打开")。

方法三:双击应用程序对应的快捷方式图标。

方法四:单击"开始"→"运行"命令,在命令行输入相应的命令后单击"确定"按钮。

3. 启动资源管理器的方法

方法一:双击桌面上的"此电脑"图标。

方法二:"Windows(键盘上有视窗图标的键)+E"组合键。

方法三:右击"开始"按钮,选择"打开 Windows 资源管理器"。

方法四:双击桌面上的"网络"图标。如果在桌面上没有"网络"图标,可以右击桌面空白处,选择弹出的快捷菜单中的"个性化"选项,在之后显示的窗口中选择"主题"选项,此时窗口右侧会显示出"桌面图标设置"按钮,单击此按钮,勾选弹出的对话框中的"网络"复选框,单击"确定"按钮即可将"网络"图标添加到桌面。

4. 多个文件或文件夹的选取

(1) 选取单个文件或文件夹:单击相应的文件或文件夹图标。

(2) 选取连续多个文件或文件夹:单击第 1 个要选取的文件或文件夹,然后按住 Shift 键的同时单击最后 1 个要选取的文件或文件夹,则它们之间的文件或文件夹就被选中了。

(3) 选取不连续的多个文件或文件夹:单击第 1 个要选取的文件或文件夹,然后按住 Ctrl 键不放,同时单击其他待选取的文件或文件夹。

5. Windows 窗口的基本操作

1) 窗口的最小化、最大化、关闭

打开"资源管理器"窗口,单击窗口右上角的"最小化"按钮-,"资源管理器"窗口最小化为任务栏上的一个图标。

打开"资源管理器"窗口,单击窗口右上角的"最大化"按钮□,"资源管理器"窗口最大化占满整个桌面；此时"最大化"按钮□变为"还原"按钮🗗。

打开"资源管理器"窗口，单击窗口右上角的"关闭"按钮×，"资源管理器"窗口被关闭。

2）排列与切换窗口

（1）双击桌面上"此电脑"和"回收站"图标，在桌面上同时打开这2个窗口。

（2）右击任务栏空白区域，单击任务栏快捷菜单中的"层叠窗口"命令，可将所有打开的窗口层叠在一起，如图1.23所示。

（3）单击某个窗口的标题栏，可将该窗口显示在其他窗口之上。

（4）单击任务栏快捷菜单上的"堆叠显示窗口"命令，可在屏幕上横向平铺所有打开的窗口，可以同时看到所有窗口中的内容，如图1.24所示，用户可以很方便地在两个窗口之间进行复制和移动文件的操作。

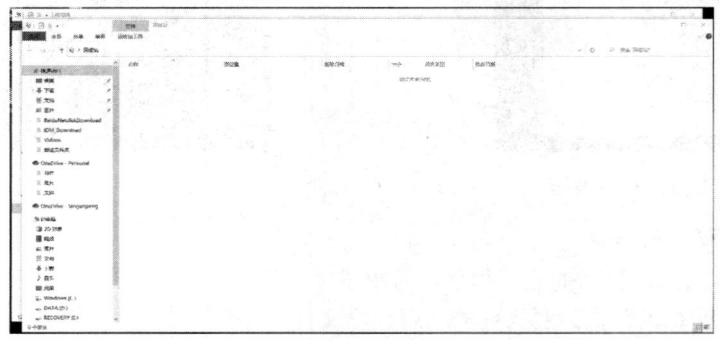

图 1.23　层叠窗口

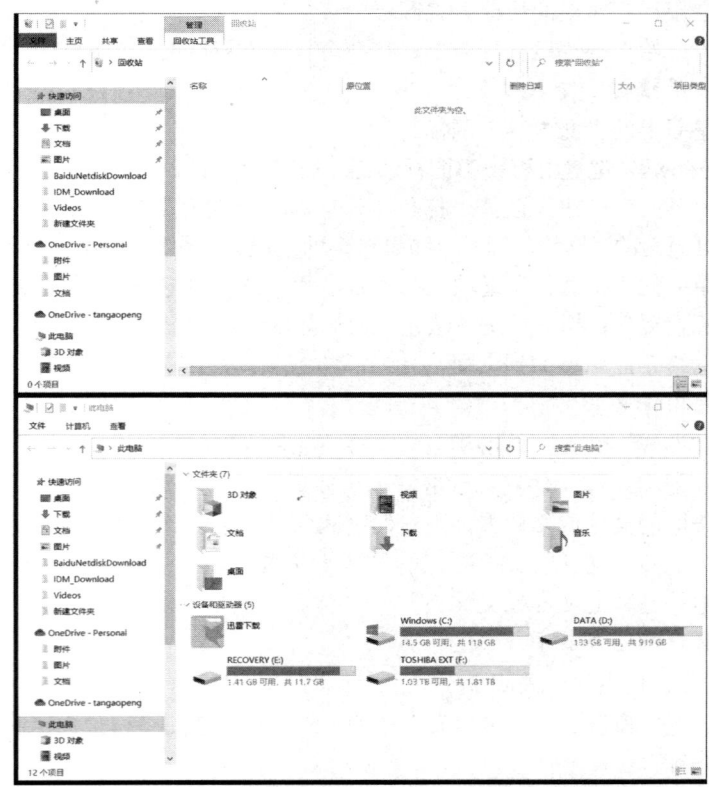

图 1.24　堆叠显示窗口

（5）单击任务栏快捷菜单上的"并排显示窗口"命令，可在屏幕上并排显示所有打开的窗口，如果打开的窗口多于两个，将以多排显示，如图1.25所示。

（6）切换窗口。按住Alt键再按下Tab键，屏幕会弹出一个任务框，任务框中排列着当前打开的各窗口的图标，按住Alt键的同时每按下一次Tab键，就会顺序选中一个窗口图标。选中所需窗口图标后，再释放Alt键，相应窗口即被激活为当前窗口。

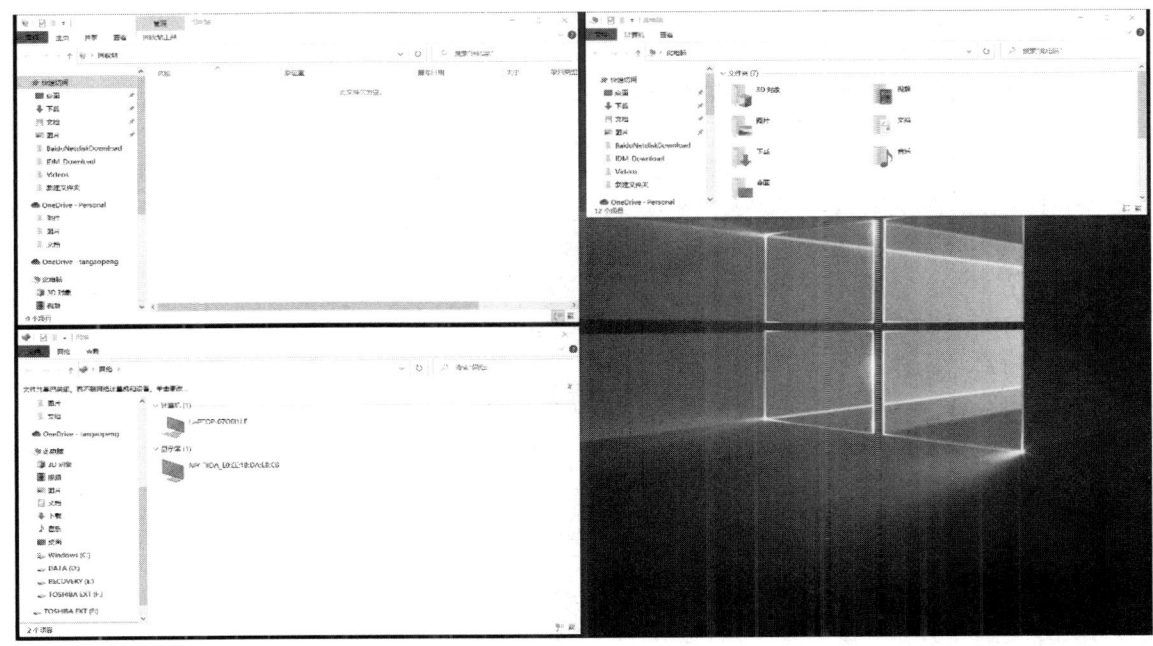

图1.25　并排显示窗口

6．库的使用

库是Windows 10系统最大的亮点之一，它彻底改变了我们的文件管理方式，从死板的文件夹方式变得更为灵活和方便。库可以集中管理视频、文档、音乐、图片和其他文件。在某些方面，库类似传统的文件夹，但与文件夹不同的是，库可以收集存储在任意位置的文件。

1）Windows 10库的组成

Windows 10系统默认包含视频、图片、文档和音乐4个库，当然，用户也可以创建新库。要创建新库，先要打开"资源管理器"窗口，然后右击导航窗格中的"库"，单击"新建库"按钮后直接输入库名称即可。

在"资源管理器"窗口中，选中一个库并右击，在弹出的快捷菜单中选择"属性"命令，即可在之后显示的对话框的"库位置"区域看到当前所选择的库的默认路径。可以单击该对话框中的"包含文件夹"按钮添加新的文件夹到所选库。

2）Windows 10库的添加、删除和重命名

（1）添加指定内容到库。

要将某个文件夹的内容添加到指定库，只需右击目标文件夹，在弹出的快捷菜单中选择"包含到库中"命令，之后根据需要在子菜单中选择一个库名即可。选择子菜单中的"创建新库"命令可以将所选文件夹内容添加到一个新建的库，新库的名称与文件夹的名称相同。

（2）删除与重命名库。

要删除或重命名库只需在该库上右击，选择弹出的快捷菜单中的"删除"或"重命名"命令即

可。删除库不会删除原始文件，只是删除库链接而已。

五、实验要求

按照实验步骤完成实验，观察设置效果后，将各项设置恢复到原来的设置。

任务一　认识 Windows 10

1. 启动 Windows 10

（1）打开外设电源开关，如显示器开关。

（2）打开主机电源开关。

（3）计算机开始进行自检，然后引导 Windows 10 系统，若设置登录密码，则引导 Windows 10 系统后，会出现登录验证界面，单击用户账号出现密码输入框，输入正确的密码后按 Enter 键即可正常启动进入 Windows 10 系统；若没有设置登录密码，则会自动进入 Windows 10 系统。

提示：在系统启动的过程中，若计算机安装了管理软件（如机房管理软件），则还要输入相应的用户名和密码。

2. 重新启动或关闭计算机

单击左下角 Windows 按钮，选择"电源"选项，会出现相应的子菜单，其中默认包含以下 3 个选项。

（1）关机。关闭计算机。

（2）重启。当用户需要重新启动计算机时，应选择"重启"选项，系统将结束当前的所有会话，关闭 Windows，然后自动重新启动系统。

（3）睡眠。当用户短时间不用计算机又不希望别人以自己的身份使用计算机时，应选择此选项。系统将保持当前的状态并进入低耗电状态。

单击左下角 Windows 按钮，单击用户头像，会出现相应子菜单，其中默认包含以下 3 个选项。

（1）更改账户设置。更改账户的相关设置、切换账户等。

（2）注销。用来注销当前用户，以备下一个人使用或防止数据被其他人操作。

（3）锁定。锁定当前用户。锁定后需要重新输入密码认证才能正常使用。

任务二　自定义 Windows 10

1. 自定义"开始"菜单

请按以下步骤对"开始"菜单进行设置。

（1）右击"开始"按钮，在弹出的快捷菜单中单击"设置"命令，单击"个性化"按钮，打开"个性化"设置窗口，如图 1.26 所示。

（2）单击左侧栏中的"开始"按钮，打开"开始"菜单设置窗口。

（3）单击"选择哪些文件夹显示在'开始'菜单上"超链接，打开如图 1.27 所示的窗口，可以选择"开始"菜单中显示哪些文件夹。

2. 自定义任务栏中的工具栏

请按以下步骤对工具栏进行设置。

（1）右击任务栏空白处，弹出快捷菜单。

（2）把鼠标指针移到快捷菜单中的"工具栏"，此时显示出"工具栏"子菜单，如图 1.28 所示。

（3）选择"工具栏"子菜单中的"地址"选项后，观察任务栏的变化。

第1章 计算机操作基础

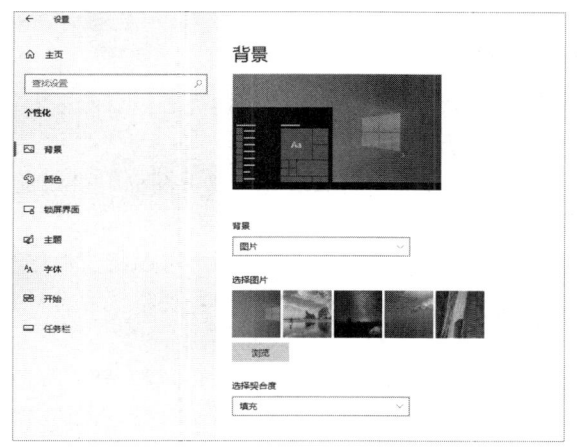

图 1.26 "个性化"设置窗口

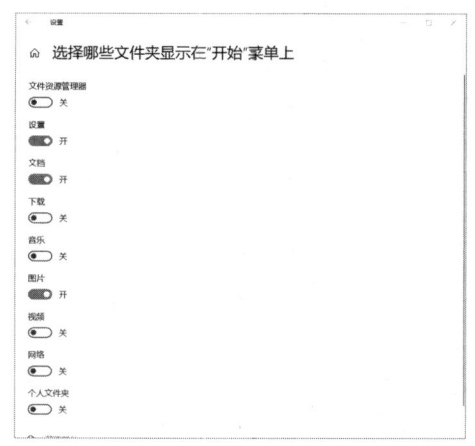

图 1.27 自定义"开始"菜单设置窗口

3. 自定义任务栏外观

请按以下步骤对任务栏进行设置。

（1）右击任务栏空白处，在弹出的如图 1.28 所示的快捷菜单中单击"任务栏设置"命令，打开如图 1.29 所示的窗口。

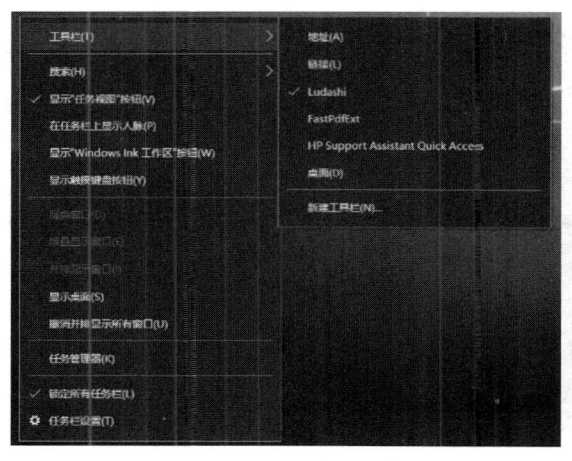

图 1.28 右击任务栏后弹出的快捷菜单

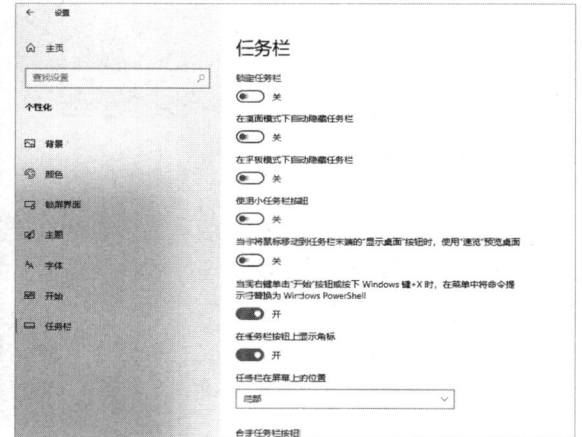

图 1.29 "任务栏"设置窗口

（2）在"任务栏"设置窗口中，有"锁定任务栏""在桌面模式下自动隐藏任务栏""使用小任务栏按钮"等开关，更改各个开关的状态后，观察任务栏的变化。

（3）关闭"锁定任务栏"后可以更改任务栏在桌面上的位置，如上、下、左或右；通过"合并任务栏按钮"下拉列表中的选项可以设置任务栏上显示的窗口图标是否合并及何时合并等。

（4）右击任务栏空白处，在弹出的快捷菜单中取消勾选"锁定任务栏"选项。当任务栏位于窗口底部时，将鼠标指针指向任务栏的上边缘，当鼠标指针变为双向箭头"⇅"时，向上拖动任务栏的上边缘即可改变任务栏的大小。

以上实验内容请同学们自己上机逐步操作、观察结果并加以体会。

任务三　进行文件和文件夹管理

1. 改变文件和文件夹的显示方式

"资源管理器"窗口的资源管理窗格中显示当前选定项目的文件和文件夹的列表，可改变它们的显示方式。请按以下步骤对文件和文件夹的显示方式进行设置。

（1）在"资源管理器"窗口中单击"查看"菜单，依次单击"超大图标""大图标""列表""详细信息""平铺"等命令，观察资源管理窗格中文件和文件夹显示方式的变化。

（2）单击"查看"菜单中的"分组依据"命令，打开"分组依据"子菜单，可以将资源管理窗格中的文件和文件夹进行分组，如图 1.30 所示。依次选择该子菜单中的命令，观察资源管理窗格中文件和文件夹显示方式的变化。

（3）单击"查看"菜单中的"排序方式"命令，打开"排序方式"子菜单，可以将资源管理窗格中的文件和文件夹进行排序显示，如图 1.31 所示。依次选择该子菜单中的命令，观察资源管理窗格中文件和文件夹显示方式的变化。

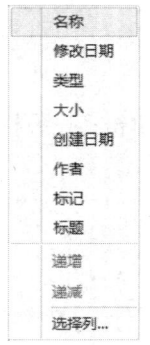

图 1.30　"分组依据"子菜单

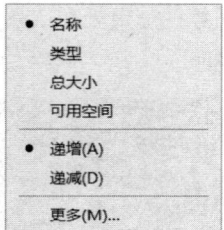

图 1.31　"排序方式"子菜单

（4）单击"查看"菜单中的"选项"命令，打开"文件夹选项"对话框。改变"浏览文件夹"和"打开项目的方式"中的选项，单击"确定"按钮，然后试着打开不同的文件夹和文件，观察显示方式及打开方式的变化。

（5）如图 1.32 所示，在"文件夹选项"对话框中单击"查看"选项卡，勾选"隐藏已知文件类型的扩展名"复选框，单击"确定"按钮，观察文件显示方式的变化。

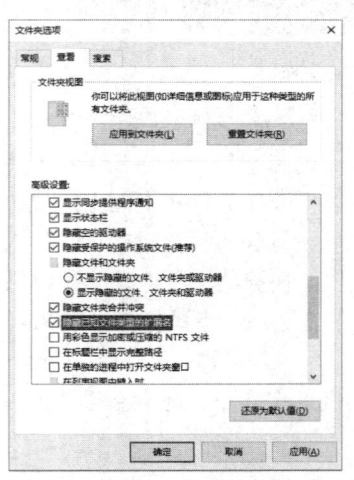

图 1.32　"文件夹选项"对话框

2．创建文件夹和文件

在 E 盘创建新文件夹及为文件夹创建新文件的步骤如下。

（1）打开"资源管理器"窗口。

（2）选择创建新文件夹的位置。在导航窗格中单击 E 盘图标，资源管理窗格中显示 E 盘根目录下的所有文件和文件夹。

（3）创建新文件夹有以下多种方法。

方法一：右击资源管理窗格空白处，弹出快捷菜单，在快捷菜单中选择"新建"→"文件夹"命令，然后输入文件夹名称"My Folder1"，按 Enter 键完成。

方法二：选择"主页"→"新建"→"文件夹"命令，然后输入文件夹名称"My Folder1"，按 Enter 键完成。

（4）双击新建好的"My Folder1"文件夹，打开该文件夹窗口，右击资源管理窗格空白处，弹出快捷菜单，在快捷菜单中选择"新建"→"文本文档"命令，然后输入文件名称"My File1"，按 Enter 键完成。

（5）使用同样方法在 E 盘根目录下创建"My Folder2"文件夹，并在"My Folder2"文件夹下创建文件"My File2"。

3．复制和移动文件和文件夹

请按以下步骤练习文件的复制、移动等操作。

（1）打开"资源管理器"窗口。

（2）找到并进入"My Folder2"文件夹，选中"My File2"文件。

（3）选择"主页"→"组织"→"复制"命令或按"Ctrl+C"组合键或右击资源管理窗格空白处，在弹出的快捷菜单中选择"复制"命令，此时，"My File2"文件被复制到剪贴板。

（4）进入"My Folder1"文件夹。

（5）选择"主页"→"剪贴板"→"粘贴"命令或按"Ctrl+V"组合键或右击资源管理窗格空白处，在弹出的快捷菜单中选择"粘贴"命令，此时，"My File2"文件被复制到目的文件夹"My Folder1"。

移动文件的步骤与复制基本相同，只需将第（3）步中的"复制"命令改为"剪切"命令或将"Ctrl+C"组合键改为"Ctrl+X"组合键。

4．重命名、删除文件和文件夹

请按以下步骤练习文件的删除和重命名操作。

（1）打开"资源管理器"，找到并进入"My Folder1"文件夹，选中"My File1"文件。

（2）选择"主页"→"组织"→"重命名"命令或右击资源管理窗格空白处，在弹出的快捷菜单中选择"重命名"命令，输入"My File3"后按 Enter 键结束。

（3）选择"My File3"文件，选择"主页"→"组织"→"删除"命令或直接在键盘上按 Delete 键，在弹出的"删除文件"对话框中，单击"是"按钮即可删除所选文件。

注意：这种文件删除方法只是把要删除的文件转移到了"回收站"，如果需要真正地删除该文件，可在执行删除操作的同时按下 Shift 键。

（4）双击桌面上的"回收站"图标，在"回收站"窗口中选中刚才被删除的文件，单击工具栏中的"还原此项目"按钮，该文件即可被还原到原来的位置。

（5）在"回收站"窗口中单击工具栏中的"清空回收站"按钮，在确认删除后，回收站中所有的文件均被彻底删除，无法再还原。

文件夹的操作与文件的操作基本相同，只是文件夹在复制、移动、删除的过程中，文件夹中所包含的所有子文件及子文件夹都将进行相同的操作。

任务四　运行 Windows 10 "画图"应用程序

选择"开始"→"Windows 附件"→"画图"命令，即可运行画图程序，"画图"窗口如图 1.33 所示。

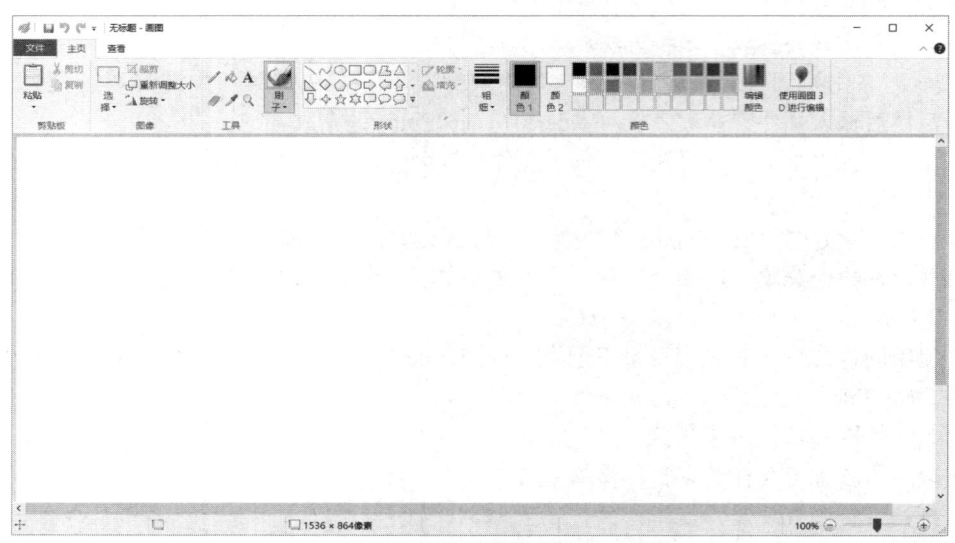

图 1.33　"画图"窗口

在"主页"选项卡中显示的是主要的绘图工具，包含"剪贴板""图像""工具""形状""粗细""颜色"功能模块，提供给用户对图片进行编辑和绘制的功能。请同学们依次练习绘图工具的使用，注意在画形状时形状轮廓及形状填充的使用。

任务五　添加和删除输入法

请按以下步骤，为系统添加一个新的输入法再删除该输入法。

（1）单击任务栏上的语言栏，弹出语言栏快捷菜单，切换输入法。语言栏如图 1.34 所示。

（2）选择"语言首选项"命令，弹出如图 1.35 所示的"语言"设置窗口。

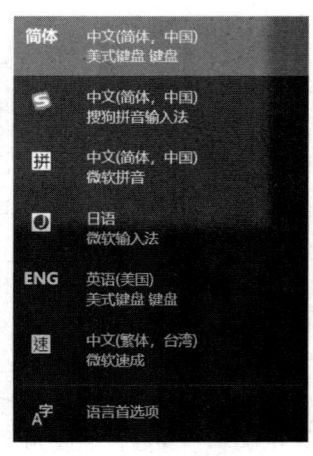

图 1.34　语言栏

图 1.35　"语言"设置窗口

（3）单击"添加语言"按钮，弹出"选择要安装的语言"对话框，选中列表框中的相应语言，依次单击单击"下一步"按钮使设置生效。

（4）单击任务栏中的语言栏图标，可看到新添加的输入法。

（5）再次打开"语言"设置窗口，选择"首选语言"中上一步安装的语言，单击"删除"按钮即可将该输入法删除。

任务六　更改系统日期、时间及时区

请按以下步骤，将系统日期设为"2016 年 6 月 30 日"，系统时间设为"16:20:30"，时区设为"吉隆坡，新加坡"。

（1）右击任务栏最右侧的时间，选择弹出的快捷菜单中的"调整日期/时间"命令，弹出"日期和时间"对话框。

（2）关闭"自动设置时间"，单击"手动更改日期和时间"按钮，弹出"日期和时间设置"对话框，依次更改"年份"为"2016"，"月份"为"六月"，"日期"为"30"，"时间"为"16:20:30"，依次单击"确定"按钮关闭对话框。

（3）观察任务栏右侧的时间，已经发生改变。

（4）再次打开"日期和时间"对话框，单击"更改时区"按钮，弹出"时区设置"对话框，在"时区"下拉列表中选择"(UTC+08:00)吉隆坡，新加坡"选项，依次单击"确定"按钮使设置生效。

实验三　Windows 10 的高级操作

一、实验学时：2 学时

二、实验目的

- 掌握控制面板的使用方法；
- 掌握 Windows 10 外观和个性化设置的基本方法；
- 掌握用户账户管理的基本方法；
- 掌握打印机的安装及设置方法；
- 掌握 Windows 10 系统的磁盘清理和碎片整理的方法。

三、相关知识

1. 控制面板

控制面板（Control Panel）集中了用来配置系统的全部应用程序，允许用户查看并进行计算机系统软硬件的设置和控制，因此，当对系统环境进行调整和设置时，一般都要通过控制面板进行，如添加硬件、添加/删除软件、控制用户账户、设置外观和个性化等。Windows 10 提供了分类视图和图标视图两种控制面板界面，其中，图标视图有两种显示方式：大图标和小图标。分类视图允许打开父项并对各个子项进行设置，如图 1.36 所示。在图标视图中能够更直观地看到计算机可以采用的各种设置，如图 1.37 所示。

图 1.36　控制面板"分类视图"界面

图 1.37　控制面板"图标视图"界面

2. 账户管理

Windows 10 支持多用户管理，多个用户可以共享一台计算机，并且可以为每一个用户创建一个用户账户，以及为每个用户配置独立的用户文件，从而使得每个用户登录计算机时，都可以进行个性化的环境设置。在控制面板中，单击"用户账户和家庭安全"，打开相应的窗口，可以实现用户账户、家长控制等管理功能。在"用户账户"中，可以更改当前账户的密码和图片、管理其他账户，也可以添加或删除用户账户。在"Windows 设置"→"账户"中可以设置家庭和其他用户。

3. 磁盘管理

磁盘管理是一项计算机使用时的常规任务，它以一组磁盘管理应用程序的形式提供给用户，包括查错程序、磁盘碎片整理程序、磁盘清理程序等。在 Windows 10 中没有提供一个单独的应用程序来管理磁盘，而是将磁盘管理集成到"计算机管理"。单击桌面的"此电脑"图标，在弹出的快捷菜单中单击"管理"命令，即可打开"计算机管理"窗口，选择"存储"中的"磁盘管理"，打开"磁盘管理"功能。利用磁盘管理工具可以一目了然地列出所有磁盘情况，并对各个磁盘分区进行管理操作。

四、实验范例

1. 设置控制面板视图方式

在 Windows 10 中控制面板的图标可以以分类视图和图标视图两种方式查看。单击"开始"按钮,在"开始"菜单中选择"控制面板"命令,打开"控制面板"窗口。通过"查看方式"旁边的下拉列表中的选项可以在分类视图、大图标视图和小图标视图之间进行切换。

2. 外观和个性化设置

请按以下步骤对 Windows 系统进行外观及个性化设置。

(1) 在"Windows 设置"窗口中单击"个性化"按钮,打开"个性化"设置窗口。

(2) 单击"主题"按钮,在之后显示的主题列表中选择不同的主题后观察桌面及窗口等的变化。

(3) 单击"背景"按钮,在之后显示的图片列表中选择一张图片,并在"图片位置"下拉列表中选择"居中"选项后单击"保存修改"按钮,观察桌面的变化。

(4) 单击"锁屏界面"按钮,弹出"屏幕保护程序设置"对话框,如图 1.38 所示。选择"屏幕保护程序"下拉列表中的"3D 文字"选项后,单击"设置"按钮,弹出"3D 文字设置"对话框,如图 1.39 所示,在"自定义文字"文本框输入"Windows 10",设置"旋转类型"为"旋转",单击"确定"按钮返回"屏幕保护程序设置"对话框时即可在预览区看到屏保效果,若要全屏预览,则单击"预览"按钮;若要保存此设置,则单击"确定"按钮。

图 1.38 "屏幕保护程序设置"对话框

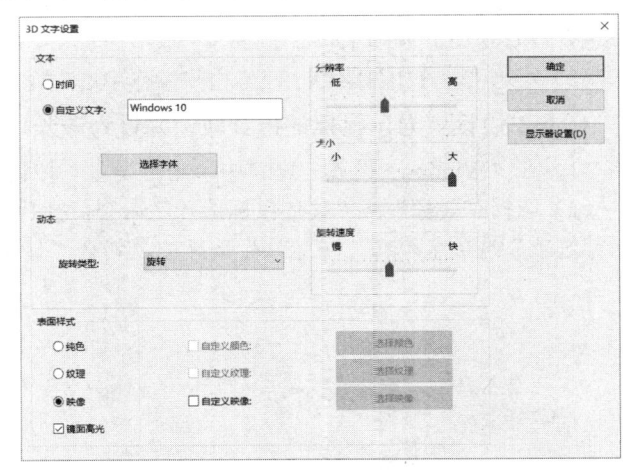
图 1.39 "3D 文字设置"对话框

五、实验要求

按照实验步骤完成实验,观察设置效果后,将设置恢复到原来的设置。

任务一 设置个性化的 Windows 10 外观

1. 更改桌面背景(图片任意),并以拉伸方式显示

右击桌面空白处,在弹出的快捷菜单中选择"个性化"命令,打开"个性化"设置窗口,单击窗口左侧的"背景"按钮,打开如图 1.40 所示的"背景"设置窗口。直接在背景下拉框中选取一张图片并在"选择契合度"下拉列表中选择"拉伸"选项后单击"保存修改"按钮。

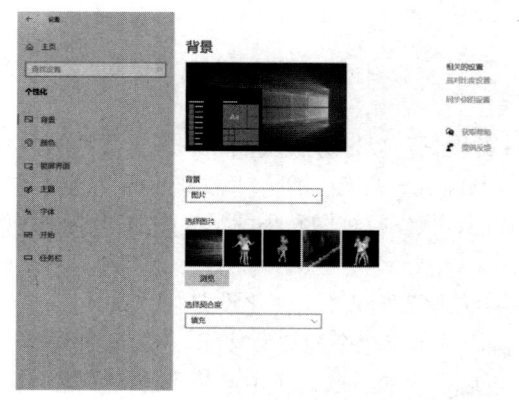

图 1.40 "背景"设置窗口

如果要将多张图片设为桌面背景,则在图 1.40 中选择"背景"下拉列表中的"幻灯片放映"选项,在"为幻灯片选择相册"下单击"浏览"按钮,在打开的对话框中选择一个图片文件夹,并在"更改图片时间间隔"下拉列表中选择"更改间隔"选项,如果希望多张图片无序播放,选中"无序播放",返回桌面,观察效果。

2. 更改窗口边框、"开始"菜单和任务栏的颜色为深红色,并启用透明效果

(1)若要更改任务栏的颜色,则选择"开始"→"设置"→"个性化"→"颜色"命令,打开"颜色"设置窗口,如图 1.41 所示。

(2)勾选"'开始'菜单、任务栏和操作中心"复选框,将任务栏的颜色更改为整个主题颜色。

任务二 设置显示鼠标的指针轨迹并设为最长

(1)在"Windows 设置"窗口中单击"设备"按钮,显示"设备"设置窗口。

(2)选择"鼠标"→"其他鼠标选项"命令,打开如图 1.42 所示的"鼠标属性"对话框,单击"指针选项"选项卡,在"可见性"选区中,勾选"显示指针轨迹"复选框并拖动滑块至最右边。

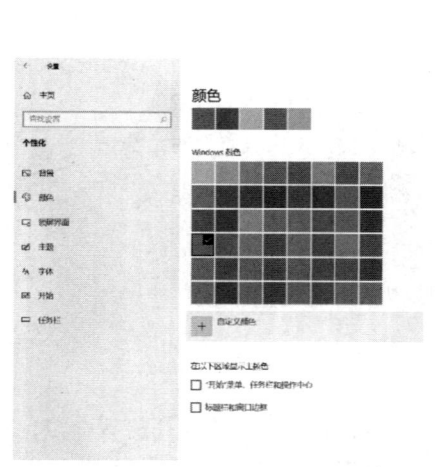

图 1.41 "颜色"设置窗口

图 1.42 "鼠标属性"对话框

任务三　添加新用户"Admin1",密码设置为"Admin1"(只有系统管理员才有用户账户管理的权限)

(1)在"Windows 设置"窗口中单击"账户"按钮,打开"账户"设置窗口,单击"家庭和其他用户"按钮,在打开的如图 1.43 所示的窗口中单击"将其他人添加到这台电脑"超链接。

(2)在如图 1.44 所示的对话框中输入新账户的名称"Admin1",并输入密码,设置安全问题。

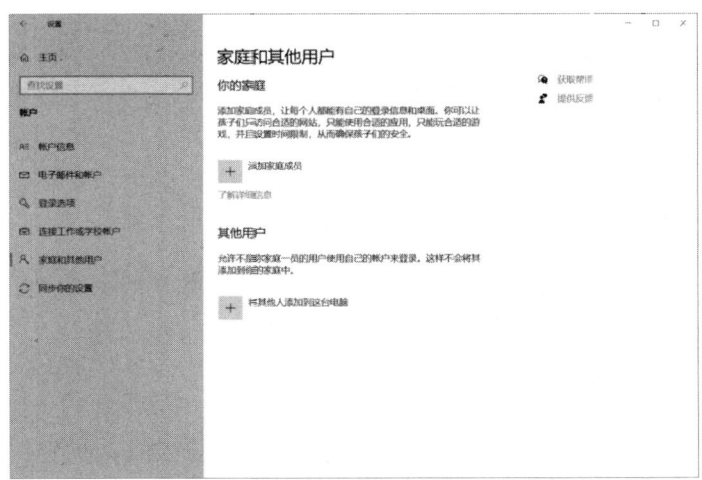

图 1.43　"家庭和其他用户"设置窗口

(3)单击"下一步"按钮,创建成功。
(4)单击新创建的用户,选择更改账户类型为"管理员"或"标准用户"。

图 1.44　"Microsoft 账户[①]"对话框

设置完成后,打开"开始"菜单,将鼠标指针移动到"关机"菜单项旁的箭头按钮上,然后单击,选择弹出的快捷菜单中的"切换用户"命令,显示系统登录界面,此时可以看到新增加的账户"Admin1",单击选择该账户后输入密码就可以以新的用户身份登录系统。

---

① "帐户"为错误写法,应为"账户"。

任务四　打印机的安装及设置

1. 安装打印机

安装打印机,首先将打印机的数据线连接到计算机的相应端口上,接通电源,打开打印机,然后打开"Windows 设置"窗口,单击"设备"按钮,打开"设备"设置窗口,单击"打印机和扫描仪"按钮,打开"打印机和扫描仪"设置窗口。也可以通过"控制面板"中"硬件和声音"中的"查看设备和打印机"进入"设备和打印机"窗口。在"设备和打印机"窗口中单击工具栏中"添加打印机"按钮,显示如图 1.45 所示的"添加设备"对话框。之后要依次选择打印机使用的端口、打印机厂商和打印机类型,确定打印机名称并安装打印机驱动程序,最后根据需要选择是否共享打印机,完成打印机的安装。安装完毕后,"设备和打印机"窗口中会出现相应的打印机图标。

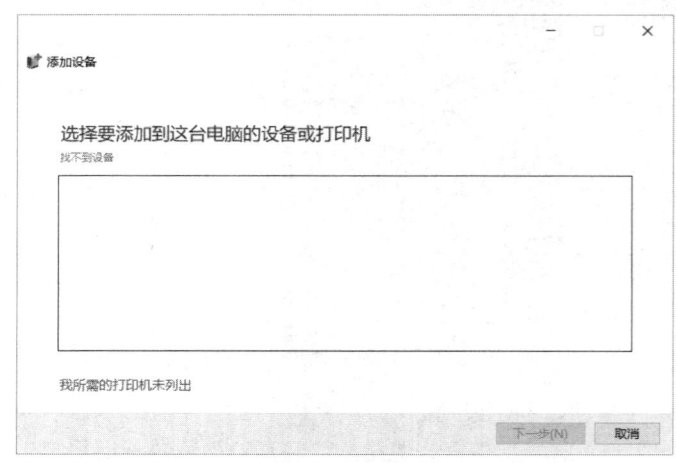

图 1.45　"添加设备"对话框

2. 设置默认打印机

如果安装了多台打印机,那么在执行具体打印任务时可以选择打印机或将某台打印机设置为默认打印机。要设置默认打印机,先打开"设备和打印机"窗口,右击某个打印机图标,在弹出的快捷菜单中选择"设置为默认打印机"命令即可。默认打印机的图标左下角有一个"√"标识。

3. 取消文档打印

在打印过程中,用户可以取消正在打印或打印队列中的打印作业。双击任务栏中的打印机图标,打开打印队列,右击要停止打印的文档,在弹出的快捷菜单中选择"取消"命令。若要取消所有文档的打印,则选择"打印机"菜单中的"取消所有文档"命令。

任务五　使用系统工具维护系统

由于在计算机的日常使用中,逐渐会在磁盘上产生文件碎片和临时文件,致使运行程序、打开文件变慢,因此可以定期使用"磁盘清理"删除临时文件,释放硬盘空间,使用"磁盘碎片整理程序"整理文件存储位置,合并可用空间,提高系统性能。

1. 磁盘清理

(1) 选择"开始"→"Windows 管理工具"→"磁盘清理"命令,打开"磁盘清理:驱动器选择"对话框。

(2) 选择要进行清理的驱动器,在此使用默认选择"(C:)"。

(3) 单击"确定"按钮,会显示一个带进度条的计算 C 盘上释放空间数的对话框,如图 1.46 所示。

（4）计算完毕后会弹出"Windows（C：）的磁盘清理"对话框，如图1.47所示，显示系统建议删除的文件及其所占磁盘空间的大小。

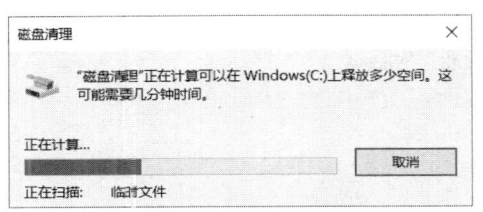

图1.46 "磁盘清理"计算释放空间进度显示对话框　　图1.47 "Windows（C：）的磁盘清理"对话框

（5）在"要删除的文件"列表框中选择要删除的文件，单击"确定"按钮，在之后弹出的"磁盘清理"确认删除对话框中单击"删除文件"按钮，弹出"磁盘清理"对话框，清理完毕，该对话框自动消失。

依次对C、D、E各磁盘进行清理，注意观察并记录清理磁盘时获得的空间大小。

2．磁盘碎片整理程序

进行磁盘碎片整理之前，应先把所有打开的应用程序都关闭，因为一些程序在运行的过程中可能要反复读取磁盘数据，会影响磁盘碎片整理程序的正常工作。

（1）选择"开始"→"Windows 管理工具"→"碎片整理和优化驱动器"命令，打开"磁盘碎片整理程序"对话框。

（2）选择磁盘驱动器后单击"分析"按钮，进行磁盘分析。

（3）分析完后，可以根据分析结果选择是否进行磁盘碎片整理。如果在"上一次运行时间"列中显示检查磁盘碎片的百分比超过了10%，则应该进行磁盘碎片整理，只需单击"优化"按钮即可。

任务六　打开和关闭 Windows 功能

Windows 10 附带的某些程序和功能（如 Internet 信息服务），必须在使用之前将其打开，不再使用时则可以将其关闭。在 Windows 的早期版本中，若要关闭某个功能，必须从计算机上将其完全卸载。在 Windows 10 中，关闭某个功能不会将其卸载，仍会保留存储在硬盘上，以便需要时可以直接将其打开。

（1）打开"控制面板"窗口。

（2）选择"程序"，在之后显示的窗口中单击"程序"中的"启用或关闭 Windows 功能"，打开如图1.48所示的"Windows 功能"对话框。

（3）若要打开某个 Windows 功能，则勾选该功能对应的复选框；若要关闭某个 Windows 功能，则取消勾选其对应的复选框。

（4）单击"确定"按钮。

图 1.48　"Windows 功能"对话框

第 2 章

常用办公软件 Word 2019

Microsoft Office 2019 是运用于 Microsoft Windows 视窗系统的一套办公室套装软件,是继 Microsoft Office 2016 后的新一代套装软件。作为 Windows 10 的官方办公室套装软件,Microsoft Office 2019 除在风格上保持一定的统一外,在功能和操作上也向着更好支持平板电脑及触摸设备的方向发展。Microsoft Office 2019 是 Office 系统第一次支援 ARM 平台,并配合 Windows 8 触控使用。Microsoft Office 2019 能实现云端服务、服务器、流动设备和 PC 客户端、Office 365、Exchange、SharePoint、Lync、Project 及 Visio 同步更新。本章主要介绍 Microsoft Office 2019 中的综合排版工具软件 Word 2019 的一些操作方法、使用技能和新功能,如文档的基本操作、文档的格式化、图文混排、表格操作及简单便捷的截图功能等。

本章以 Microsoft Office 2019 为平台,由浅入深地讲述了 Word 2019 的基本操作与排版。通过对三个实验(文档的创建与排版、表格制作、图文混排与页面设置)的练习,学生能够了解排版中常用的知识、掌握 Word 2019 的常用操作及部分高级操作,为以后的学习和工作打下基础,能够利用 Word 2019 解决实际生活中遇到的排版操作问题。

实验一 文档的创建与排版

一、实验学时:2 学时

二、实验目的

- 掌握 Word 2019 的启动与退出方法,认识 Word 2019 主窗口的屏幕对象;
- 掌握操作 Word 2019 功能区、选项卡、组和对话框的方法;
- 熟练掌握利用 Word 2019 建立、保存、打开和关闭文档的方法;
- 熟练掌握输入文本的方法;
- 熟练掌握文本的基本编辑方法及设定文档格式的方法,包括插入点的定位、文本的输入、选择、插入、删除、移动、复制、查找与替换、撤销与恢复等操作;
- 掌握文档的不同显示方式;
- 熟练掌握设置字符格式的方法,包括选择字体、字形与字号,使用颜色、粗体、斜体、下画线和删除线等;
- 熟练掌握设置段落格式的方法,包括对文本的字间距、段落对齐、段落缩进和段落间距等进行设置;

- 熟练掌握边框和底纹、分栏、文字加拼音、首字下沉等特殊格式的设置方法；
- 掌握格式刷和样式的使用方法；
- 掌握项目符号、项目编号的使用方法；
- 掌握利用模板建立文档的方法。

三、相关知识

1. 基本知识

Word 2019 是 Microsoft Office 2019 办公系列软件之一，是目前办公自动化中流行的、全面支持简繁体中文的、功能更加强大的套装办公软件。

Word 2019 仍然采用 Ribbon 界面风格，但在设计上尽量减少功能区 Ribbon，为内容编辑区域让出更大空间，以便用户更加专注于内容。其中的"文件"选项卡已经是一种的新的面貌，用户操作起来更加高效。例如，当用户想创建一个新的文档时，他就能看到许多可用模板的预览图像。

Word 2019 集编辑、排版和打印等功能于一体，并能够处理文本、图形和表格，满足各种公文、书信、报告、图表、报表及其他文档打印的需要。

2. 基本操作

Word 文档是由 Word 编辑的文本。文档编辑是 Word 2019 的基本功能，主要完成建立文档、录入文本、保存文档、选择文本、插入文本、删除文本，以及移动、复制文本等基本操作，并提供查找和替换功能、撤销和重复功能。文档被保存时，会生成以".docx"为默认扩展名的文件。

3. 基本设置

文档编辑完成之后，就要对整篇文档进行排版以使文档具有美观的视觉效果，包括字符格式设置、段落格式设置、边框与底纹设置、项目符号与编号设置及分栏设置等。还有一些特殊格式设置，包括首字下沉、给中文加拼音、加删除线等。

4. 高级操作

1）格式刷

使用格式刷可以快速地将某文本的格式设置应用到其他文本上，操作步骤如下。

（1）选中要复制样式的文本。

（2）单击功能区"开始"选项卡的"剪贴板"组中的"格式刷"按钮，之后将光标移动到文档编辑区，会看到光标旁出现一个小刷子的图标。

（3）用格式刷扫过（按下鼠标左键拖动）需要应用样式的文本。

单击"格式刷"按钮，使用一次后格式刷功能就自动关闭了。如果需要将某文本的格式连续应用多次，则需双击"格式刷"按钮，之后直接用格式刷扫过不同的文本即可。要结束使用格式刷功能，再次单击"格式刷"按钮或按 Esc 键均可。

2）样式与模板

样式与模板是 Word 中非常重要的内容，熟练使用这两个工具可以简化格式设置的操作，提高排版的质量和速度。

样式是应用于文档中文本、表格等的一组格式特征，利用其能迅速改变文档的外观。应用样式时，只需执行简单的操作就可以应用一组格式。单击功能区"开始"选项卡"样式"组中的样式显示区域右下角的"其他"按钮，在出现的下拉框中显示了可供选择的样式。若要对文档中的文本应用样式，则先选中这段文本，然后单击下拉框中需要使用的样式名称即可；若要删除某文本中已经应用的样式，则先将其选中，再选择下拉框中的"清除格式"选项即可。

如果要快速改变具有某种样式的所有文本的格式，可通过重新定义样式来完成。选择功能区"开始"选项卡"样式"组中的样式显示区域右下角的"其他"按钮，在出现的下拉框中选择"应用样式"选项，在弹出的"应用样式"任务窗格中的"样式名"文本框输入要修改的样式的名称，如输入"正文"，单击"修改"按钮，弹出的对话框中显示现有的"正文"样式的字体格式，选择对话框中"格式"下拉框中的"段落"选项，在弹出的"段落"对话框中对其进行所需要的格式修改后，单击"确定"按钮使设置生效，即可看到文档中所有使用"正文"样式的文本的段落格式已发生改变。

Word 2019 提供了内容涵盖广泛的模板，有信函、传真、简历、报告等，利用其可以快速地创建专业而且美观的文档。模板就是一种预先设定好的特殊文档，已经包含了文档的基本结构和文档设置，如页面设置、字体格式、段落格式等，方便用户以后重复使用，省去每次都要排版和设置的烦恼。对于某些格式相同或相近文档的排版工作，模板是不可缺少的工具。Word 2019 模板文件的扩展名为".dotx"，利用模板创建新文档的方法请参考其他书籍，在此不再赘述。

四、实验范例

1. 启动 Word 2019

安装了 Word 2019 之后，就可以使用其所提供的强大功能了。首先要启动 Word 2019，进入其工作环境，打开方法有多种，下面介绍几种常用的方法。

（1）选择"开始"→"所有程序"→"Microsoft Office 2019"→"Word 2019"命令。

（2）如果在桌面上已经创建了启动 Word 2019 的快捷方式，则双击快捷方式图标。

（3）双击任意一个 Word 文档，Word 2019 就会启动并且打开相应的文件。Word 2019 启动窗口如图 2.1 所示。

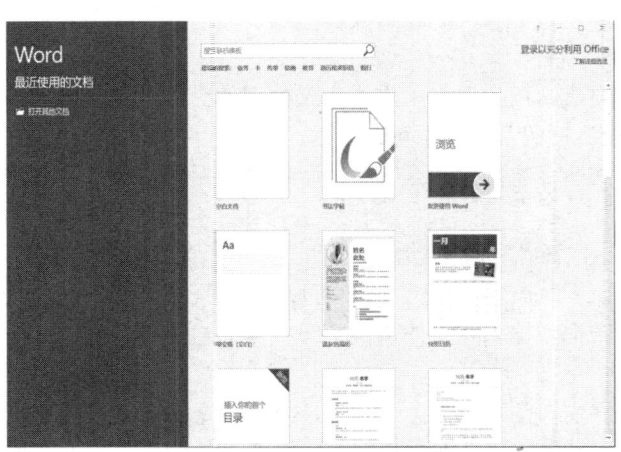

图 2.1　Word 2019 启动窗口

2. 退出 Word 2019

完成文档的编辑操作后就要退出 Word 2019 工作环境，下面介绍几种常用的退出方法。

（1）单击 Word 应用程序窗口右上角的"关闭"按钮。

（2）单击 Word 应用程序窗口左上角的"文件"按钮，在弹出的"文件"面板中单击"关闭"命令。

（3）右击标题栏，在弹出的快捷菜单中单击"关闭"命令。

如果在退出 Word 2019 时，用户对当前文档做过修改且还没有执行保存操作，系统将弹出一个对话框询问用户是否要将修改操作进行保存,如果要保存文档,则单击"保存"按钮;如果不需要保存,则单击"不保存"按钮;如果单击"取消"按钮,则取消此次关闭操作。

3. 认识 Word 2019 的窗口构成

Word 2019 的窗口主要包括标题栏、快速访问工具栏、"文件"按钮、功能区、标尺栏、文档编辑区和状态栏,如图 2.2 所示。

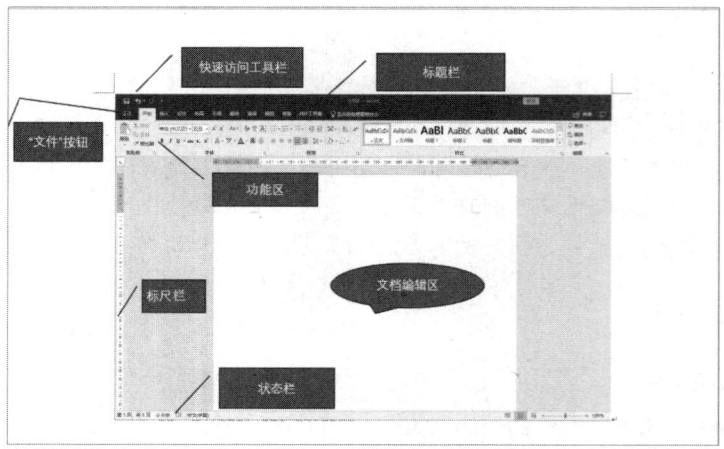

图 2.2 Word 2019 工作界面

1)标题栏

标题栏位于窗口的最上方,主要显示正在编辑的文档名称及编辑软件名称信息,在其右侧有 5 个窗口控制按钮,最左边的 1 个按钮可以打开"Word 帮助"窗口,右边的 4 个分别是功能区显示选项、最小化、最大化(还原)和关闭窗口操作按钮。

2)快速访问工具栏

快速访问工具栏主要显示用户日常工作中频繁使用的命令,安装 Word 2019 之后,其默认显示"保存""撤销""重复"按钮。用户也可以单击此工具栏中的"自定义快速访问工具栏"按钮,在弹出的菜单中勾选某些命令将其添加至工具栏,以便以后可以快速地使用这些命令。

3)"文件"按钮

单击"文件"按钮,打开"文件"面板,包含"信息""新建""打开""关闭""保存""打印"等常用命令。在"新建"命令面板中,用户可以根据自己的需要选择面板中显示的模板,当然,也可以在面板上方的搜索框中输入相关的关键字"搜索联机模板"。

4)功能区

功能区横跨应用程序窗口的顶部,由选项卡、组和命令 3 个基本组件组成。选项卡位于功能区的顶部,包括"开始""插入""页面布局""引用""邮件"等。单击某一选项卡,可在功能区中看到若干个组,相关项显示在一个组中。命令则是指组中的按钮、用于输入信息的框等。在 Word 2019 中还有一些特定的选项卡,只不过特定选项卡只有在需要时才会出现。例如,当在文档中插入图片后,可以在功能区看到图片工具"格式"选项卡;如果用户选择其他对象,如剪贴画、表格或图表等,将显示相应的选项卡。

功能区将 Word 2019 中的所有功能选项巧妙地集中在一起,以便于用户查找使用。但是当用户暂时不需要功能区中的功能选项并希望拥有更多的工作空间时,可以通过双击活动选项卡临时隐藏功能区,此时,组会消失,从而为用户提供更多空间,隐藏组后的功能区如图 2.3 所示。如果需要再次显示,则可再次双击活动选项卡,组就会重新出现。

图 2.3　隐藏组后的功能区

5）标尺栏

Word 2019 具有水平标尺和垂直标尺，用于对齐文档中的文本、图形、表格等，也可用来设置所选段落的缩进方式和距离。可通过"视图"选项卡"显示"组中"标尺"复选框来显示或隐藏标尺。

6）文档编辑区

文档编辑区是用户使用 Word 2019 进行文档编辑排版的主要工作区域，在该区域中有一个垂直闪烁的光标，这个光标就是插入点，输入的字符总是显示在插入点的位置上。在输入的过程中，当文字显示到文档右边界时，光标会自动转到下一行行首，而当一个自然段落输入完成后，可通过按一下 Enter 键来结束当前段落的输入。

7）状态栏

状态栏位于应用程序窗口的底部，用来显示当前文档的信息及编辑信息等。在状态栏的左侧显示文档共几页、当前是第几页、字数等信息；右侧显示"阅读视图""页面视图""Web 版式视图"3 种视图模式切换按钮，并有显示当前文档显示比例的"缩放级别"按钮及缩放当前文档的缩放滑块。

4. 熟悉 Word 2019 各个选项卡的组成

Word 2019 的选项卡主要有开始、插入、设计、页面布局、引用、邮件、审阅、视图。请读者把每个选项卡中的主要功能大概记忆一下，这样在以后使用时可提高效率。

用户也可以根据需要增加选项卡。方法如下：单击"文件"面板中的"选项"命令，打开如图 2.4 所示的"Word 选项"对话框，在此对话框中，先在左侧选择"自定义功能区"选项，再在右侧单击"新建选项卡"按钮即可创建一个新的选项卡。此时的选项卡中没有包含命令（功能）按钮，用户在使用时可以根据自己的需要添加。

5. 文档的建立与编辑

（1）建立新文档。单击"文件"面板中的"新建"命令，选择右侧可用模板中的一种，弹出相应的模板窗口，再单击窗口中的"创建"按钮，即可创建一个基于特定模板的新文档，本范例选择"空白文档"。如果选择"空白文档"，则在可用模板区单击"空白文档"后，Word 会直接创建一个空白的文档。"新建"命令面板如图 2.5 所示。

（2）编辑文档。在新建的文档中输入实验范例文字，暂且不管字体及格式。输入完毕将其保存为 D：\实验 1.docx。具体操作如下：单击快速访问工具栏中的"保存"按钮，出现"另存为"面板，

图 2.4　"Word 选项"窗口

如图 2.6 所示，可以选择最近访问的文件夹，也可单击面板上的"浏览"按钮，弹出"另存为"对话框，在此对话框中选择文档要保存的位置，在"文件名"文本框中输入文档的名称，若不重新输入名称，则 Word 自动将文档的第一句话作为文档的名称，在"保存类型"下拉列表中选择"Word 文档"选项，最后单击"保存"按钮，文档即被保存在指定的位置。

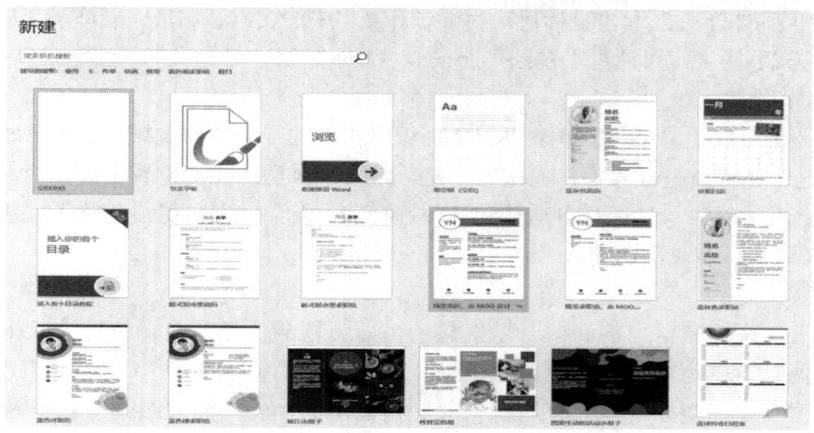

图 2.5 "新建"命令面板

图 2.6 "另存为"面板

实验范例文字如下。

计算机发展趋势

随着科技的进步，以及各种计算机技术、网络技术的飞速发展，计算机的发展已经进入了一个快速而又崭新的时代，计算机已经从功能单一、体积较大发展到了功能复杂、体积微小、资源网络化等。计算机的未来充满了变数，性能的大幅度提升是毋庸置疑的，而实现性能的飞跃却有多种途径。不过性能的大幅度提升并不是计算机发展的唯一路线，计算机的发展还应当变得越来越人性化，同时要注重环保等。目前计算机的发展趋势主要有如下几个方面。

1）多极化

今天包括电子辞典、掌上电脑、笔记本电脑等在内的微型计算机在我们的生活中已经处处可见，同时大型、巨型计算机也得到了快速的发展。特别是在 VLSI 的技术基础上的多处理机技术使计算机的整体运算速度与处理能力得到了极大的提高。

2）网络化

网络化就是把各自独立的计算机用通信线路联结起来，形成各计算机用户之间可以相互通信并能使用公共资源的网络系统。

3）多媒体化

媒体可以理解为存储和传输信息的载体，文本、声音、图像等都是常见的信息载体。过去的计算机只能处理数值信息和字符信息，即单一的文本媒体。近几年发展起来的多媒体计算机则集多种媒体信息的处理功能于一身。

4）新型化

新一代计算机将把信息采集、存储处理、通信和人工智能结合在一起。新一代计算机将由以处理信息数据为主转向以处理知识信息为主，并有推理、联想和学习等人工智能方面的能力，能帮助人类开拓未知领域。

6．撤销与恢复

在快速访问工具栏上有"撤销"与"恢复"按钮，可对文件进行按步倒退及前进操作，请同学们上机实际操作加以体会。

7．字体及段落设置

在设置字体之前，要先选择内容，选择方法如下。

从要选择文本的起点处按下鼠标左键，一直拖动至终点处松开鼠标即可选择文本，选中的文本将以蓝底黑字的形式出现。如果要选择的是篇幅比较大的连续文本，则使用上方方法就不是很方便，此时可以单击要选择的文本起点处，然后将光标移至选取终点处，同时按下 Shift 键与鼠标左键即可。

在 Word 2019 中，还有几种常用的选择文本的方法，首先要将光标移到文档左侧的空白处，此处称为选定区，光标移到此处将变为向右倾斜的箭头。

（1）单击，选定当前行文字；

（2）双击，选定当前段文字；

（3）三击，选中整篇文档。

此外，按下 Alt 键的同时拖动鼠标左键，可以选中矩形区域。

对于段落的缩进，可以通过如图 2.7 所示的"段落"对话框来设置。

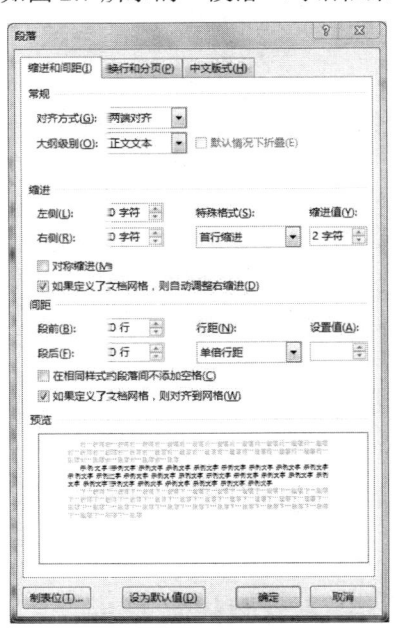

图 2.7 "段落"对话框

有时为了方便快捷，可通过拖动水平标尺上的缩进滑块实现缩进。水平标尺的各滑块的具体含义如图 2.8 所示。

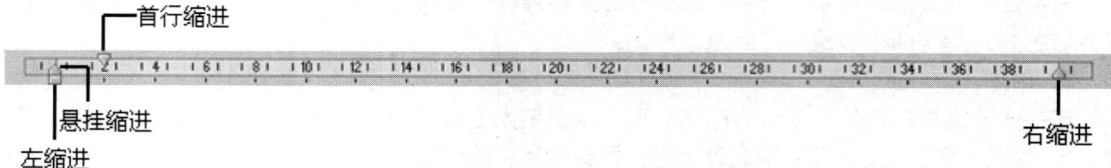

图 2.8　水平标尺的各滑块的具体含义

8. 文字的查找和替换（以刚建立的 D:\实验 1.docx 为例）

（1）查找指定文字"发展趋势"。

① 打开 D:\实验 1.docx 文档。

② 单击"开始"选项卡"编辑"组中的"查找"按钮，在文档编辑区的左侧会显示"导航"任务窗格。

③ 在"导航"任务窗格中显示"搜索文档"的文本框内输入"发展趋势"4 个字。

④ 单击"搜索更多内容"按钮 或按 Enter 键，匹配结果项就会全部出现在"导航"任务窗格中搜索框的下面，并在文档中高亮显示相匹配的关键词，在"导航"任务窗格中单击某个搜索结果能快速定位到正文中的相应位置。

（2）将文档中的"发展趋势"替换为"发展前景"，仍以 D:\实验 1.docx 为例。

① 打开 D:\实验 1.docx 文档。

② 单击"开始"选项卡"编辑"组中的"替换"按钮，出现"查找和替换"对话框。

③ 在"查找内容"后面的文本框中输入"发展趋势"，在"替换为"后面的文本框中输入"发展前景"。

④ 单击"全部替换"按钮，屏幕上出现一个对话框，报告已替换完毕。

⑤ 单击报告对话框的"确定"按钮，对话框消失。

⑥ 单击"关闭"按钮，"查找和替换"对话框消失，返回 Word 窗口，这时所有"发展趋势"都替换成了"发展前景"。

在替换的过程中，可以根据需要选择"替换""全部替换""查找下一处"等功能。若在"替换为"后面的文本框中不输入内容，则在替换时表示删除要查找的内容。

单击"更多"按钮，则出现如图 2.9 所示的"查找和替换"对话框，可设置搜索选项及查找格式，包括字体、段落、样式、段落标记、分栏符、手动换行符、任意字符、任意数字等。

图 2.9　"查找和替换"对话框

9. 视图显示方式的切换

单击"视图"选项卡"视图"组中的各种视图按钮，进行各种视图显示方式的切换，并认真观察显示效果。

10. 设置边框与底纹

1）设置段落的边框与底纹

（1）把光标移到文档 D:\实验 1.docx 中的第一段。

（2）在功能区的"开始"选项卡下，单击"段落"组中的"边框"按钮右侧的下拉按钮，在弹出的下拉框中选择"边框和底纹"选项，弹出如图 2.10 所示的"边框和底纹"对话框。

（3）在"边框和底纹"对话框中单击"边框"选项卡。

（4）在"设置"选区中选择"方框"选项，在"样式"列表框中选择"双线"选项，在"颜色"下拉列表中选择"绿色"选项，在"宽度"下拉列表中选择"0.75 磅"选项，在"应用于"下拉列表中选择"段落"选项，此时，可以在"预览"框中看到设置的效果。

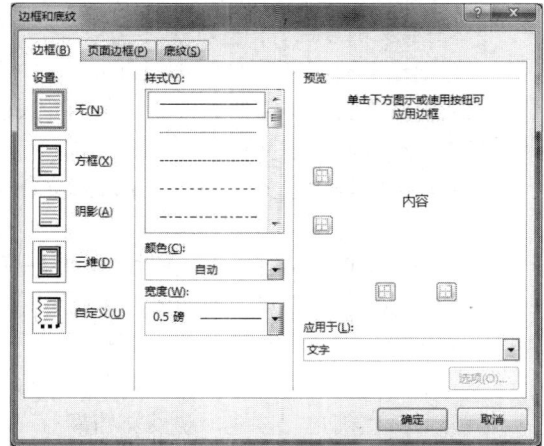

图 2.10　"边框和底纹"对话框

注意：此时，同学们可单击"预览"框中上、下、左、右 4 个按钮，观察段落边框的不同效果。

（5）单击"底纹"选项卡，在"填充"下拉列表中选择"黄色"选项，在"样式"下拉列表中选择"清除"选项，在"应用于"下拉列表中选择"段落"选项，此时，可以在"预览"框中看到设置的效果。

（6）单击"确定"按钮，文档第一段边框和底纹设置成功。

2）设置文字的边框与底纹

（1）选中文档 D:\实验 1.docx 中的倒数第二段文字。

（2）在功能区"开始"选项卡下，单击"段落"组中的"边框"按钮右侧的下拉按钮，在弹出的下拉框中选择"边框和底纹"选项。

（3）在弹出的"边框和底纹"对话框中单击"边框"选项卡。

（4）在"设置"选区中选择"阴影"选项，在"样式"列表框中选择"单实线"选项，在"颜色"下拉列表中选择"红色"选项，在"宽度"下拉列表中选择"0.5 磅"选项，在"应用于"下拉列表中选择"文字"选项，此时，可以在"预览"框中看到设置的效果。

（5）单击"底纹"选项卡，在"填充"下拉列表中选择"浅绿"选项，在"样式"下拉列表中选择"清除"选项，在"应用于"下拉列表中选择"文字"选项，此时，可以在"预览"框中看到设置的效果。

（6）单击"确定"按钮，文档倒数第二段文字的边框和底纹设置成功。

3）设置页面边框

为页面设置普通边框步骤类似前面为段落和文字设置边框，不同的是先把光标放在当前页面的任意位置，在最后的"应用于"下拉列表中选择"整篇文档"选项。

如果要为页面添加艺术型边框，则无须设置"样式""颜色"等其他项，只需在"艺术型"下拉列表中选择一项，然后在"应用于"下拉列表中选择"整篇文档"选项即可。

注意：如何取消段落或文字上已经添加的边框或底纹，请同学们思考并动手实践。提示：使用"边框和底纹"对话框进行设置。

11. 分栏设置

1）整篇文档分栏

（1）把光标放到文档 D:\实验 1.docx 中的任意位置。

（2）单击"页面布局"选项卡，在"页面设置"组中单击"分栏"按钮，在弹出的下拉框中选择"两栏"选项，观察文档变化。

（3）在下拉框中选择"一栏"选项，文档重新回到未分栏状态。

2）部分文档分栏

（1）选中文档 D:\实验 1.docx 中的最后一段文字。

（2）单击"页面布局"选项卡，在"页面设置"组中单击"分栏"按钮，在弹出的下拉框中选择"更多分栏"选项，打开"分栏"对话框。

（3）在"预设"选区中选择"偏左"选项，勾选"分割线"前的复选框。

（4）单击"确定"按钮，观察文档最后一段的分栏效果。

12. 格式刷

使用格式刷可以快速地将某文本的格式设置应用到其他文本上，步骤如下。

（1）选中要复制样式的文本。

（2）单击功能区"开始"选项卡"剪贴板"组中的"格式刷"按钮 ，之后将光标移动到文档编辑区，会看到光标旁出现一个小刷子的图标。

（3）用格式刷扫过（按下鼠标左键拖动）需要应用样式的文本。

单击"格式刷"按钮，使用一次后格式刷功能就自动关闭了。如果需要将某文本的格式连续应用多次，则可以双击"格式刷"按钮，之后直接用格式刷扫过不同的文本即可。要结束使用格式刷功能，再次单击"格式刷"按钮或按 Esc 键均可。

13. 样式与模板

样式与模板是 Word 中非常重要的内容，熟练使用这两个工具可以简化格式设置的操作，提高排版的质量和速度。

1）样式

样式是应用于文档中的文本、表格等的一组格式特征，利用其能迅速改变文档的外观。应用样式时，只需执行简单的操作就可以应用一组格式。单击功能区"开始"选项卡"样式"组中的样式显示区域右下角的"其他"按钮 ，出现如图 2.11 所示的下拉框，其中显示了可供选择的样式。若要对文档中的文本应用样式，先选中这段文本，然后单击下拉框中需要使用的样式名称即可。若要删除某文本中已经应用的样式，可先将其选中，再选择图 2.11 中的"清除格式"选项即可。

图 2.11　"样式"下拉框

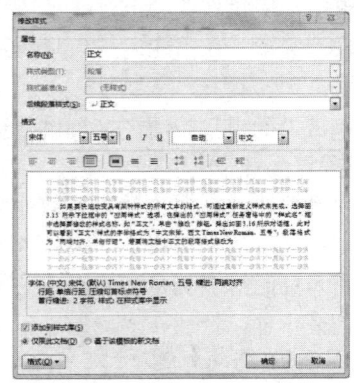

图 2.12　"修改样式"对话框

如果要快速改变具有某种样式的所有文本的格式，可通过重新定义样式来完成。选择如图 2.11 所示的下拉框中的"应用样式"选项，在弹出的"应用样式"任务窗格中的"样式名"框中选择要修改的样式名称，如"正文"，单击"修改"按钮，弹出如图 2.12 所示的"修改样式"对话框，此时可以看到"正文"样式的字体格式为"中文宋体，西文 Times New Roman，五号"；段落格式为"两端对齐，单倍行距"。若要将文档中正文的段落格式修改为"两端对齐，1.25 倍行距，首行缩进 2 字符"，则可以选择对话框中"格式"下拉列表中的"段落"选项，在弹出的"段落"对话框中设置行距为 1.25 倍，首行缩进为 2 字符，单击"确定"按钮使设置生效，即可看到文档中所有使用"正文"样式的文本段落格式已发生改变。

如果要把当前的某种文档格式设置为样式，则可通过创建样式完成。选择如图 2.11 所示的"样式"下拉框中的"创建样式"选项，在弹出的"根据格式设置创建新样式"对话框中输入要创建样式的名称，如图 2.13 所示，单击"确定"按钮后，创建的新样式就会出现在如图 2.11 所示的"样式"下拉框中，新创建的样式就可以像其他样式一样使用了。

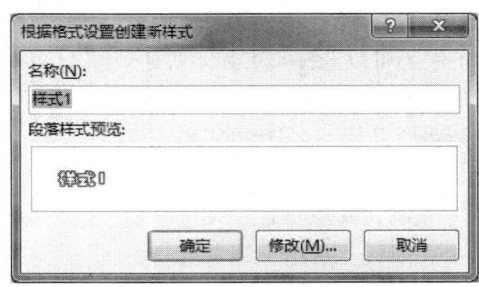

图 2.13 "创建样式"对话框

2）模板

模板就是一种预先设定好的特殊文档，已经包含了文档的基本结构和文档设置，如页面设置、字体格式、段落格式等，方便以后重复使用。Word 2019 提供了内容涵盖广泛的模板，有博客文章、书法字帖，以及信函、传真、简历和报告等，利用其可以快速地创建专业而且美观的文档。另外，Office.com 网站还提供了贺卡、名片、信封、发票等特定功能模板。Word 2019 模板文件的扩展名为".dox"，利用模板创建新文档的方法在前面已经介绍到，在此不再赘述。

14．创建目录

在撰写书籍或杂志等类型的文档时，通常需要创建目录来使读者可以快速浏览文档中的内容，并可通过目录右侧的页码显示找到所需内容。在 Word 2019 中，用户可以非常方便地创建目录，并且在目录发生变化时，通过简单的操作就可以对目录进行更新。

1）标记目录项

在创建目录之前，需要先将要在目录中显示的内容标记为目录项，步骤如下。

（1）选中要成为目录的文本。

（2）单击功能区"开始"选项卡"样式"组中的样式显示区域右下角的"其他"按钮，弹出如图 2.11 所示的下拉框。

（3）根据所要创建的目录项级别，选择"标题 1""标题 2"或"标题 3"选项。

如果所要使用的样式不在图 2.11 中显示，则可以通过以下步骤标记目录项。

（1）选中要成为目录的文本。

（2）单击功能区"开始"选项卡"样式"组中的对话框启动器，打开"样式"窗格。

（3）单击"样式"窗格右下角的"选项"按钮，弹出"样式窗格选项"对话框。

（4）选择对话框中"选择要显示的样式"列表框中的"所有样式"选项，单击"确定"按钮返回"样式"窗格。

（5）此时可以看到在"样式"窗格中已经显示了所有样式，单击选择所要的样式选项。

2）创建目录

标记好目录项之后，就可以创建目录了，步骤如下。

（1）将光标定位到需要显示目录的位置。

（2）单击功能区"引用"选项卡的"目录"组中的"目录"下拉按钮，弹出如图 2.14 所示的"目录"下拉框。

（3）在下拉框的样式库中选择一个自动目录。

注意，"目录"下拉框样式库中的目录一般显示到 3 级，如果想要显示更多的级别可选图 2.14 中的"自定义目录"选项，打开"目录"对话框，选择"目录"标签，调整其中的显示级别。另外，在"目录"标签中还可以选择是否显示页码、页码是否右对齐，并设置制表符前导符的样式。如果在图 2.14 中选择了"手动目录"选项，则手动目录不会自动更新。

3）更新目录

当文档中的目录内容发生变化时，就需要对目录进行及时更新。若要更新目录，可单击功能区"引用"选项卡"目录"组中"更新目录"按钮，在弹出的对话框中选择"对整个目录进行更新"或"只进行页码更新"。

15．特殊格式设置

1）首字下沉

在很多报刊当中，经常可以看到将正文的第一个字放大突出显示的排版形式。若要使自己的文档也有此种效果，则可以通过设置首字下沉来实现，步骤如下。

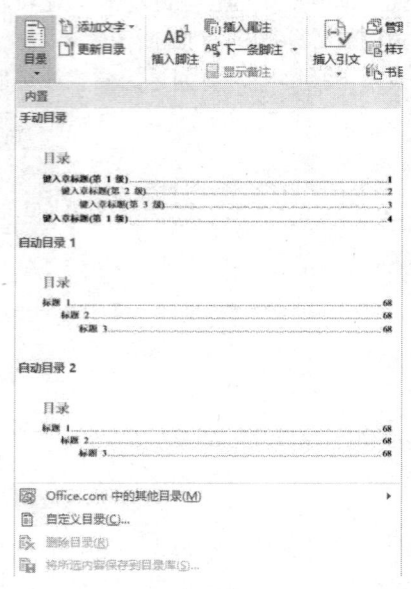

图 2.14 "目录"下拉框

（1）将光标定位到要设置首字下沉的段落。

（2）单击功能区"插入"选项卡"文本"组中的"首字下沉"下拉按钮，弹出如图 2.15 所示的下拉框。

（3）在下拉框中选择"下沉"选项，也可选择"悬挂"选项。

（4）若要对下沉的文字进行字体及下沉行数等的设定，则选择"首字下沉选项"选项，在弹出的"首字下沉"对话框中进行设置，如图 2.16 所示。

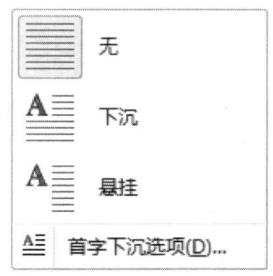

图 2.15 "首字下沉"下拉框

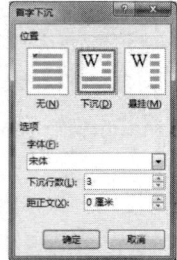

图 2.16 "首字下沉"对话框

2）给中文加拼音

在中文排版时如果需要给中文加拼音，则应先选中要加拼音的文字，再单击功能区"开始"选项卡"字体"组中的"拼音指南"按钮，弹出如图 2.17 所示的对话框。

在"基准文字"文本框中显示的是文中选中要加拼音的文字，在"拼音文字"文本框中显示的是基准文字的拼音，设置后的效果显示在对话框下边的"预览"框中，若不符合要求，可以通过设置"对齐方式""字体""偏移量"和"字号"进行调整。

3）带圈字符

若要给单个文字周围添加圆形、方形等形状，生成特殊文档格式效果，则需要先选中一个要编辑的文字，再单击功能区"开始"选项卡"字体"组中的"带圈字符"按钮，弹出如图 2.18 所示的"带圈字符"对话框。在对话框中选择"缩小文字"或"增大圈号"选项，选择需要的圈号类型：圆形、方形、三角形或菱形，单击"确定"按钮。

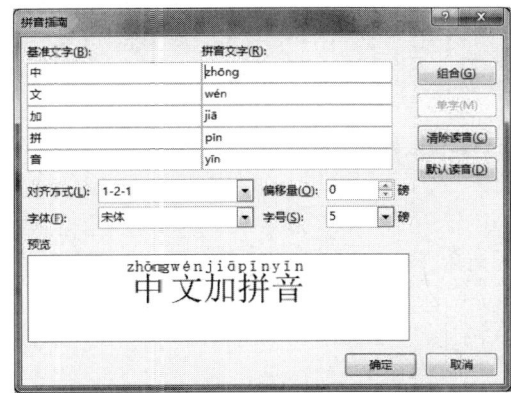

图 2.17 "拼音指南"对话框

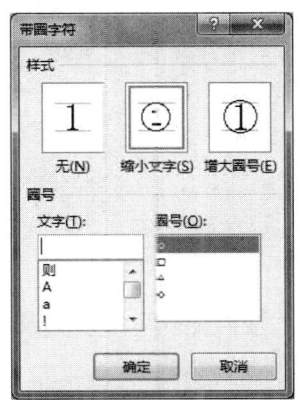

图 2.18 "带圈字符"对话框

16．关闭 Word 2019

注意：退出 Word 2019 有多种方法，请进行实际操作并体会。

实验做完，请正常关闭系统，并认真总结实验过程和取得的收获。

五、实验要求

任务一 按照要求排版实验范例中的原文

操作要求如下。

（1）将标题字体格式设置成宋体、三号、加粗、居中。

（2）将标题的段前、段后间距设置为 0.5 行。

（3）将正文设置为宋体、五号。

（4）为所有段落设置 1.3 倍行间距。

（5）在文档的特定位置插入特殊符号，颜色设置为印度红。

（6）将文中第一段的第一个字"随"的格式设置为首字下沉，字体的颜色设置为深蓝色，下沉的行数设置为 2 行。并把第一段的剩余文字内容设置为绿色、加粗、倾斜。

（7）将文档的最后一段文字设置为华文新魏，并加红色波浪线。

（8）为多极化、网络化、多媒体化、新型化 4 部分内容添加编号，并加着重号；编号样式自定。

（9）为文档的其他段落内容设置首行缩进 2 字符。

任务一样本如图 2.19 所示。

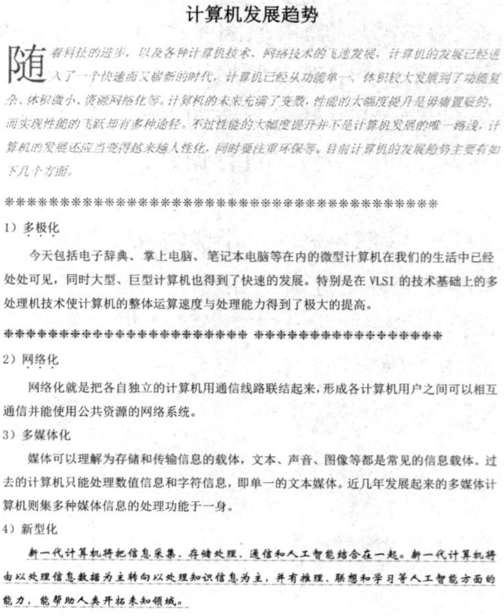

计算机发展趋势

随着科技的进步，以及各种计算机技术、网络技术的飞速发展，计算机的发展已经进入了一个快速而又崭新的时代。计算机已经从功能单一、体积较大发展到了功能复杂、体积微小、资源网络化等，计算机的未来充满了变数。性能的大幅度提升并非是弹簧置驱动，而实现性能的飞跃却有着种种途径。不过性能的大幅度提升并不是计算机发展的唯一路线，计算机的发展还应当愈得越来越人性化，同时要注重环保等。目前计算机的发展趋势主要有如下几个方面。

****

1）多极化

今天包括电子辞典、掌上电脑、笔记本电脑等在内的微型计算机在我们的生活中已经处处可见，同时大型、巨型计算机也得到了快速的发展。特别是在 VLSI 的技术基础上的多处理机技术使计算机的整体运算速度与处理能力得到了极大的提高。

******************** *********************

2）网络化

网络化就是把各自独立的计算机用通信线路联结起来，形成各计算机用户之间可以相互通信并能使用公共资源的网络系统。

3）多媒体化

媒体可以理解为存储和传输信息的载体，文本、声音、图像等都是常见的信息载体。过去的计算机只能处理数值信息和字符信息，即单一的文本媒体。近几年发展起来的多媒体计算机则集多种媒体信息的处理功能于一身。

4）新型化

新一代计算机将把信息采集、存储处理、通信和人工智能结合在一起。新一代计算机将由以处理信息数据为主转向以处理知识信息为主，并有推理、联想和学习等人工智能方面的能力，能帮助人类开拓未知领域。

图 2.19 任务一样本

任务二 按照要求排版以下原文

被同伴驱逐的蝙蝠

很久以前，鸟类和走兽，因为发生一点争执，就爆发了战争。并且，双方僵持，各不相让。

有一次，双方交战，鸟类战胜了。蝙蝠突然出现在鸟类的堡垒。"各位，恭喜啊！能将那些粗暴的走兽打败，真是英雄啊！我有翅膀又能飞，所以是鸟的伙伴！请大家多多指教！"

这时，鸟类非常需要新伙伴的加入，以增强实力，所以很欢迎蝙蝠的加入。可是蝙蝠是个胆小鬼，等到战争开始，便秘不露面，躲在一旁观战。

后来，当走兽战胜鸟类时，走兽们高声地唱着胜利的歌，蝙蝠却又突然出现在走兽的营区。"各位恭喜！把鸟类打败！实在太棒了！我是老鼠的同类，也是走兽！请大家多多指教！"走兽们也很乐意地将蝙蝠纳入自己的同伴群中。

于是，每当走兽们胜利，蝙蝠就加入走兽。每当鸟类们打赢，却又成为鸟类们的伙伴。最后战争结束了，走兽和鸟类言归和好，双方都知道了蝙蝠的行为。当蝙蝠再度出现在鸟类的世界时，鸟类很不客气地对它说："你不是鸟类！"被鸟类赶出来的蝙蝠只好来到走兽的世界，走兽们则说："你不是走兽！"并赶走了蝙蝠。

最后，蝙蝠只能在黑夜，偷偷地飞着。

操作要求如下。

（1）标题：居中，设为华文新魏二号字，加着重号并加粗。

（2）所有正文段落首行缩进 2 字符，1.5 倍行间距。

（3）第二段：设为华文新魏五号字，倾斜，分散对齐。

（4）第三段：设为黑体五号字，加粗。

（5）第四段：用格式刷将该段设为与第三段同样的格式。

（6）第五段：设为宋体五号字，倾斜，字体颜色设为蓝色。

（7）第六段：设为黑体，五号，红色字，加粗，加下画线。
（8）整篇文档加页面边框，如图 2.20 所示。
（9）在所绘文字的最后输入不少于三个你最喜欢的课程的名称，字体为宋体，字号为五号并加项目符号，如图 2.20 所示。
（10）整篇文档加页面边框，如图 2.20 所示。
（11）在 D 盘建立一个以自己名字命名的文件夹，存放自己的 Word 文档作业，该作业以"自己的名字+学号最后两位"命名。

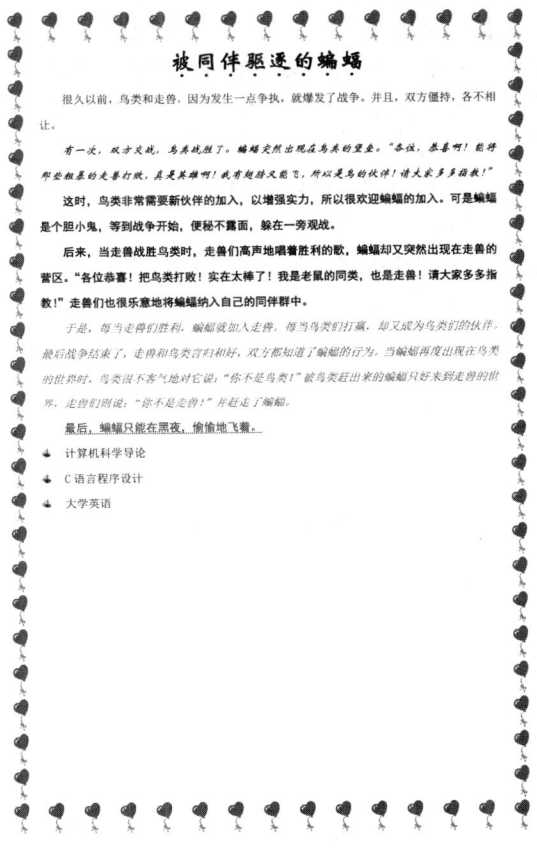

图 2.20　任务二样本

实验二　表格制作

一、实验学时：2 学时

二、实验目的

- 掌握 Word 2019 创建表格和编辑表格的基本方法；
- 掌握 Word 2019 设计表格格式的常用方法；
- 掌握 Word 2019 表格图形化的方法。

三、相关知识

表格是用于组织数据的最有用的工具之一，以行和列的形式简明扼要地表达信息，便于读者阅读。在 Word 2019 中，用户不仅可以非常快捷地创建表格，还可以对表格进行修饰以增加视觉上的美观程度，而且还能对表格中的数据进行排序及简单计算等。

1. 创建表格

1）插入表格

首先介绍两种在 Word 文档中插入规则表格的方法。首先将光标定位到要插入表格的位置，单击功能区"插入"选项卡"表格"组中的"表格"按钮，弹出如图 2.21 所示的下拉框，显示一个示意网格，沿网格右下方移动鼠标指针，当达到需要的行列位置后单击即可。

除上述方法外，也可选择下拉框中的"插入表格"选项，弹出如图 2.22 所示的对话框，在"列数"文本框中输入列数，"行数"文本框中输入行数，在"'自动调整'操作"选区中根据需要进行选择，设置完成后单击"确定"按钮即可创建一个新表格。

2）绘制表格

用插入表格的方法只能创建规则的表格，对于一些复杂的不规则表格，可以通过绘制表格的方法来实现。要绘制表格，需选择图 2.21 中的"绘制表格"选项，之后将光标移到文本编辑区会看到光标已变成一个笔状图标，此时就可以像自己拿了画笔一样通过拖动鼠标画出所需的任意表格。需要注意的是，首次通过拖动鼠标绘制出的是表格的外围边框，之后才可以绘制表格的内部框线，要结束绘制表格，双击或者按 Esc 键均可。

3）快速制表

要快速创建具有一定样式的表格，选择图 2.21 中的"快速表格"选项，在弹出的子菜单中根据需要选择某种样式的表格选项即可。

图 2.21 "表格"下拉框

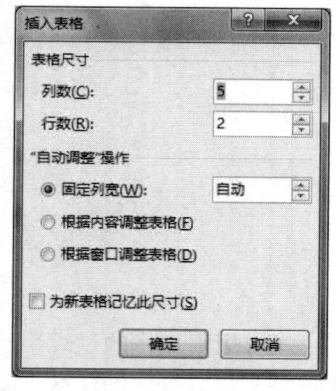

图 2.22 "插入表格"对话框

2. 表格内容输入

表格中的每一个小格叫作单元格，在每一个单元格中都有一个段落标记，可以把每一个单元格当作一个小的段落来处理。要在单元格中输入内容，需要先将光标定位到单元格中，可以通过在单元格上单击或者使用方向键将光标移至单元格中。例如，可以对新创建的空表进行内容的填充，得到如表 2.1 所示的表格。

表 2.1 成绩表

姓　　名	英　　语	计　算　机	高　　数
李明	86	80	93
王芳	92	76	89
张楠	78	87	88

当然，也可以修改录入内容的字体、字号、颜色等，这与文档的字符格式设置方法相同，都需要先选中内容再设置。

3．编辑表格

1）选中表格

在对表格进行编辑之前，需要学会如何选中表格中的不同元素，如单元格、行、列或整个表格等。Word 2019中有以下选中的技巧。

（1）选中一个单元格：将光标移动到该单元格左边，当光标变成实心右上方向的箭头时单击，该单元格即被选中。

（2）选中一行：将光标移到表格外该行的左侧，当光标变成空心右上方向的箭头时单击，该行即被选中。

（3）选中一列：将光标移到表格外该列的最上方，当光标变成实心向下方向的黑色箭头时单击，该列即被选中。

（4）选中整个表格：可以通过拖动鼠标选中整个表格，也可以通过单击表格左上角的被方框框起来的四向箭头图标来选中整个表格。

2）调整行高和列宽

调整行高是指改变本行中所有单元格的高度，将光标指向此行的下边框线，光标会变成垂直分离的双向箭头，直接拖动即可调整本行的高度。

调整列宽是指改变本列中所有单元格的宽度，将光标指向此列的左边或右边框线，光标会变成水平分离的双向箭头，直接拖动即可调整本列的宽度。若要调整某个单元格的宽度，则要先选中该单元格，再执行上述操作，此时的改变仅限于选中的单元格。

也可以先将光标定位到要改变行高或列宽的那一行或列中的任一单元格，此时，功能区中会出现用于表格操作的两个选项卡"设计"和"布局"，再单击"布局"选项卡"单元格大小"组中显示当前单元格行高和列宽的两个文本框右侧的上下微调按钮，或在两个文本框中直接输入数据，即可精确调整行高和列宽。

3）合并和拆分

在创建一些不规则表格的过程中，可能经常会遇到要将某一个单元格拆分成若干个小的单元格，或者要将某些相邻的单元格合并成一个，此时就需要使用表格的合并与拆分功能。

要合并某些相邻的单元格，首先要将其选中，然后单击功能区"布局"选项卡"合并"组中的"合并单元格"按钮，或者单击鼠标右键，在弹出的快捷菜单中选择"合并单元格"命令，就可以将选中的多个单元格合并成一个，合并前各单元格中的内容将以一列的形式显示在新单元格中。

要将一个单元格拆分，先将光标放到该单元格中，然后单击功能区"布局"选项卡"合并"组中的"拆分单元格"按钮，在弹出的"拆分单元格"对话框中设置要拆分的行数和列数，最后单击"确定"按钮即可。原有单元格中的内容将显示在拆分后的首个单元格中。

要将一个表格拆分成两个，先将光标定位到拆分分界处（第二个表格的首行上），再单击功能区"布局"选项卡"合并"组中的"拆分表格"按钮，即可完成表格的拆分。

4）插入行或列

要在表格中插入新行或新列，只需先将光标定位到要在其周围加入新行或新列的那个单元格，再根据需要单击功能区"布局"选项卡"行和列"组中的命令按钮，单击"在上方插入"按钮或"在下方插入"按钮，可以在单元格的上方或下方插入一个新行，单击"在左侧插入"按钮或"在右侧插入"按钮，可以在单元格的左侧或右侧插入一个新列。

在此，对表2.1进行修改，插入一个"平均分"行和一个"总成绩"列，得到表2.2。

表2.2 插入新行和新列的成绩表

姓 名	英 语	计 算 机	高 数	总 成 绩
李明	86	80	93	
王芳	92	76	89	
张楠	78	87	88	
平均分				

5）删除行或列

要删除表格中的某一列或某一行，先将光标定位到此行或此列中的任一单元格，再单击功能区"布局"选项卡"行和列"组中的"删除"按钮，在弹出的下拉框中根据需要选择相应选项即可。若要一次删除多行或多列，则需将其都选中，再执行上述操作。需要注意的是，选中行或列后直接按Delete键只能删除其中的内容而不能删除行或列。

6）更改单元格对齐方式

单元格中文字的对齐方式一共有9种，默认的对齐方式是靠上左对齐。要更改某些单元格的文字对齐方式，先选中这些单元格，再单击功能区"布局"选项卡，在"对齐方式"组中可以看到9个小的图例按钮，根据需要的对齐方式单击某个按钮即可。在此，将表2.2中的所有内容都设置为水平和垂直方向上居中，得到表2.3。

表2.3 对齐设置后的成绩表

姓 名	英 语	计 算 机	高 数	总 成 绩
李明	86	80	93	
王芳	92	76	89	
张楠	78	87	88	
平均分				

4．美化表格

1）修改表格框线

如果要对已创建表格的框线颜色或线型等进行修改，先选中要更改的单元格，若对整个表格进行更改，则将光标定位在任一单元格均可，之后切换到功能区的"设计"选项卡，选择"边框"组中的"边框"按钮下拉框中的"边框和底纹"选项，在弹出的"边框和底纹"对话框中分别选择边框的样式、颜色和宽度，根据需要在该对话框的右侧"预览"框中选择上、下、左、右等图例按钮将该种设置应用于不同边框，设置完成后单击"确定"按钮。

2）添加底纹

为表格添加底纹，先选中要添加底纹的单元格，若为整个表格添加，则需选中整个表格，之后切换到功能区的"设计"选项卡，单击"表格样式"组中的"底纹"按钮下拉框中的颜色。

将表2.3进行边框和底纹修饰后的效果如表2.4所示。

表 2.4　边框和底纹设置后的成绩表

姓　名	英　语	计　算　机	高　数	总　成　绩
李明	86	80	93	259
王芳	92	76	89	
张楠	78	87	88	
平均分				

5．表格转换为文本

要把一个表格转换为文本，先选择整个表格或将光标定位到表格中，再单击功能区"布局"选项卡"数据"组中的"转换为文本"按钮，在弹出的"表格转换成文本"对话框中选择分隔单元格中文字的分隔符，之后单击"确定"按钮即可将表格转换成文本。

6．表格排序与数字计算

1）表格中数据的计算

在 Word 2019 中，可以通过在表格中插入公式的方法来对表格中的数据进行计算。例如，要计算表 2.3 中李明的总成绩，首先将光标定位到要插入公式的单元格中，然后单击功能区"布局"选项卡"数据"组中的"公式"按钮，弹出如图 2.23 所示的"公式"对话框。在对话框的"公式"文本框中已经显示出公式"=SUM(LEFT)"，由于要计算的正是公式所在单元格左侧数据之和，所以此时不需更改，直接单击"确定"按钮就会计算出李明的总成绩并显示。若要计算英语课程的平均成绩，则先将光标定位到要插入公式的单元格中，再重复以上操作，弹出"公式"对话框，只是此时"公式"文本框中显示的公式是"=SUM(ABOVE)"，由于要计算的是平均成绩，所以此时要使用的计算函数是"AVERAGE"，将"公式"文本框中的"SUM"修改为"AVERAGE"或者通过"粘贴函数"下拉列表选择"AVERAGE"函数，在"编号格式"下拉列表中选择数据显示格式为保留两位小数"0.00"，然后单击"确定"按钮就可计算并显示英语课程的平均成绩。以相同方式计算其余数据，结果如表 2.5 所示。

图 2.23　"公式"对话框

表 2.5　公式计算后的成绩表

姓　名	英　语	计　算　机	高　数	总　成　绩
李明	86	80	93	259
王芳	92	76	89	257
张楠	78	87	88	253
平均分	85.33	81.00	90.00	256.33

2）表格中数据的排序

要对表格排序，首先要选择排序区域，如果不选择，则默认对整个表格进行排序。如果要将表 2.5 按"总成绩"进行升序排序，则要选择表中除"平均分"以外的所有行，之后单击功能区"布局"选项卡"数据"组中的"排序"按钮，打开如图 2.24 所示的"排序"对话框。

在"主要关键字"下拉列表中选择"总成绩"选项，则对应"类型"中排序方式自动变为"数字"，再选择"升序"排序，根据需要用同样的方式设置"次要关键字"及"第三关键字"。在对话框底部，选择表格是否有标题行。如果单击"有标题行"单选按钮，那么顶行条目就不参与排序，并且这些数据列将用相应标题行中的条目来表示，而不是用"列 1""列 2"等方式表示；如果单击"无标题行"单选按钮，那么顶行条目将参与排序，此时单击"有标题行"单选按钮，再单击"选项"按钮微调排序命令，如排序时是否区分大小写等，设置完成后单击"确定"按钮就完成了排序，结果如表 2.6 所示。

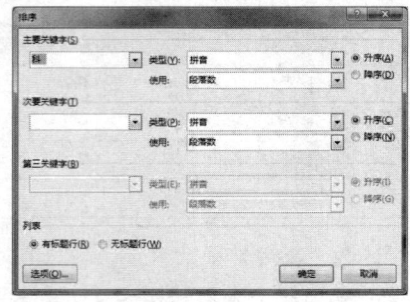

图 2.24 "排序"对话框

表 2.6 按"总成绩"升序排序后的成绩表

姓 名	英 语	计 算 机	高 数	总 成 绩
张楠	78	87	88	253
王芳	92	76	89	257
李明	86	80	93	259
平均分	85.33	81.00	90.00	256.33

四、实验范例

1. 建立表格

（1）建立表 2.7，并设置其黑体、加粗、五号字、居中，存为 D:\表 1.docx。

表 2.7 样表 1

季 度	香港分公司	北京分公司
一季度销售额	435	543
二季度销售额	567	654
三季度销售额	675	789
四季度销售额	765	765
合 计		

（2）删除表格最后一行。把光标移到表格最后一行的任意单元格，单击"布局"选项卡"行和列"组中的"删除"按钮，在弹出的对话框中选择"删除行"即可。

（3）在最后一行之前插入一行。把光标移到表格最后一行的任意单元格，单击"布局"选项卡"行和列"组中的"在上方插入"按钮即可。

（4）在第 3 列的左边插入一列。把光标移到表格最后一列的任意单元格，单击"布局"选项卡"行和列"组中的"在左方插入"按钮即可。

（5）调整列表线的位置到合适的宽度。

（6）调整表格在页面中的位置。

① 把光标移到表格中的任意位置，这时会在表格的左上角出现一个内部有双向十字的方形图标⊞。

② 单击此图标，拖动鼠标，可以将表格移到任意位置。

（7）绘制不规则表格。

① 单击功能区"插入"选项卡，在"表格"组的"表格"按钮下拉框中选择"绘制表格"选项。

② 把光标移到要插入表格的位置，这时光标呈笔状。按下鼠标左键并拖动鼠标到需要大小时松开。这时，绘制出的是表格的外框线。

③ 把光标移到表格中，单击功能区出现的"设计"选项卡。

④ 设置边栏样式。

方法一：在"设计"选项卡的"边框"组中单击"笔样式"右侧的下拉按钮，在弹出的下拉框中选择绘制表格线需要的框线样式，单击"笔画粗细"右侧的下拉按钮，在弹出的下拉框中选择框线的粗细，单击"笔颜色"下拉按钮，在弹出的下拉框中选择框线的颜色。

方法二：单击"设计"选项卡的"边框样式"按钮，从中直接选择样式。

⑤ 单击"设计"选项卡"边框"组中"边框"下拉按钮，在弹出的下拉框中选择"绘制表格"选项。

⑥ 把光标移回文档编辑区，这时光标呈笔状，此时就可以使用刚才选择的框线样式自由绘制表格。如果需要更改框线样式，则从步骤③重复即可。

需要注意的是，Word 2019 取消了原来"边框"组中的"擦除"按钮，新增了"边框刷"按钮。"边框刷"按钮的作用是把当前定义的"边框样式"应用于表格中的特定边框。使用时只需先按照上述步骤④设置边框样式，然后单击"边框刷"按钮，这时光标变成刷子形状，单击表格中的任意框线，即可把设置的边框样式应用到框线上。

请同学们自己设计并绘制复杂的不规则表格，尝试绘制不同的表格，并试着练习使用"表格工具"栏中"边框刷"按钮。思考怎么使用"边框刷"按钮，完成"擦除"功能，并动手实践。

2. 编辑表格

（1）将 D:\表 1.docx 中的表格最后一行拆分为另一个表。选中表格的最后一行，单击"布局"选项卡"合并"组中的"拆分表格"按钮，可见选中行的内容脱离原表，成为一个新表。试操作，并观察结果。

（2）将操作（1）得到的表格重新合并成一个表，将表中的最后一个回车符号删除。

（3）调整表格中行或列的宽度，以列为例。将光标移到表格中的某一单元格，把光标停留到表格的列分界线上，使之变为"←‖→"，这样就可按下鼠标左键不放，左右拖动鼠标，使之达到适当位置。行的操作类似，请试着操作并观察结果。

3. 表格的修饰美化（以 D:\表 1.docx 为例）

（1）表格第 1 列内容中心对齐，后两列右对齐。选中第 1 列，单击"开始"选项卡"段落"组中的"居中"按钮，观察结果。同理，对后两列进行设置。

也可以利用"布局"选项卡"对齐方式"组中的按钮进行设置，以达到同样的效果。

（2）修改表格边框。

分析：在 Word 文档中，可为表格、段落或选定文本的四周或任意一边添加边框，也可为文档页面四周或任意一边添加各种边框，包括图片边框，还可为图形对象（包括文本框、自选图形、图片或导入图形）添加边框或框线。默认情况下，所有表格边框都为 1/2 磅的黑色单实线；而在 Web 页上，默认情况下，表格没有可打印的边框。

① 单击表格左上角的⊞图标，选中整个表格。如要修改指定单元格的边框，则只需选中所需单

元格，包括单元格结束标记。

② 单击"设计"选项卡"边框"组中的"边框"下拉按钮，选择"边框和底纹"选项。

③ 在弹出的"边框和底纹"对话框中，对框线的样式、颜色、宽度进行设置，如果应用于单元格，则在"应用于"下拉列表中选择"单元格"选项；否则选择"表格"选项。

④ 在"预览"框中分别单击上、下、左、右按钮，将设置的边框样式分别应用于表格的上、下、左、右四条外边框线；若单击水平或垂直的中间按钮，则当前的边框样式会分别应用于表格内部的水平线或垂直线；若单击左下角或右下角的按钮，则为表格中的单元格添加不同方向的斜线。

⑤ 单击"确定"按钮，观察表格边框的变化。

（3）对表格第一列加底纹。

方法一：选中表格的第一列，依次单击"表格工具"中"设计"选项卡"表格样式"组中的"底纹"下拉按钮，在弹出的下拉框中选择适当的颜色即可。

方法二：

① 选中表格的第一列，依次单击"表格工具"中"设计"选项卡"边框"组中的"边框"下拉按钮，在弹出的下拉框中选择"边框和底纹"选项，弹出"边框和底纹"对话框。

② 单击"边框和底纹"对话框中的"底纹"标签，选择所需的适当选项，并确认在"应用于"下拉列表中选择"单元格"选项后，单击"确定"按钮，即可修改表格的底纹。

（4）自动套用表格的格式。

分析：在已经设计了一个表格之后，可方便地套用 Word 中已有的格式，而不必像操作（2）、操作（3）那样修改表格的边框和底纹。

把光标移到表格中的任一单元格。

将光标移至"表格工具"的"设计"选项卡"表格样式"组内，光标停留在哪个样式上，其效果就自动出现在表中，如果效果满意，则单击即可完成套用自动格式，十分方便。

（5）将表格转换成文字，并恢复。选中第二行～第五行，单击"布局"选项卡"数据"组中的"转换为文本"按钮，弹出"表格转换成文本"对话框，在对话框中选择文本的分隔符为"逗号"，单击"确定"按钮后，便实现了转换。请注意观察结果。

用类似的操作可将转换出来的文本再恢复成表格形式。选中需要转换成表格的对象后，单击"插入"选项卡"表格"组中"表格"下拉按钮下"文本转换成表格"命令，在弹出的对话框里选择合适的选项即可完成操作。请同学们试一试。

（6）表格中数据的计算与排序。在 Word 中，可以在表格中插入公式来对表格中的数据进行计算和排序。单击"表格工具"中的"布局"选项卡，然后单击 f_x 按钮，即可在表格中插入公式，如图 2.25 所示，在"公式"文本框中可输入相应的公式，也可通过"粘贴函数"查找更多的函数，具体的使用同学们可参阅相关书籍。

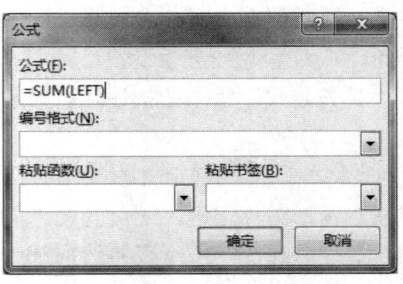

图 2.25　"公式"对话框

在此也不多讲，因为计算和排序不是 Word 的强项，这些操作将在 Excel 中详细阐述。

一个实验做完了，请正常关闭系统，并认真总结实验过程和取得的收获。

五、实验要求

任务一　制作课程表

操作要求：设计如表 2.8 所示的课程表。

表 2.8　课程表

	星期一	星期二	星期三	星期四	星期五
第一大节					
第二大节					
	午休				
第三大节					
第四大节					

表格内的内容依照实际情况进行填充，然后进行如下设置。

表格套用"清单表 4—着色 1"表格样式，表中文字是小五号楷体字，单元格文字的对齐方式选取"水平居中"。将原始单元格进行调整设置，设置宽度为 1.8 厘米、高度为 0.3 厘米。表格四周边框线的宽度由原来的 2.25 磅调整为 1.5 磅，其余表格线的宽度为默认值。

表格设置完成后，试将该表格转换成文字，观察结果，然后将文本恢复成表格，再次观察显示结果。

任务二　制作个人简历

操作要求：制作如表 2.9 所示的个人简历。

表 2.9　个人简历

个人概况	姓名：		性别：		民族：	（贴照片处）
	出生年月：		身体状况：		身高：	
	专业：					
	学历：		政治面貌：			
	毕业院校：		通信地址：			
受教育情况	教育背景：					
	主修课程：					
个人能力						
社会实践						
性格特点						
联系方式						

实验三 图文混排与页面设置

一、实验学时：2 学时

二、实验目的

- 熟练掌握分页符、分节符的插入与删除的方法；
- 熟练掌握设置页眉和页脚的方法；
- 熟练掌握分栏排版的设置方法；
- 熟练掌握页面格式的设置方法；
- 熟练掌握插入脚注、尾注、批注的方法；
- 熟练掌握图片、剪贴画插入、编辑及格式设置的方法；
- 掌握绘制和设置自选图形的基本方法；
- 熟练掌握插入和设置文本框、艺术字、公式的方法。

三、相关知识

在 Word 中，要想使文档具有很好的美观效果，仅仅通过编辑和排版是不够的，还需要对其进行页面设置，包括页眉和页脚、纸张大小和方向、页边距、页码、是否为文档添加封面及是否将文档设置成稿纸的形式等。此外，有时还需要在文档中适当的位置放置一些图片以增加文档的美观程度。一篇图文并茂的文档显然比单纯文字的文档更具有吸引力。

设置完成之后，还可以根据需要选择是否将文档打印输出。

1. 版面设计

版面设计是文档格式化的一种不可缺少的工具，使用它可以对文档进行整体修饰。版面设计的效果要在页面视图方式下才能看见。

在对长文档进行版面设计时，可以根据需要，在文档中插入分页符或分节符。如果要为该文档不同的部分设置不同的版面格式（如不同的页眉和页脚、不同的页码设置等）时，就要通过插入分节符，将各部分内容分为不同的节，然后设置各部分内容的版面格式。

2. 页眉和页脚

页眉和页脚是指位于正文每一页的页面顶部或底部一些描述性的文字。页眉和页脚的内容可以是书名、文档标题、日期、文件名、图片、页码等。

通过插入脚注、尾注或批注，为文档的某些文本内容添加注释以说明该文本的含义和来源。

3. 插入图形、艺术字

在 Word 2019 文档中插入自选图形、艺术字等图形对象和图片，能够起到丰富版面、增强阅读效果的作用，还可以用"绘图工具"上的相关工具对其进行更改和编辑。

图片是由其他文件创建的图形，包括位图、扫描的图片和照片等。可以使用"绘图工具"上的相关工具对其进行编辑和更改。如果要使插入的图片的效果更加符合我们的需要，这就需要对图片进行编辑。对图片的编辑主要包括图片的缩放、复制、剪裁、移动、删除等。图片插入文档中后，四周会出现 8 个蓝色的控制点，把光标移动到控制点上，当光标变成双向箭头时，拖动鼠标可以改变图片的大小。同时功能区中出现用于图片编辑的"格式"选项卡，如图 2.26 所示，在该选项卡中有"调整""图片样式""排列""大小" 4 个组，利用其中的命令按钮可以对图片进行亮度、对比度、位置及环绕方式等设置。

图 2.26　图片工具

艺术字是指具有特殊艺术效果的装饰性文字，可以使用多种颜色和多种字体，还可以设置阴影、三维效果，并可将其弯曲、旋转、倾斜和拉伸等。

自选图形可以通过调整其大小、翻转和颜色等，以及多个自选图形组合而创造出更复杂的形状。

文本框可以用来存放文本，是一种特殊的图形对象，可以在页面上进行定位和大小的调整。使用文本框可以为图形添加批注、标签和其他文字。插入文本框的步骤如下。

（1）单击功能区"插入"选项卡"文本"组中的"文本框"按钮，弹出如图 2.27 所示的下拉框。

（2）如果要使用已有的文本框样式，则直接在"内置"栏中选择所需的文本框样式。

（3）如果要使用横排文本框，则选择"绘制横排文本框"选项；如果要使用竖排文本框，

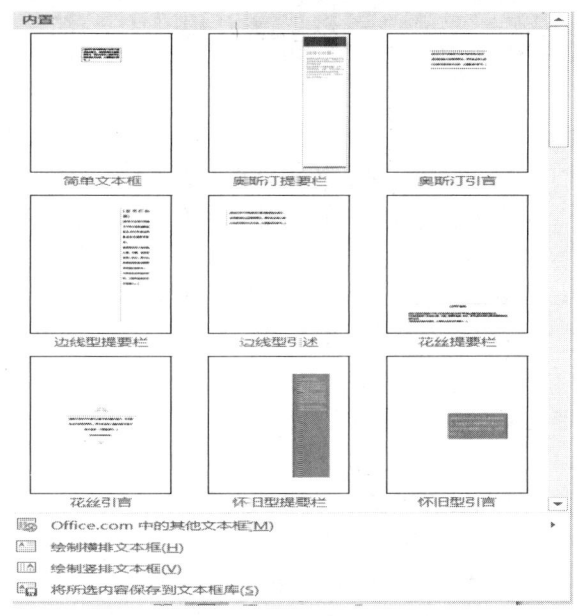

图 2.27　"文本框"按钮下拉框

则选择"绘制竖排文本框"选项。进行选择后，光标在文档中变成"十"字形状，将光标移动到要插入文本框的位置，按下鼠标左键并拖动至合适大小后松开。

（4）在插入的文本框中输入文字。

文本框插入文档后，在功能区中显示出绘图工具"格式"选项卡，文本框的编辑方法与艺术字类似，可以对其及其上文字设置边框、填充色、阴影、发光、三维旋转等。若想更改文本框中的文字方向，则可单击"文本"组中的"文字方向"按钮，在弹出的下拉框中进行选择即可。

使用文本框的好处：文本框的位置可以在整个页面任意设置，不受行、列位置的限制。

4．"SmartArt"工具

"SmartArt"工具用于帮助用户制作出精美的文档图表对象。使用"SmartArt"工具，用户可以非常方便地在文档中插入用于演示流程、层次结构、循环或者关系的 SmartArt 图形。

在文档中插入 SmartArt 图形的操作步骤如下。

（1）将光标定位到文档中要显示图形的位置。

（2）单击功能区"插入"选项卡"插图"组中的"SmartArt"按钮，打开"选择 SmartArt 图形"对话框。

（3）对话框左侧列表中显示的是 Word 2019 提供的 SmartArt 图形类别，有列表、流程、循环、层次结构、关系等。单击某一种类别，会在对话框中间显示出该类别下的所有 SmartArt 图形的图例，单击某一图例，在右侧可以预览到该种 SmartArt 图形并在预览图的下方会有该图的文字介绍。

（4）选中合适的 SmartArt 图形的图例，单击"确定"按钮，即可在文档中插入相应的 SmartArt

图形。插入 SmartArt 图形后，在图形上添加文字。

当文档中插入组织结构图后，在功能区会显示用于编辑 SmartArt 图形的"设计"和"格式"选项卡，如图 2.28 所示，通过 SmartArt 工具可以为 SmartArt 图形进行添加新形状、更改大小、布局及形状样式等的调整。

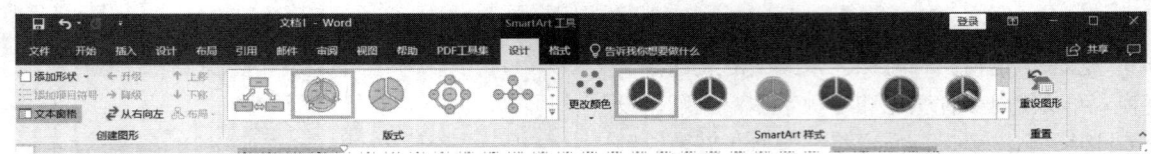

图 2.28　SmartArt 工具

请实际进行该操作，体会其功能。

掌握美化文档与图形编辑的方法，包括：
- 设置页面背景的方法；
- 图片与剪贴画的插入与编辑方法；
- 艺术字的编辑；
- 自选图形的绘制；
- 插入 SmartArt 图形；
- 文本框的编辑；
- 设置首字下沉的方法；
- 设置边框和底纹的方法。

掌握 Word 2019 文档的页面设置与打印，包括：
- 页面格式设置：对文档所用纸型和页边距等进行设置；
- 分页、分节和分栏排版的方法；
- 设置页眉和页脚的方法；
- 插入页码的方法；
- 文档预览与打印等；
- 创建文档封面；
- 稿纸设置。

四、实验范例

1. 插入页眉和页脚

（1）打开本章实验一中的文档 D:\实验 1.docx。

（2）单击"插入"选项卡"页眉和页脚"组中的"页眉"按钮，在弹出的下拉框中选择内置的页眉样式或者选择"编辑页眉"选项。

（3）此时页眉位置内容突出显示，处于可编辑状态。在页眉中输入"计算机应用基础"。

（4）单击功能区"设计"选项卡"导航"组中的"转至页脚"按钮，光标转至页脚位置，单击"插入"组中的"日期和时间"按钮，在打开的"日期和时间"对话框中选中第三行格式"×年×月×日星期×"。

（5）单击功能区"设计"选项卡"页眉和页脚"组中的"页码"按钮，在弹出的下拉框中选择"页面底端"→"普通数字 3"选项，在页面的右下角插入页码。

请同学们自己练习"页眉和页脚工具"功能区中的其他选项,如"首页不同""奇偶页不同""页眉顶端距离"等。

2. 使用"样式"

1)样式的使用

分析:所谓"样式",就是 Word 内部或用户命名并保存的一组文档字符或段落格式的组合。可以将一个样式应用于任何数量的文字和段落,如果需更改使用同一样式的文字或段落的格式,只需更改所使用的样式,而不管文档中有多少这样的文字或段落,都可一次完成。

(1)新建一个名为"样式.docx"的文档,在新文档中输入文字"样式的使用"。

(2)单击"开始"选项卡"样式"组中的"标题1"按钮,"样式的使用"几个字的字体、字号将自动变成"标题1"的设置格式。

(3)保存该文件,请注意观察结果。

2)样式的创建

分析:以"样式"框中的"标题2"为基准标题,创建一个新的样式。

(1)将光标置于"样式的使用"这句话的任意位置。

(2)依次单击"开始"选项卡"样式"组的下拉框中的"创建样式"选项,弹出"根据格式设置创建新样式"对话框。

(3)在"名称"栏内输入新建样式的名称"07新建样式1",单击"修改"按钮,在打开的对话框中设置字体、字号、对齐方式等。

(4)单击"确定"按钮,"根据格式设置创建新样式"对话框消失。

(5)观察功能区"样式"组,这时可见"07新建样式1"已出现在"样式"框中。新创建的样式就可以像其他样式一样使用了。

3)样式的更改

分析:将样式"07新建样式1"由三号改为一号,由黑体改为宋体,再加上波浪线。

在"样式"栏内选中"07新建样式1",右击,选择"修改"命令,屏幕上出现"修改样式"对话框,然后修改样式,如"字体""下画线"等。单击"确定"按钮,观察"样式"框的改变。

3. 拼写和语法

在 Word 中不仅可以对英文进行拼写与语法检查,还可以对中文进行拼写和语法检查,这个功能大大减少了文本输入的错误率,使单词和语法的准确性更高。

为了能够在输入文本时 Word 自动进行拼写和语法检查,需要进行设置。方法是选择"文件"面板中的"选项"命令,在打开的"Word 选项"对话框中选择"校对"选项,然后勾选"键入时检查拼写"和"键入时标记语法错误"复选框,决定进行语法和拼写错误检查。设置后,当 Word 检查到有错误的单词或中文时,就会用红色波浪线标出拼写的错误,用蓝色波浪线标出语法的错误。

注意:由于有些单词或词组有其特殊性,如在文档中输入"photoshop"就会认为是错误的,但事实上并非错误,因此,Word 拼写和语法检查后的错误信息,并非绝对就是错误,对于一些特殊的单词或词组仍可视为正确。

4. 插入图片

(1)打开文档 D:\实验1.docx。

(2)单击"插入"选项卡"插图"组中的"图片"按钮,在打开的"插入图片"对话框中选择事先准备好的图片。

(3)单击选中图片,按住鼠标左键拖动图片,把图片移到合适的位置;把光标移到图片右下角的控制点上按下鼠标左键拖动调整图片至适当大小。

（4）单击"格式"选项卡"排列"组中的"自动换行"按钮，在弹出的下拉框中选择"四周型环绕"选项，观察文档的变化。

（5）在图片样式中可以设定图片边框，任选一种边框样式。文档中插入图片的效果如图2.29所示。

计算机发展趋势

随着科技的进步，以及各种计算机技术、网络技术的飞速发展，计算机的发展已经进入了一个快速而又崭新的时代，计算机已经从功能单一、体积较大发展到了功能复杂、体积微小、资源网络化等。计算机的未来充满了变数，性能的大幅度提升是毋庸置疑的，而实现性能的飞跃却有多种途径。不过性能的大幅度提升并不是计算机发展的唯一路线，计算机的发展还应当变得越来越人性化，同时要注重环保等。目前计算机的发展趋势主要有如下几个方面。

图2.29 文档中插入图片的效果

> 请同学们自己动手尝试"格式"选项卡中其他功能按钮的作用，如"删除背景""艺术效果""图片效果""剪裁"等按钮，并观察图片的变化。
> 注意：在文档中插入的其他图形对象，如自选图形、艺术字等，其格式的编辑设置和图片有很多相似之处，请同学们自己动手实践。

5．设置页面背景及水印

1）设置页面背景

（1）打开文档D:\实验1.docx。

（2）单击"设计"选项卡"页面背景"组中的"页面颜色"按钮，在弹出的下拉框中选择"填充效果"选项，打开"填充效果"对话框。

（3）在"填充效果"对话框中选择"纹理"标签，单击"鱼类化石"纹理按钮。

（4）单击"确定"按钮，关闭"填充效果"对话框，观察文档的变化。

> 请同学们按照上述方法给文档设置"渐变""图案""图片"及单一颜色的背景，观察文档的变化。

2）设置水印

（1）打开文档D:\实验1.docx。

（2）单击"设计"选项卡"页面背景"组中的"水印"按钮，在弹出的下拉框中选择"自定义水印"选项，打开"水印"对话框。

（3）在"水印"对话框中选择"文字水印"。

（4）在"文字"文本框中输入"计算机发展趋势"，在"语言"下拉列表中选择"中文（中国）"选项，在"字体"下拉列表中选择"隶书"选项，在"字号"下拉列表中选择"60"选项，在"颜色"下拉列表中选择"红色"选项，勾选"半透明"复选框，单击"斜式"单选按钮。

(5) 单击 "确定" 按钮，关闭 "水印" 对话框。观察文档的变化。

一个实验做完了，请正常关闭系统，并认真总结实验过程和取得的收获。

五、实验要求

任务一　在本章实验一的任务二的基础上继续完成本次任务

操作要求如下。

（1）完成本章实验一的任务二的操作要求。
（2）页面设置：B5 纸，各边距均为 1.8 厘米，不要装订线。
（3）最后一段加拼音注释。设置为黑体小三号字，加粗，红色，下画线。
（4）页眉处输入自己的姓名、班级、学号，居中显示。页脚插入页码，居中显示。
（5）在所给文字的最后输入以下几个符号：
- Wingdings 字体中的 ☺ ✡ ☎
- Wingdings2 字体中的 ✇ ➘ ✿ ①
- Times New Roman 字体中子集为 "拉丁语-1" 的 ® ¥
- 普通文本中子集为 "拉丁语-1" 的 ¤

（6）最后插入日期，不带自动更新，并且右对齐。
（7）把文字的第一段分成两栏，"偏左"，加分隔线。
（8）设置文档文字水印：文字为 "计算机科学导论"，格式为 "楷体、66、深蓝、半透明、斜式"。
（9）在 D 盘建立一个以自己名字命名的文件夹存放自己的 Word 文档作业，该作业以 "自己的名字+学号的最后两位" 命名。

任务二　按照要求排版以下原文

世界上第一位软件工程师

爱达·奥古斯塔·拜伦是计算机领域著名的女程序员。爱达是著名诗人拜伦的女儿，她没有继承父亲的浪漫，而是继承了母亲在数学方面的天赋。1843 年，爱达发表了一篇论文，认为机器将来有可能被用来创作复杂的音乐、制图和在科学研究中运用。爱达为如何计算 "伯努利数" 写了一份规划，首先为计算拟定了 "算法"，然后制作了一份 "程序设计流程图"，被人们视为 "第一个计算机程序"。1975 年 1 月，美国国防部提出研制一种通用高级语言的必要性，并为此进行了国际范围的设计投标。1979 年 5 月最后确定了新设计的语言，海军后勤司令部的杰克·库柏（Jack Cooper）为这个新语言起名为 Ada，以寄托人们对爱达的纪念和钦佩之情。

特别需要提出的是，在巴贝奇研制分析机的艰苦岁月里，爱达给予了极大的帮助。爱达是世界计算机先驱中的第一位女性，她坚定地投入到巴贝奇分析机的研制中，成为巴贝奇坚定的支持者和合作伙伴。爱达帮助巴贝奇研究分析机，并建议用二进制代替原来的十进制，并发现了编程的要素。她还为某些计算开发了一些指令。晚年的巴贝奇因喉疾不能说话，一些介绍分析机的材料主要是由爱达完成的。爱达形象完美地体现了一位程序员应该具备的科学家与艺术家的双重气质。一方面，程序员需要在数学概念、形式理论、符号表示等基础上工作，应该有科学家的素养。另一方面对于一个高效可靠的便于维护的软件系统，又必须刻画它的细节，并把它组成一个和谐的整体，所以程序员又应该有艺术家的气质。

操作要求如下。

制作表格，并编辑排版，得到如图 2.30 所示的效果。

其中要求完成以下设置。

（1）标题是插入艺术字且居中，黑体 26 号字；文字是小四号宋体字；每段的首行有两个汉字的缩进。第一段 1.5 倍行距，其余单倍行距。

（2）纸张设置为 A4，上下左右边界均为 2 厘米。

（3）文档部分段落和文字加边框。

（4）文档有特殊修饰效果：首字下沉设置为红色，文字中有不同的颜色、着重号、突出显示、边框和底纹、下画线等。

（5）样张上有插图，请插入任意两张图片，按样本格式改变其大小和位置，并设置为四周型环绕。第二张图片上插入文本框，文本框格式设置为无填充颜色并加入样张文字说明。

（6）按样张格式在页眉处填写本人的真实院系、专业、班级、姓名、学号等信息，文字为小五号宋体，居中显示；在页脚处插入日期。

（7）表格名设置为艺术字，表格中的文字为小四号楷体，依照文字内容设置单元格对齐方式（若文字内容"居中对齐"，则单元格设置为中间左对齐）。原始单元格宽度为 1.8 厘米、高度为 0.3 厘米。表格上下边框线的宽度为 1.5 磅，其余表格线的宽度为默认设置。

（8）背景设置为填充蓝色，淡色 80%。

图 2.30　任务二样本

第 3 章

电子表格 Excel 2019

本章主要讲述 Excel 的常用操作，通过三个实验来由浅入深地讲解 Excel 的操作技巧与方法。读者通过学习，可全面了解工作表的创建与格式编排、公式与函数的应用和数据分析与图表创建，可掌握 Excel 的日常操作，利用 Excel 解决学习和生活中遇到的各种表格问题。

实验一 工作表的创建与格式编排

一、实验学时：2 学时

二、实验目的

- 掌握 Excel 2019 的基本操作；
- 掌握 Excel 2019 各种类型数据的输入和设置方法；
- 掌握工作表的编辑步骤和数据的修改方法；
- 掌握数据格式化的方法与步骤；
- 掌握工作簿的操作，包括插入、删除、移动、复制、重命名工作表等；
- 掌握格式化工作表的方法。

三、相关知识

Excel 是微软公司的办公软件 Microsoft Office 的组件之一，是微软办公套装软件的一个重要的组成部分，可以进行各种数据的处理、统计分析和辅助决策操作，广泛地应用于管理、统计财经、金融等众多领域。Excel 中大量的公式函数可以应用选择，使用 Excel 可以执行计算，分析信息并管理电子表格或网页中的数据信息列表与数据资料图表制作，可以实现许多方便的功能，带给使用者方便。

Excel 2019 单元格中的数据包括三种数据类型：数值型、文本型、日期时间型。在单元格中输入数值型数据时会自动居右对齐，输入文本型数据时会居左对齐，输入日期时间型数据要先输入日期再输入时间，中间以空格分开。当建立工作表时，所有单元格都通常采用默认的数字格式。在输入数值时，如果数字的长度超过单元格的宽度，Excel 将自动使用科学计数法来表示输入的数字。例如，输入 "123456789" 时，Excel 会在单元格中用 "1.23E+08" 来显示该数字。

在电子表格中的文字通常是指字符或者任何数字和字符的组合。输入单元格内的任何字符集，只要不被系统解释为数字、公式、日期、时间、逻辑值，那么 Excel 一律将其视为文字。而对于全部由数字组成的字符串，可以通过在其之前添加字符"'"的方法来区分"文本型数据"和"数值型数据"。

在输入表格的数据时，可能有时会输入许多相同的内容，如性别、年份等；有时还会输入一些等差序列或等比序列，如编号等；当然也可以输入自定义的序列，对于输入这些内容的操作，可以选用 Excel 2019 的"填充功能"来完成，使问题变得容易。Excel 2019 提供了"快速填充"功能，能根据智能提取规则检测用户当前进行的工作，并从数据中进行识别，一次性输入剩余数据。

对工作表进行格式化，可以进行行高和列宽的调整，插入行、列或单元格，设置边框和底纹，利用条件格式功能来突出数据，设置单元格对齐方式，还可以套用表格样式制作更加专业的表格。

1．Excel 2019 的基本功能与启动退出

（1）Excel 2019 的主要功能：制作表格、运算数据、管理数据、建立图表等。

（2）Excel 2019 的启动和退出方法。

①启动。

a．选择"开始"→"所有程序"→"Microsoft Office 2019"→"Excel 2019"命令，即可启动 Excel 2019。

b．双击任意一个 Excel 文件，Excel 2019 就会启动并且打开相应的文件。

c．双击桌面快捷方式也可启动 Excel 2019。

②退出。

如果要退出 Excel 2019，可以用下列方法之一。

a．单击标题栏左上角的系统图标，选择"关闭"命令。

b．按下"Alt+F4"组合键。

c．单击 Excel 2019 标题栏右上角的"关闭"按钮 × 。

（3）Excel 2019 的窗口组成：快速访问工具栏、标题栏、选项卡、功能区、帮助按钮、名称框、编辑栏、编辑窗口、状态栏、滚动条、工作表标签、视图按钮及显示比例等。

2．Excel 2019 的基本操作

1）文件操作

（1）建立新工作簿：启动 Excel 2019 后，直接在起始窗口中选择"空白工作簿"即可创建一个空白工作簿，若需要创建其他模板类型的工作簿，则单击选择模板类型后，单击"创建"按钮即可。新建工作簿窗口如图 3.1 所示。

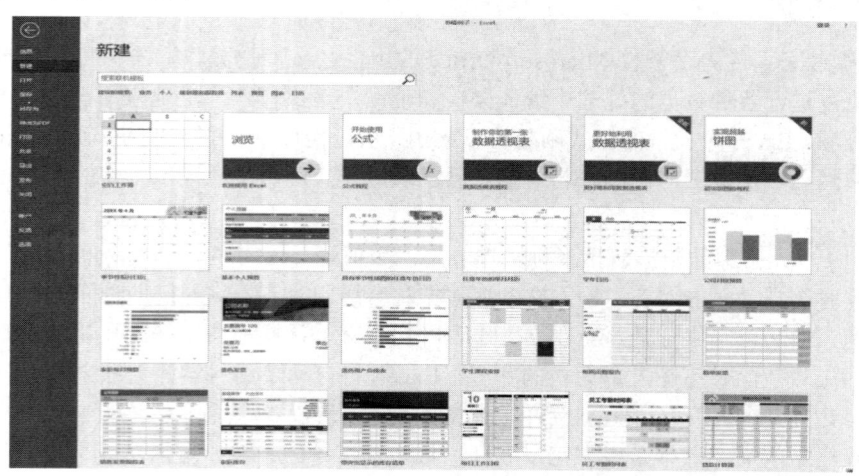

图 3.1　新建工作簿窗口

(2)打开已有工作簿:如果要对已存在的工作簿进行编辑,就必须先打开该工作簿。选择"文件"→"打开"命令,或者单击快速访问工具栏上的"打开"按钮,将显示打开文件操作窗口,通过"最近使用的工作簿"可以打开最近使用过的工作簿,通过单击"计算机"按钮,可以在右侧选择打开最近打开的文件夹中的文件,也可以通过"浏览"按钮选择并打开文件。打开文件操作窗口如图 3.2 所示。

(3)保存工作簿:当完成对一个工作簿文件的建立、编辑后,就可将文件保存起来,若该文件已保存过,则可直接单击"保存"按钮将工作簿保存起来。若为一新文件,则将会显示保存新文件操作窗口,如图 3.3 所示,可将文件保存在最近访问的文件夹中,也可以单击"浏览"按钮选择文件的保存位置,在之后显示的"另存为"对话框中输入新文件名后单击"保存"按钮。

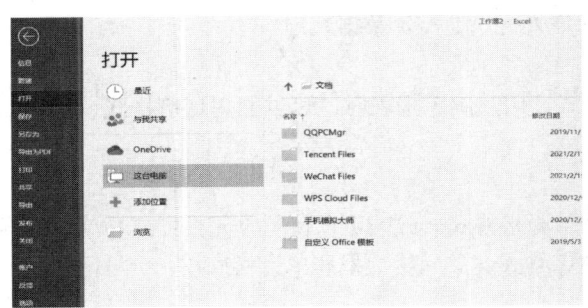

图 3.2 打开文件操作窗口

图 3.3 保存新文件操作窗口

(4)关闭工作簿。选择"文件"→"关闭"命令,如果存在没有保存的操作,系统将会显示对话框询问用户是否进行保存。

2)选定单元格操作

(1)选定单个单元格。

(2)选定连续或不连续的单元格区域。

(3)选定行或列。

(4)选定所有单元格。

3)工作表的操作

(1)选定工作表:选定单个工作表、多个工作表、全部工作表。

(2)重命名工作表。

(3)移动、复制、插入、删除工作表。

4)输入数据

(1)输入文本、数值。

(2)输入日期和时间。

(3)输入批注。

(4)自动填充数据。

(5)自定义序列。

3. 编辑工作表

(1)编辑和清除单元格中的数据。

(2)移动和复制单元格。

(3)插入单元格、行和列。

(4)删除单元格、行和列。

(5)查找和替换操作。

（6）给单元格加批注。

（7）命名单元格。

（8）拆分与冻结工作表。

4．格式化工作表

（1）设置字符、数字、日期及对齐格式。

（2）调整行高和列宽。

（3）设置边框、底纹和颜色。

5．使用条件格式

条件格式可以根据条件更改单元格区域的外观，有助于突出显示所关注的单元格或单元格区域，强调异常值，使用数据条、颜色刻度和图标集来直观地显示数据。

6．套用表格格式

Excel 2019 提供了一些已经制作好的表格格式，用户制定报表时，可以套用这些格式，制作出既漂亮又专业化的表格。

7．使用单元格样式

要在一个步骤中应用几种格式，并确保各个单元格格式一致，可以使用单元格样式。单元格样式是一组已定义的格式特征，如字体、字号、数字格式、单元格边框和单元格底纹。

（1）应用单元格样式。

（2）创建自定义单元格样式。

四、实验范例

- 启动 Excel 2019 窗口。（启动 Excel 2019 有多种方法，请思考并实际操作一下看看。）
- 认识 Excel 2019 的窗口构成。
- 熟悉 Excel 2019 各个选项卡的组成。
- Excel 文件的建立与单元格的编辑。建立"学生成绩表"，如表 3.1 所示。

表 3.1 学生成绩表

姓　　名	课　程　名				平　均　成　绩
	操作系统	数据库	程序设计	数据结构	
张　丽	89	92	95	96	
李　平	78	89	84	88	
王　霞	67	74	83	79	
赵　龙	86	87	95	89	
钱　亮	53	76	69	76	
孙　广	69	86	59	77	

建立学生成绩表的操作步骤如下。

1．建立工作表

（1）录入数据。双击工作表标签"Sheet1"，输入新名称"学生成绩表"覆盖原有名称，将表头、记录等数据输入表中，如图 3.4 所示。

选中 B1 至 E1 的单元格区域，将这几个单元格合并居中，用同样的方法将 A1 至 A2、F1 至 F2 合并居中，合并后的表如图 3.5 所示。

	A	B	C	D	E	F
1		课程名				平均成绩
2	姓名	操作系统	数据库	程序设计	数据结构	
3	张 丽	89	92	95	96	
4	李 平	78	89	84	88	
5	王 霞	67	74	83	79	
6	赵 龙	86	87	95	89	
7	钱 亮	53	76	69	76	
8	孙 广	69	86	59	77	

图 3.4　录入数据示意图

	A	B	C	D	E	F
1	姓名	课程名				平均成绩
2		操作系统	数据库	程序设计	数据结构	
3	张 丽	89	92	95	96	
4	李 平	78	89	84	88	
5	王 霞	67	74	83	79	
6	赵 龙	86	87	95	89	
7	钱 亮	53	76	69	76	
8	孙 广	69	86	59	77	

图 3.5　合并表格示意图

（2）输入标题，设置工作表格式。单击工作表左侧的行标“1”选中首行，之后单击鼠标右键，在弹出的快捷菜单中选择“插入”选项，在表的最上方插入一行。将 A1 至 G1 的单元格合并居中，然后输入标题“学生成绩表”，设置标题字体为“楷体、蓝色、22”。

（3）在表中“平均成绩”列的右侧添加列标题“总成绩”，并设置单元格 G2 至 G3 合并居中。

格式设置后的部分工作表如图 3.6 所示。

	A	B	C	D	E	F
1	学生成绩表					
2	姓名	课程名				平均成绩
3		操作系统	数据库	程序设计	数据结构	
4	张 丽	89	92	95	96	
5	李 平	78	89	84	88	
6	王 霞	67	74	83	79	
7	赵 龙	86	87	95	89	
8	钱 亮	53	76	69	76	
9	孙 广	69	86	59	77	

图 3.6　格式调整后的部分工作表

2. 格式化表格

通过拖动鼠标选择区域 A2：G9，单击“开始”选项卡“字体”组右下角的对话框启动按钮，弹出如图 3.7 所示的“设置单元格格式”对话框，在这个对话框中有“数字”“对齐”“字体”等 6 个选项卡，可以通过这些选项卡中的设置选项来给所选择区域设置字体、添加边框、底纹等。

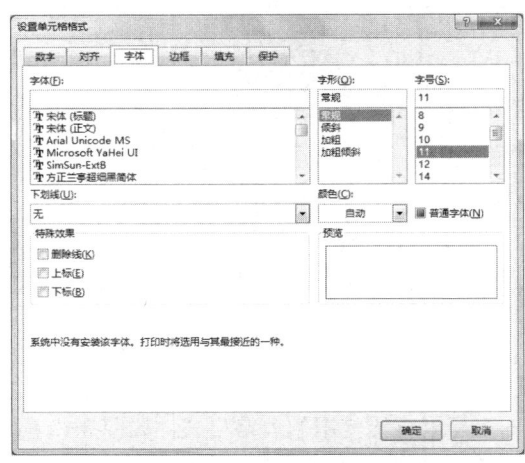

图 3.7　“设置单元格格式”对话框

在如图 3.7 所示的对话框中进行设置，将表格中的内容设为居中对齐、字体设为仿宋并为表格加上外框线和内部框线。再将行标题和列标题中文字进行字体加粗设置，并添加适当的底纹，完成后效果如图 3.8 所示。

	A	B	C	D	E	F	G
1	学生成绩表						
2	姓名	课程名				平均成绩	总成绩
3		操作系统	数据库	程序设	数据结		
4	张　丽	89	92	95	96		
5	李　平	78	89	84	88		
6	王　霞	67	74	83	79		
7	赵　龙	86	87	95	89		
8	钱　亮	53	76	69	76		
9	孙　广	69	86	59	77		

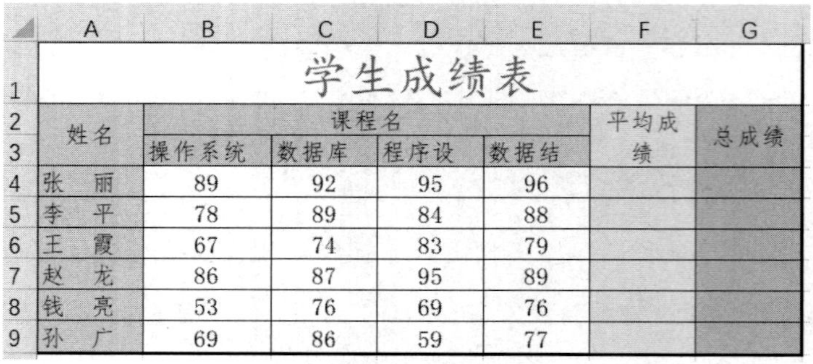

图 3.8　格式化后的表格

3．使用条件格式

选中区域 B4：E9，选择“开始”→“条件格式”→“突出显示单元格规则”→“小于”命令，弹出“小于”对话框，在左侧文本框中输入“60”，右侧保持默认设置，如图 3.9、图 3.10 所示。设置完成后单击“确定”按钮，此时可看到工作表中的成绩区域中不及格的单元格已被突出显示，如图 3.11 所示。

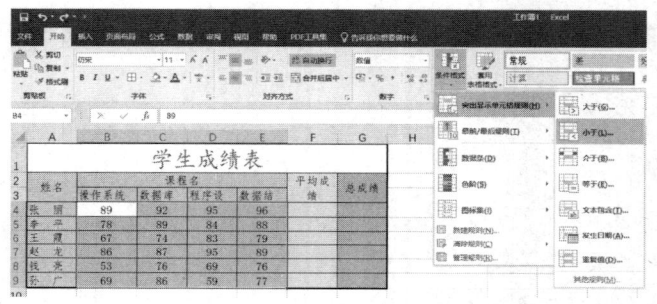

图 3.9　条件格式设置下拉菜单

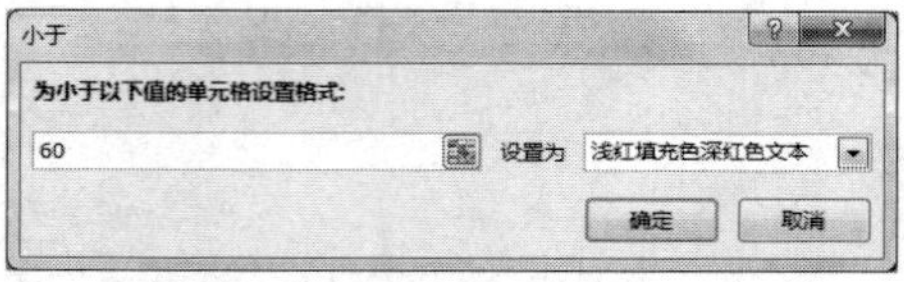

图 3.10　条件格式设置“小于”对话框

	A	B	C	D	E	F	G
1	学生成绩表						
2	姓名	课程名				平均成绩	总成绩
3		操作系统	数据库	程序设	数据结		
4	张　丽	89	92	95	96		
5	李　平	78	89	84	88		
6	王　霞	67	74	83	79		
7	赵　龙	86	87	95	89		
8	钱　亮	53	76	69	76		
9	孙　广	69	86	59	77		

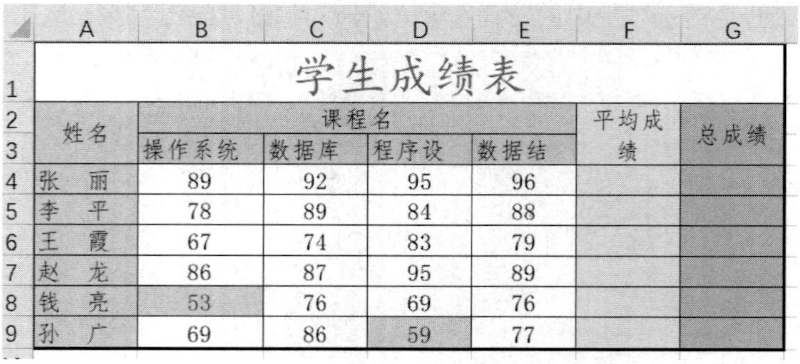

图 3.11　使用条件格式后的表格

4．套用表格格式

Excel 2019 为用户提供许多可以直接使用的表格格式，如图 3.12 所示。在完成表格输入后，也可以直接选择一个合适的并且自己喜欢的格式对表格进行美化。

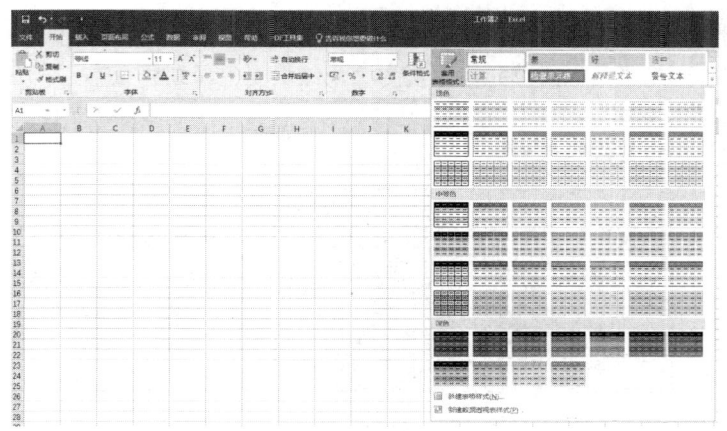

图 3.12　表格格式

一个实验做完了，请正常关闭系统，要注意在做实验的过程中对文件的保存操作，并认真总结实验过程和取得的收获。

五、实验要求

任务一　制作表格并进行格式化，完成后的效果如图 3.13 所示

操作要求如下。

（1）标题：合并且居中，仿宋，22 号字，红色，加粗。

（2）表头：宋体，11 号字，深蓝色，居中，加粗。

（3）所有单元格都设置为居中显示方式。

（4）不及格分数设置为红色、加粗、单下画线。

（5）表格内框线设置为细线，外框线设置为粗线。使用多种方法，既可以用“开始”选项卡“字体”组中的“框线”下拉框进行设置，也可以用“笔”选好线型直接画出，请进行实际操作，自己练习。

（6）为表格表头设置橙色底纹，数据单元格设置为浅绿色底纹。

成绩统计表

学号	姓名	课程名称				总成绩
		物理	外语	高数	计算机	
2004401118	王国朋	60	45	43	54	
2005401101	曹子建	95	82	81	78	
2005401104	杜再冀	92	63	79	98	
2005401105	段长伟	95	57	78	67	
2005401107	郭树堂	53	55	77	89	
2005401108	郭晓宇	58	57	85	65	
2005401110	何栋	81	77	59	78	
2005401111	侯超强	75	81	49	76	
2005401113	黄小伟	40	44	84	87	
2005401117	李鹏	83	49	77	73	

图 3.13　任务一表格效果图

任务二　制作表格并进行格式化，完成后的效果如图 3.14 所示

操作要求如下。

（1）标题：合并且居中，黑体，16 号字，加粗，红色。

（2）表头：宋体，12 号字，居中，加粗。

（3）所有单元格都设置为居中显示方式。

（4）各列数据用合适的填充方式进行数据填充。

(5)内框线用细线描绘,外框线用粗线勾出。

(6)将"性别"列为"女"的单元格设置为"浅红填充色深红色文本",为"男"的单元格设置为"绿填充色深绿色文本"。

(7)为表格表头设置浅绿色底纹。

学生信息表							
学号	姓名	院系	专业	性别	年龄	宿舍号	宿舍电话
20140106001	李文亮	控制工程	自动化	男	18	2#201	63551234
20140106002	张金科	控制工程	自动化	男	19	2#201	63551234
20140106003	贺俊霞	控制工程	自动化	女	19	3#306	63551258
20140106004	张红霞	控制工程	电器	女	18	3#307	63551259
20140106005	张俊玲	控制工程	电器	女	18	3#307	63551259
20140108001	张庆红	计算机	软件工程	男	19	2#506	63551246
20140108002	韩永军	计算机	软件工程	男	19	2#506	63551246
20140108003	张敬伟	计算机	软件工程	男	18	2#506	63551246

图 3.14 任务二表格效果图

实验二 公式与函数的应用

一、实验学时:2 学时

二、实验目的

- 掌握单元格相对地址与绝对地址的应用;
- 掌握公式的使用;
- 掌握常用函数的使用;
- 掌握"插入函数"对话框的操作方法。

三、相关知识

在工作表中输入数据后,运用公式可以对表格中的数据进行计算并得到需要的结果。在 Excel 中,公式是对工作表中的数据进行计算操作最为有效的手段之一。而函数实际上是一些预定义的公式,使用函数进行计算可以大大简化公式的输入过程,只需设置函数的必要参数即可进行正确的计算。

在 Excel 中,使用公式是以等号"="开始的,以各种运算符将数值和单元格引用、函数返回值等组合起来,形成表达式。Excel 2019 会自动计算公式表达式的结果,并将其显示在"="所在的单元格中。

1. 单元格引用类型

在使用公式和函数时,可以引用本工作簿或其他工作簿中任何单元格区域的数据,此时在公式和函数中要输入的是单元格区域地址。引用后,计算结果的值会随着被引用单元格的值的变化而变化。

单元格地址根据被复制到其他单元格时是否改变,可分为相对引用、绝对引用和混合引用 3 种类型。

(1)相对引用。相对引用是指当前单元格与公式或函数所在单元格的相对位置。运用相对引用,当公式或函数所在单元格的位置发生改变时,引用也随之改变。列号与行号的组合即该单元格的相对引用地址格式,如 B5 和 C5。

（2）绝对引用。绝对引用指向工作表中固定位置的单元格，它的位置与包含公式或函数的单元格无关。如果在列号与行号前面均加上"$"符号，就代表该单元格的绝对引用地址格式，如$B$2和$C$2。

（3）混合引用。混合引用是指在一个单元格地址中，用绝对列和相对行，或者相对列和绝对行，如$A1或A$1。当含有公式或函数的单元格因复制等原因引起行、列引用的变化时，相对引用部分会随位置的变化而变化，而绝对引用部分不随位置的变化而变化。

2. 同一工作簿不同工作表的单元格引用

若要在公式或函数中引用同一工作簿不同工作表的单元格内容，则需在被引用的单元格或区域前注明其所在的工作表名。具体引用格式为：被引用的工作表名！被引用的单元格地址。例如，要以相对引用形式引用工作表Sheet5中的D2单元格，表达式为"Sheet5!D2"。

在输入单元格引用地址时，除可以使用键盘输入外，还可以使用鼠标直接进行操作。仍以上面单元格引用为例，首先打开目的工作表并选取目的单元格，输入"="，单击Sheet5工作表标签，再单击D2单元格，按Enter键完成输入，此时目的单元格的编辑栏中将显示"=Sheet5!D2"。一般来讲，使用鼠标选取引用方式时，Excel均默认为单元格的相对引用。

3. 不同工作簿的单元格引用

若要在公式或函数中引用其他工作簿中的单元格内容，则需在被引用的单元格或区域前注明其所在的工作簿名和工作表名。具体引用格式为：[被引用的工作簿名]被引用的工作表名！被引用的单元格地址。例如，要以相对引用形式引用工作簿Book1中工作表Sheet1中的A5单元格，表达式为"[Book1.xlsx]Sheet1!A5"。

4. 公式

单击要输入公式的单元格，在单元格中首先必须输入一个等号，然后输入所要的公式，最后按Enter键。Excel 2019会自动计算公式的结果，并将其显示在相应的单元格中。

5. 函数

函数是一些预先定义好的特殊公式，运用一些称为参数的特定的顺序或结构进行计算，然后返回一个值。

（1）函数的分类：Excel 2019提供了财务函数、统计函数、日期与时间函数、查找与引用函数、数学与三角函数等多类函数。一个函数包含等号、函数名称、函数参数3部分。函数的一般使用格式为"=函数名（参数）"。

（2）函数的输入：函数的输入有两种方法，一种是在单元格中直接输入函数，另一种是使用"插入函数"对话框插入函数。

（3）常用函数的使用：常用函数包括SUM函数、AVERAGE函数、MAX函数、MIN函数、COUNT函数、COUNTIF函数、IF函数、RANK函数等。

在使用公式和函数对单元格进行引用时，除了要考虑到单元格的地址引用类型，还要考虑单元格所在的位置，是对同一工作簿同一工作表的单元格引用，还是对同一工作簿不同工作表的单元格引用，还是对不同工作簿的单元格引用。

四、实验范例

制作如图3.15所示的表格。
操作步骤如下。
（1）制作标题：在A1单元格中输入"学生成绩表"，将其设置成黑体，加粗，18号，然后将

A1 至 H1 单元格合并并居中。

（2）基本内容的输入：输入 A2：A13 区域、B2：E9 区域中各个单元格的内容。需要注意的是，部分单元格需要合并。

（3）函数的应用。利用函数求得各单元格中所需数据。

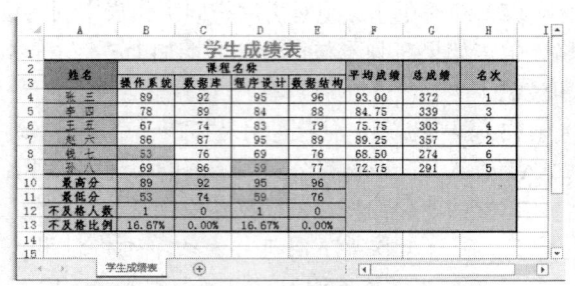

图 3.15 实验范例表格

① 求平均成绩。选中 F4 单元格，输入"= AVERAGE(B4:E4)"，按下 Enter 键，计算出第一位同学的平均成绩。利用填充柄拖动至单元格 F9，计算出其余人的平均成绩。选中区域 F4：F9，设置为数值格式，小数点后保留两位有效数字。

② 求总成绩。选中 G4 单元格，输入"=SUM(B4:E4)"，按下 Enter 键，计算出第一位同学的总成绩。利用填充柄拖动至单元格 G9，计算出其余人的总成绩。

③ 求名次。计算每位同学的总成绩排名要使用 RANK 函数，在这个函数的参数设置时需要使用到绝对引用的地址形式。选中 H4 单元格，输入"=RANK(G4,$G$4:$G$9)"，按下 Enter 键，计算出第一位同学的名次。利用填充柄拖动至单元格 H9，计算出其余人的名次。

④ 求最高分。选中 B10 单元格，输入"=MAX(B4:B9)"，按下 Enter 键，计算出高数的最高分。利用填充柄拖动至单元格 E10，计算出其余科目的最高分。

⑤ 求最低分。选中 B11 单元格，输入"=MIN(B4:B9)"，按下 Enter 键，计算出高数的最低分。利用填充柄拖动至单元格 E11，计算出其余科目的最低分。

⑥ 求不及格人数。选中 B12 单元格，输入"=COUNTIF(B4:B9,"<60")"，按下 Enter 键，计算出高数的不及格人数。利用填充柄拖动至单元格 E12，计算出其余科目的不及格人数。

⑦ 求不及格比例。选中 B13 单元格，输入"=B12/COUNT(B4:B9)"，按下 Enter 键，计算出高数的不及格比例。利用填充柄拖动至单元格 E13，计算出其余科目的不及格比例。选中区域 B13：E13，设置为百分比格式，小数点后保留两位有效数字。

（4）给表格加上相应的边框，将所有单元格设置为居中对齐方式，不及格的成绩突出显示。

一个实验做完了，请正常关闭系统，并认真总结实验过程和取得的收获。

五、实验要求

任务一 制作表格并进行计算，完成后的效果如图 3.16 所示

图 3.16 任务一表格效果图

操作要求如下。

将工作表命名为"成绩册",在完成表格计算时,要求平均分、总分、排名、最高分、最低分、各成绩段人数等都要用函数完成计算,要熟练掌握 SUM 函数、AVERAGE 函数、MAX 函数、MIN 函数、COUNT 函数、COUNTIF 函数、IF 函数及 RANK 函数的应用。

任务二　掌握同一工作簿不同工作表的单元格引用的方法

操作要求如下。

(1)打开任务一所建立的工作簿文件,并为其添加一张工作表,更改名称为"学生信息"。在工作表中录入数据,完成后的效果如图 3.17 所示。

(2)将"成绩册"工作表中的"序号"列的内容替换为"学生信息"工作表中"学号"列的内容,要求通过数据引用的方式获得。

(3)在"成绩册"工作表中的"英语"列前增加新列,列名为"班级",该列数据同样要求以数据引用的方式从"学生信息"工作表中的相应列获得。

(4)调整表格,进行单元格的合并等,完成后的效果如图 3.18 所示。

图 3.17　"学生信息"表

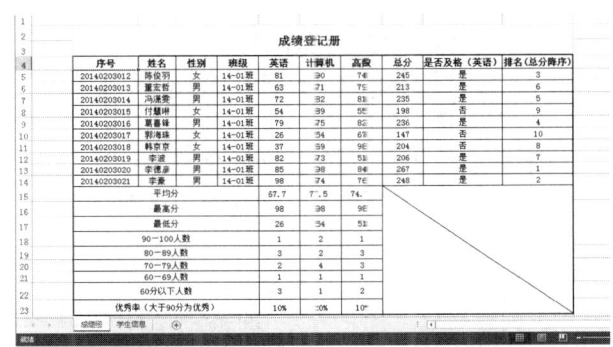

图 3.18　任务二表格效果图

实验三　数据分析与图表创建

一、实验学时:2 学时

二、实验目的

- 掌握快速排序、复杂排序及自定义排序的方法;
- 掌握自动筛选、自定义筛选和高级筛选的方法;
- 掌握分类汇总的方法;
- 掌握合并计算的方法;
- 掌握各种图表,如柱形图、折线图、饼图等的创建方法;
- 掌握图表的编辑及格式化的操作方法;
- 掌握快速突显数据的迷你图的处理方法;
- 掌握工作表的页面设置的方法与步骤;
- 掌握工作表的打印设置及打印方法。

三、相关知识

Excel 不仅具有强大的数据计算功能，还具有数据分析和统计功能，还可以通过图表、图形等多种形式形象地显示处理结果，帮助用户轻松制作各类功能的电子表格。

1. 数据管理

Excel 提供了强大的数据管理功能，可以运用数据的排序、筛选、分类汇总、合并计算和数据透视表等各项处理操作功能，实现对复杂数据的分析与处理。

1) 数据排序

（1）快速排序。如果要按某列对工作表进行快速排序，只需选中该列中的任意一个单元格，然后单击"数据"选项卡"排序和筛选"组中的升序按钮 或降序按钮 ，工作表中的数据就会按所选字段为排序关键字进行相应的排序操作。

（2）复杂排序。通过设置"排序"对话框中的多个排序条件对工作表中的数据进行排序。首先按照主要关键字排序，对于主要关键字相同的记录，则按次要关键字排序，只有记录的主要关键字和次要关键字都相同，才按第三关键字排序。排序时，如果要排除第一行的标题行，则勾选"数据包含标题"复选框；如果数据表没有标题行，则不勾选"数据包含标题"复选框。

（3）自定义排序。根据自己的特殊需要进行自定义的排序方式。

2) 数据筛选

数据筛选的主要功能是将符合要求的数据集中显示在工作表上，不符合要求的数据暂时隐藏，从而从工作表中检索出有用的数据信息。Excel 2019 中常用的筛选方式有以下几种。

（1）自动筛选。进行简单条件的筛选。

（2）自定义筛选。进行多条件定义的筛选，在筛选工作表时更加灵活。

（3）高级筛选。以用户设定的条件对工作表中的数据进行筛选，可以筛选出同时满足两个或两个以上条件的数据。

3) 分类汇总

在对数据进行排序后，可根据需要进行简单分类汇总和多级分类汇总，以达到按类别进行相关统计的功能。

2. 图表创建与编辑

1) 图表创建

为使表格中的数据关系更加直观，可以将数据以图表的形式表示出来。通过创建图表，可以更加清楚地了解各个数据之间的关系和数据之间的变化情况，方便对数据进行对比和分析。根据数据特征和观察角度的不同，Excel 提供了包括柱形图、折线图、饼图、条形图、面积图、XY 散点图、股价图等多类图表类型给用户选用，每一类图表又有若干个子类型。

在 Excel 中，无论建立哪一种图表，都只需选择图表类型、图表布局和图表样式，便可以很轻松地创建具有专业外观的图表。

2) 图表编辑

选中已经创建的图表，在 Excel 窗口原来选项卡的位置右侧增加了"图表工具"选项卡，并提供了"设计"和"格式"选项卡，以方便用户对图表进行更多的设置与美化。

（1）"设计"选项卡。

- 图表的数据编辑。
- 数据行/列之间快速切换。
- 选择放置图表的位置。

- 图表类型与样式的快速切换。
- 添加图表元素，如图表标题、坐标轴标题、图例等。
- 快速更改图表布局。

（2）"格式"选项卡。

- 对图表进行插入形状设置。
- 设置图表中各元素的形状格式和文本格式。
- 更改图表大小。

3）快速突显数据的迷你图

Excel 2019 中仍然具有"迷你图"功能，利用迷你图可以仅在一个单元格中绘制出简洁、漂亮的小图表，并且数据中潜在的价值信息也可以醒目地呈现在屏幕上。

3. 打印工作表

完成对工作表的数据输入、编辑和格式化工作后，就可以打印工作表了。在 Excel 中表格的打印设置与 Word 文档中的打印设置有很多相同的地方，但也有不同的地方，如打印区域的设置、页眉和页脚的设置、打印标题的设置，以及打印网格线和行号、列号等。

如果只想打印工作表某部分数据，可以先选定要打印输出的单元格区域，再在打印设置时选择"打印选定区域"，执行打印命令后，就可以只打印被选定的内容了。

如果想在每一页重复地打印出表头，可以通过单击"页面布局"选项卡"页面设置"组中右下角的对话框启动按钮打开如图 3.19 所示的"页面设置"对话框，单击该对话框中的"工作表"选项卡，在"打印标题"选区的"顶端标题行"或"左端标题列"文本框输入或用鼠标选定要重复打印输出的行标题或列标题。

打印输出之前需要先在"页面设置"对话框中进行页面设置，再进行打印预览，当对编辑的效果感到满意时，即可正式打印工作表。

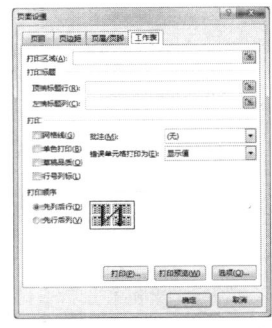

图 3.19 "页面设置"对话框

四、实验范例

制作如图 3.20 所示的员工信息表，然后选中"姓名"和"年龄"两列为数据区，通过"插入"菜单中的"图表"功能制作三维簇状柱形图，并对图表进行编辑，完成后的效果如图 3.21 所示。

操作步骤如下。

（1）新建一个 Excel 文件，输入如图 3.20 所示的电子表格数据。

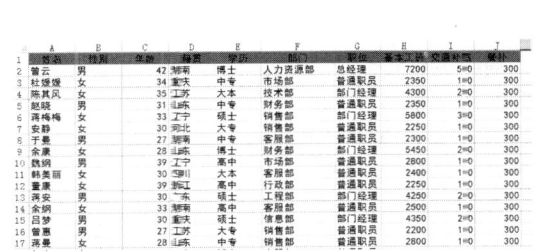

图 3.20 员工信息表

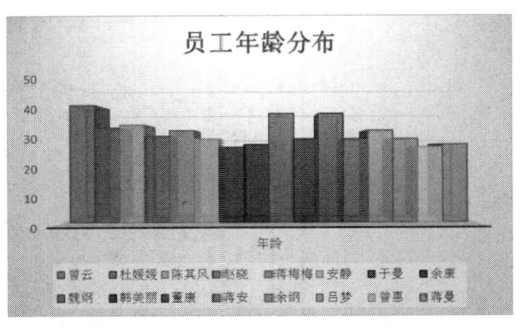

图 3.21 图表效果图

（2）在表格的上方连续插入 4 个空行，在 A1：E3 区域中输入高级筛选条件，如图 3.22 所示。

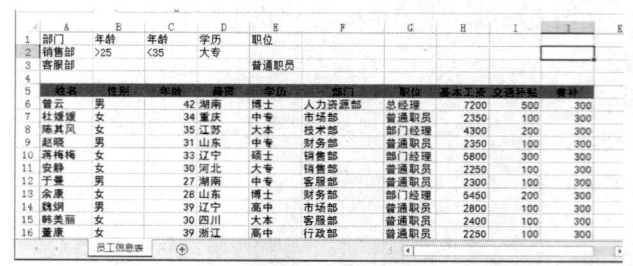

图 3.22　输入高级筛选条件

（3）选中数据区域 A5：J21，单击"数据"选项卡"排序和筛选"组中的"高级"按钮，弹出"高级筛选"对话框，单击"将筛选结果复制到其他位置"单选按钮，确认"列表区域"所显示的单元格区域无误后，单击"条件区域"文本框右边的折叠对话框按钮，将对话框折叠起来，然后在工作表中选中条件区域 A1：E3，再单击展开对话框按钮，返回"高级筛选"对话框；设置完成后的"高级筛选"对话框如图 3.23 所示，单击"确定"按钮关闭对话框。

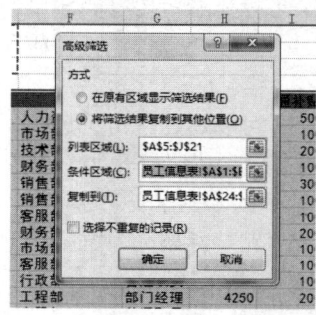

图 3.23　设置完成后的"高级筛选"对话框

（4）完成高级筛选后的工作表如图 3.24 所示。仔细观察结果，体会筛选功能。

（5）制作图表。选择"姓名"列后，按下 Ctrl 键继续通过拖动鼠标选择"年龄"列，之后切换到"插入"选项卡，单击"图表"组中的"插入柱形图"下的"三维簇状柱形图"，可以看到一个图表已经插入工作表中。

（6）编辑图表。选中图表，利用"图表工具"设置图表的坐标轴标题、图例及填充色等。

一个实验做完了，请正常关闭系统，并认真总结实验过程和取得的收获。

图 3.24　完成高级筛选后的工作表

五、实验要求

从不同角度分析、比较图表数据，根据不同的管理目标选择不同的图表类型进行分析。

操作步骤如下。

（1）启动 Excel 2019，编辑如图 3.25 所示的表格数据，将该表命名为"销售业绩表"。其中"销售总额"列要求用函数求出。

	A	B	C	D	E	F
1	销售业绩表					
2						单位：元
3	销售区域	一季度	二季度	三季度	四季度	销售总额
4	北京	73400.00	92600.00	84200.00	87560.00	337760.00
5	上海	73400.00	83540.00	93120.00	89340.00	339400.00
6	深圳	90400.00	96340.00	86420.00	77600.00	350760.00
7	杭州	99700.00	84290.00	72510.00	77280.00	333780.00
8	天津	52510.00	74130.00	79500.00	80210.00	286350.00
9	重庆	69500.00	73540.00	69570.00	71420.00	284030.00
10	厦门	98750.00	92100.00	92460.00	88900.00	372210.00
11	海南	88200.00	70110.00	95410.00	90360.00	344080.00
12	广州	104560.00	89780.00	92650.00	95140.00	382130.00

图 3.25 销售业绩表

（2）利用"图表向导"制作图表，进行分析。

现在根据下述要求变换图表类型进行数据分析。

① 分析比较一年来各销售区域每个季度的销售业绩。选中表格中除"销售总额"行和列的所有数据，即选中区域 A3：E12。单击"插入"选项卡"图表"组中相应的图表类型即可完成图表的插入，例如，依次单击"插入"选项卡、"图表"组、"插入柱形图"按钮，在下拉列表中选择"二维柱形图"中的"簇状柱形图"，结果如图 3.26 所示。可以利用之前介绍的方法对图表进行编辑，根据图表即可对各销售区域的销售情况进行分析比较。

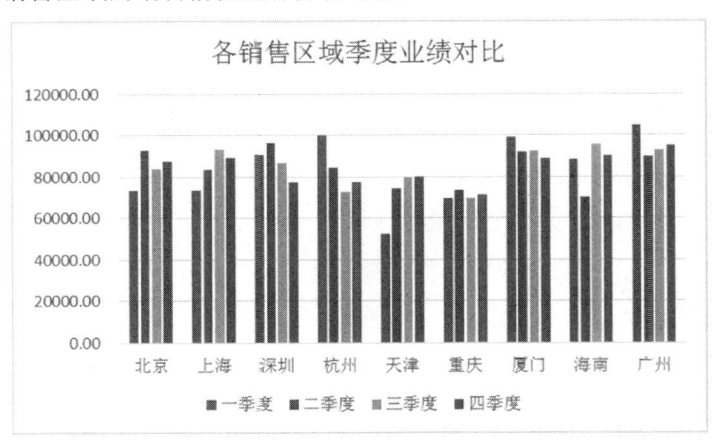

图 3.26 各销售区域季度业绩对比柱形图

② 分析比较各季度的销量。选中如图 3.26 所示的图表，再依次单击"图表工具"中的"设计"选项卡"数据"组中的"切换行/列"按钮，即可得出产品在各季度的销售情况，结果如图 3.27 所示。根据图表即可对各季度的销售情况进行分析比较。

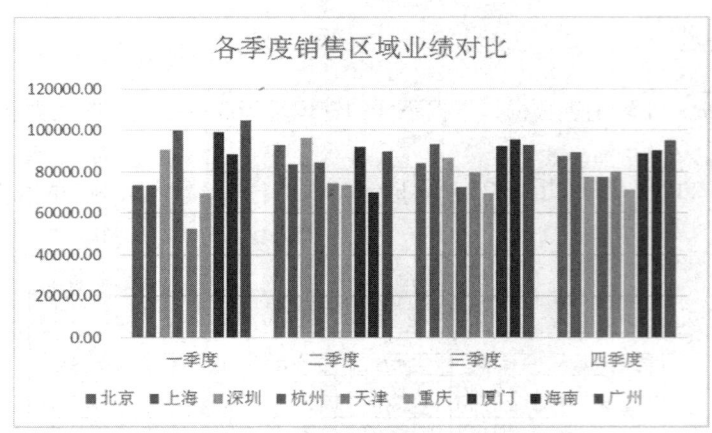

图3.27 各季度销售区域业绩对比柱形图

（3）对数据进行筛选显示。例如，只显示四个季度中销量超过80000.00元的季度；或者筛选出业绩超过60000.00元的销售区域。请试着进行实际操作，观察结果。

第 4 章

演示文稿 PowerPoint 2019

本章将通过两个实验讲述利用 PowerPoint 2019 制作演示文稿的方法。实验一将讲述怎么制作最基本的演示文稿,实验二将讲述在演示文稿中加入动画和音频,使得演示文稿有声有色并能突出重点,提高演示文稿的趣味性。通过这两个实验,读者能够由浅入深地掌握 PowerPoint 2019 的使用方法和技巧,能够制作符合实际需要的演示文稿以满足学习和工作的需要。

实验一　演示文稿的创建与修饰

一、实验学时:2 学时

二、实验目的

- 掌握演示文稿的创建和编辑;
- 学会在幻灯片中进行文字和图片的插入及修改;
- 学会在幻灯片中设置页眉和页脚;
- 学会在幻灯片中插入艺术字、表格及图片;
- 学会更改所有幻灯片的主题;
- 学会对单个和所有幻灯片背景进行设置和修改。

三、相关知识

PowerPoint 是一款专门用来制作演示文稿的应用软件,也是 Microsoft Office 系列软件中的重要组成部分。使用 PowerPoint 可以制作出集文字、图形、图像、声音及视频等多媒体元素为一体的演示文稿,让信息以更轻松、更高效的方式表达出来。Microsoft 公司推出的 PowerPoint 2019 办公软件除拥有全新的界面外,还添加了许多新功能,使软件应用更加方便快捷。

PowerPoint 2019 在继承了旧版本优秀特点的同时,明显调整了工作环境及工具按钮,从而更加直观和便捷。此外,PowerPoint 2019 还新增了一些功能和特性,比如:

- 在线插入图标;
- 插入 3D 模型;
- 文本荧光笔;
- 简化背景消除;
- 缩放定位;

- 导出 4K；
- 录制功能。

1. PowerPoint 2019 的基本功能、启动/退出和窗口组成

（1）PowerPoint 2019 的基本功能：演示文稿制作、动画创建、超链接及模板的使用、幻灯片切换及放映方式的设置等。

（2）PowerPoint 2019 启动和退出的方法。

① 启动的方式有以下几种。
- 选择"开始"→"所有程序"→"Microsoft Office 2019"→"PowerPoint 2019"命令。
- 双击任意一个 PowerPoint 文件，PowerPoint 2019 会启动并且打开相应的文件。
- 双击桌面快捷方式也可启动 PowerPoint 2019。

② 退出的方法有以下几种。
- 单击标题栏左上角的系统图标，选择"关闭"选项。
- 按"Alt+F4"组合键。
- 单击 PowerPoint 2019 标题栏右上角的"关闭"按钮 。

（3）PowerPoint 2019 的窗口组成：快速访问工具栏、标题栏、选项卡、功能区、帮助按钮、幻灯片浏览窗格、幻灯片编辑窗格、滚动条、状态栏、视图按钮及显示比例等。

2. 注意事项

作为初用者，怎样制作出一个比较好用的演示文稿？有哪些需要注意的地方？笔者根据实践经验，提出以下建议。

1）注意条理性

使用演示文稿的目的，是将要叙述的问题以提纲挈领的方式表达出来，让观众一目了然。如果仅是将一篇文章分成若干片段，平铺直叙地表现出来，则显得乏味，难以提起观众的兴趣。一个好的演示文稿应紧紧围绕所要表达的中心思想，划分不同的层次段落，编制文档的目录结构。同时，为了加深印象和理解，这个目录结构应在演示文稿中"不厌其烦"地出现，即在演示文稿的开始要全面阐述，以告知本文要讲解的几个要点；在每个不同的内容段之间也要出现，并对下文即将要叙述的段落标题给予显著标志，以告知观众现在要转移话题了。

2）自然胜过花哨

在设计演示文稿时，很多人为了使之精彩而在演示文稿上大做文章，如添加艺术字、变换颜色、穿插动画效果等。这样的演示文稿看似精彩，但样式过多会分散观众的注意力，不好把握内容重点，难以达到预期的演示效果。归纳起来，设计演示文稿时应注意以下 3 个方面。

（1）力避过分鲜明的色彩。在背景中使用过分鲜明的色彩对于受众的视觉会产生较大的刺激，难以产生愉悦的感觉。例如，黑色、大红色或蓝色等往往容易给人以较强烈的视觉影响。

（2）注意背景与文字、图表（内容）的色彩搭配。为使幻灯片的内容看起来清晰，背景与内容的颜色搭配不能采用深深搭配或浅浅搭配。例如，深红色、黑色、深蓝色等不能构成背景与内容的搭配，同时，浅黄色、浅蓝色、白色由于色差不够大也不能构成背景与内容的搭配。

不合理的搭配首先会导致文字不清晰，让人看不清楚，其次会使人看着不舒服。特别要注意的是，使用显示器显示可以看清楚的幻灯片在使用投影仪显示时，由于存在一定的颜色失真，显示的效果并不好，有时甚至根本看不清楚。

（3）注意避免不当的动画与声音安排。在幻灯片中适当添加动画可以增加趣味性，也便于增强观众的印象。但一般来说，如果不是自动播放，一般不要设置动画和声音。特别是在演讲者边演讲边放映时，设置动画和声音会干扰演讲者的演讲效果。例如，标题一般不要设置动画效果且应慎用单字飘

入方式。标题一旦设置动画效果,首先展现在观众面前的将是一个空白的幻灯片,然后通过动画将标题展现出来,给人一种浪费时间的感觉。同时,标题设置动画效果不利于突出重点。而单字飘入节奏较慢,不利于快节奏的演讲。如果是专为演讲制作的幻灯片最好不加入声音。如果需要加入声音,也要力避那些过于强烈和急促的声音。在自动播放时能够根据演讲内容自选音乐是最好的选择。

好的演示文稿要保持淳朴自然,简洁一致,最为重要的是文章的主题要与演示的目的协调配合。如果演讲内容是随着演讲者演讲的进度出现的,那么穿插动画可以起到从局部到全面的效果,提高观众的兴趣,否则会显得零乱。

3)使用技巧实现特殊效果

为了阐明一个问题经常采用一些图示及特殊动画效果,但是在演示文稿的动画中有时难以满足需求。例如,采用闪烁效果说明一段文字时,在演示中一闪而过,观众根本无法看清,为了达到闪烁不停的效果,还需要借助一定的技巧,组合使用动画效果才能实现。还有一种情况,如果需要在演示文稿中引用其他的文档资料、图片、表格或从某点展开演讲,可以使用超链接。但在使用时一定要注意"有去有回",设置好返回链接,必要时可以使用自定义放映,否则在演示中可能会出现到了引用处却无法返回原引用点的尴尬。

总之,一个较好的演示文稿演示文稿并不在于它的制作技术有多高,动画做得多美,最关键的是实用。实用的标准包含以下几点。

一是内容突出,言简意赅,条理分明;二是字体内容清晰,一目了然;三是制作效果自然,既有动画、音频、超链接等技巧使演示文稿变得生动有趣,又不会太花哨。正是由于这3个特点使得使用 PowerPoint 制作演示文稿成为大多数人乐于采用的一种方式。

四、实验范例

1. 创建演示文稿

创建演示文稿一般有模板创建和空白演示文稿创建两种方式。用模板创建演示文稿时,用户可以采用系统提供的不同风格和不同主题的设计模板,也可以使用用户自定义的模板;用空白演示文稿创建演示文稿时,用户可以不拘泥于模板的限制,发挥自己的创造力制作出独具风格的演示文稿。推荐初学者使用空白演示文稿创建方式。

1)新建演示文稿

启动 PowerPoint 2019 后,系统会进入如图 4.1 所示的界面,用户可以直接单击"空白演示文稿"或者系统模板来进行新演示文稿的创建。

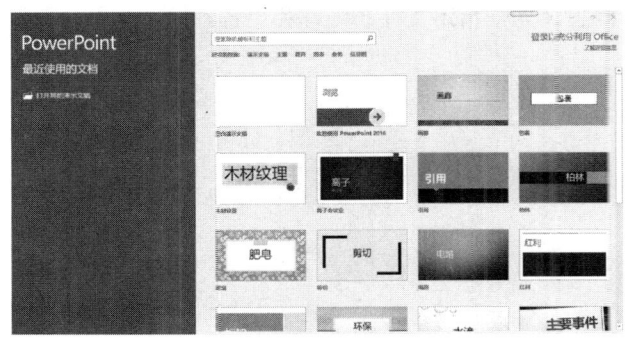

图 4.1 新建演示文稿界面

也可以自行新建,具体操作步骤如下。

单击窗口左上角的"文件"选项卡，如图4.2所示，然后单击"新建"按钮，如图4.3所示，系统会在右侧显示各种模板，用户可以选择任何一个模板来创建一个新的演示文稿。

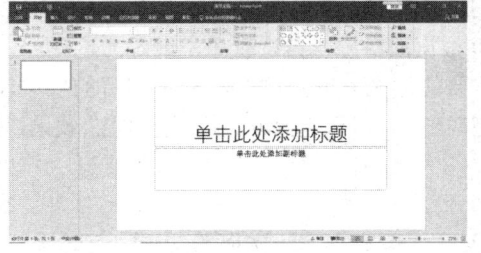
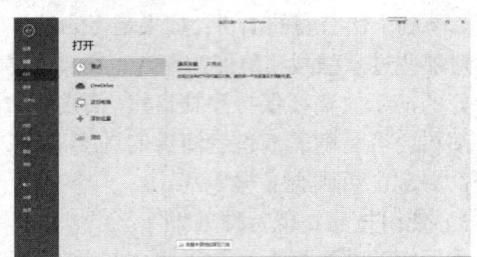

图4.2　"文件"选项卡　　　　　　　　　图4.3　"新建"按钮

单击图4.2中的"新建幻灯片"按钮，系统会自动在演示文稿中新建幻灯片。可以根据自己的需要选择版式，对于每个幻灯片可以定义不同的版式。首先选中需要更改版式的幻灯片，系统会自动以反色显示幻灯片，如图4.4所示。单击工具栏中的"版式"按钮，可以根据自己的需要来调整所需的版式。

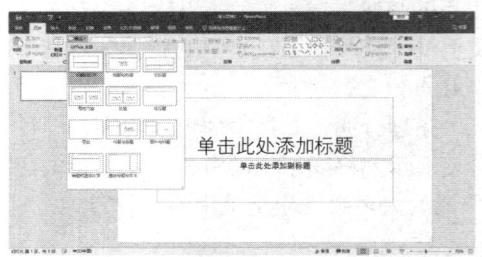

图4.4　修改单个幻灯片的版式

对于每一个幻灯片，可以对其进行很多操作，右击该幻灯片，可进行的操作就会出现，如幻灯片的新建、复制、粘贴与设计，后面会详细介绍。

2）保存演示文稿

当完成一个演示文稿文件的建立、编辑后，可将文件保存起来，通常采用以下3种方式。

（1）通过"文件"选项卡。单击窗口左上角的"文件"选项卡中的"保存"按钮，类似于Word、Excel，如果演示文稿是第一次保存，则系统进入如图4.5所示的界面，在该界面中双击"这台电脑"图标，弹出如图4.6所示的"另存为"对话框，在该对话框中选择保存路径（保存到硬盘的哪个位置）、驱动器、文件夹的位置；在"文件名"文本框中输入演示文稿的名称。如果是已经存在的文件，则仅保存文件的新内容而无须指定文件的名称和位置。

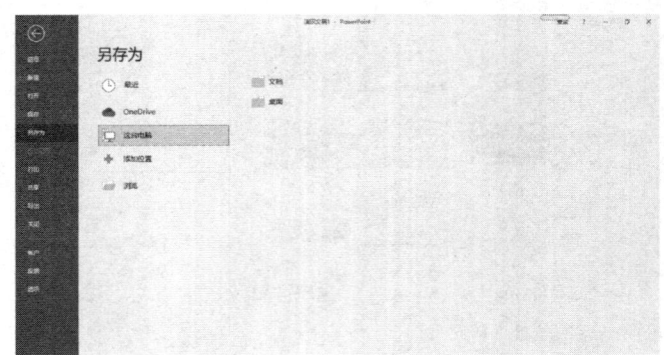
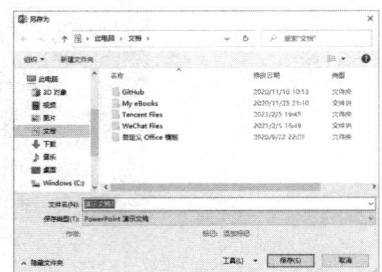

图4.5　演示文稿另存为新文档　　　　　　图4.6　"另存为"对话框

（2）通过快速访问工具栏。直接单击快速访问工具栏中的"保存"按钮 。如果是新文件，则会进入如图 4.5 所示的界面；如果是已经保存过的文件，则仅保存文件的新内容而无须指定文件的名称和位置。

（3）通过键盘。同时按"Ctrl+S"组合键，这和单击快速访问工具栏中的"保存"按钮效果相同。

3）关闭演示文稿

单击"文件"选项卡中的"关闭"按钮，也可以单击窗口右上角的"关闭"按钮，如果有些操作没有保存，则系统将会弹出对话框询问用户是否进行保存。

4）打开演示文稿

如果要对已有的演示文稿进行编辑，则必须先打开它。单击"文件"选项卡中的"打开"按钮，或者单击快速访问工具栏中的"打开"按钮 ，将打开如图 4.7 所示的文件操作窗口，通过"最近使用的演示文稿"可以打开最近使用过的演示文稿，通过单击"这台电脑"图标，可以在右侧选择打开当前文件夹中的文件或最近打开的文件夹中的文件，也可以通过"浏览"按钮选择并打开文件。

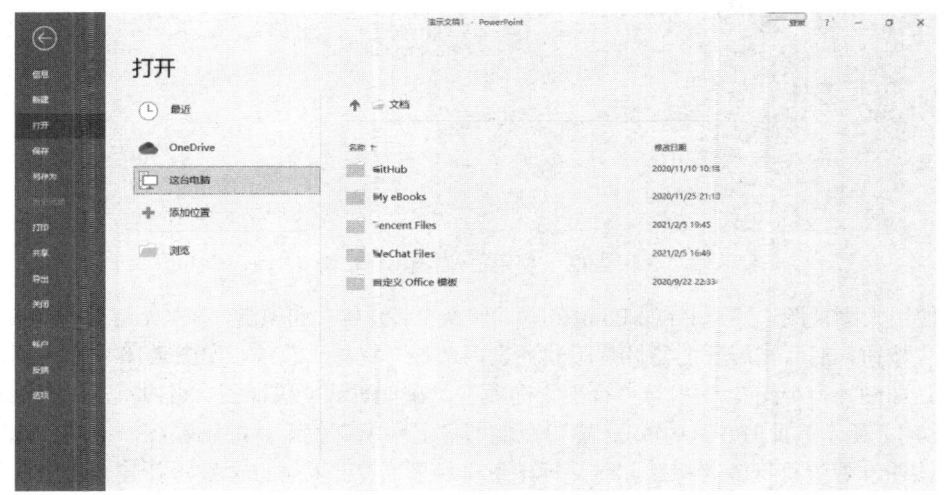

图 4.7　文件操作窗口

2．编辑演示文稿

1）新建或插入幻灯片

在演示文稿中新建或插入幻灯片的方法有很多，主要有以下几种。

（1）单击"开始"选项卡中的"新建幻灯片"按钮。

（2）在大纲/幻灯片浏览窗格中选中一张幻灯片并按 Enter 键。

（3）按"Ctrl+M"组合键。

（4）在大纲/幻灯片浏览窗格中右击，在弹出的快捷菜单中选择"新建幻灯片"命令，如图 4.8 所示。

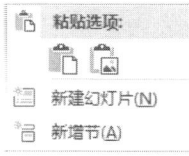

图 4.8　插入幻灯片

2）编辑幻灯片

选择要编辑的幻灯片，选择其中的文本、图表等对象。

演示文稿中有 3 种输入文本的方法，这 3 种方法分别为使用占位符、使用大纲视图和使用文本框。

（1）使用占位符。启动 PowerPoint 2019，默认的空白演示文稿是一个带有两个占位符的演示文稿，如图 4.9 所示。在幻灯片的占位符虚线框内单击，即可进入编辑状态，输入所需文本内容。

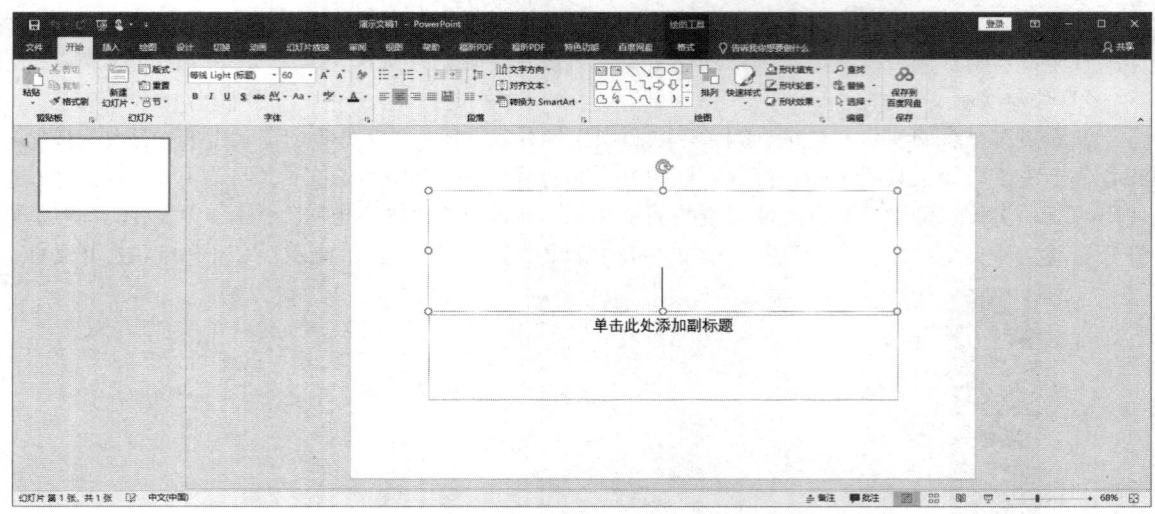

图 4.9 使用占位符输入文本

（2）使用大纲视图。打开 PowerPoint 2019，切换至"开始"选项卡，在"幻灯片"组内单击"新建幻灯片"按钮，然后在展开的幻灯片版式列表内选择"空白"选项，如图 4.10 所示，新建一张空白幻灯片，如图 4.11 所示。切换至"视图"选项卡，在"演示文稿视图"组内单击"大纲视图"按钮，如图 4.12 所示。此时 PowerPoint 窗口左侧即可显示所有幻灯片的缩略图，选中新建的空白幻灯片，在该图标右侧直接输入标题。将光标定位至标题右侧，按 Enter 键再新建一张空白幻灯片，然后按 Tab 键将其转换为下级标题，并输入文本内容，如图 4.13 所示。在大纲视图中添加到幻灯片中的文字格式是可以进行修改的。选中某标题文字，切换至"开始"选项卡，用户在"字体"组内设置文字的字体、字号、字形、颜色等格式。

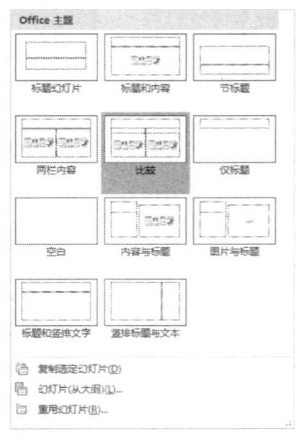

图 4.10 幻灯片版式列表

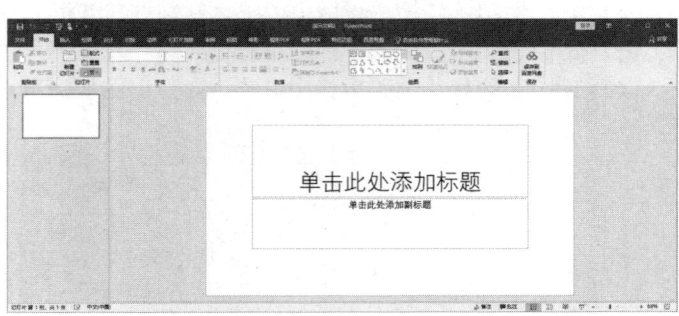

图 4.11 新建空白幻灯片

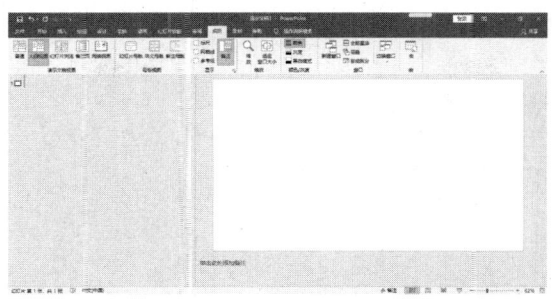
图 4.12　大纲视图界面

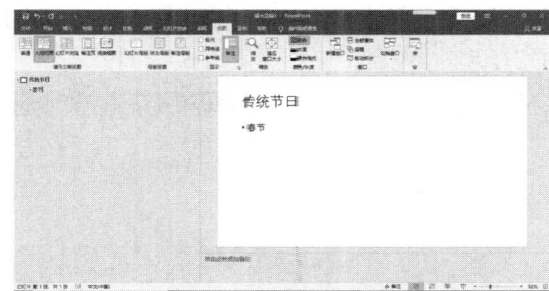
图 4.13　使用大纲视图输入文本

（3）使用文本框。打开 PowerPoint 2019，选中需要插入文本框的幻灯片，切换至"插入"选项卡，在"文本"组内单击"文本框"下拉按钮，然后在展开的下拉列表内选择"绘制横排文本框"选项，如图 4.14 所示。此时，幻灯片内的光标会变成十字形，按住鼠标左键并拖动鼠标即可绘制一个文本框，在文本框内输入文字，调整其大小和位置即可完成对文本框中文字的输入，如图 4.15 所示。

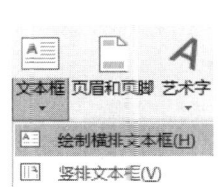

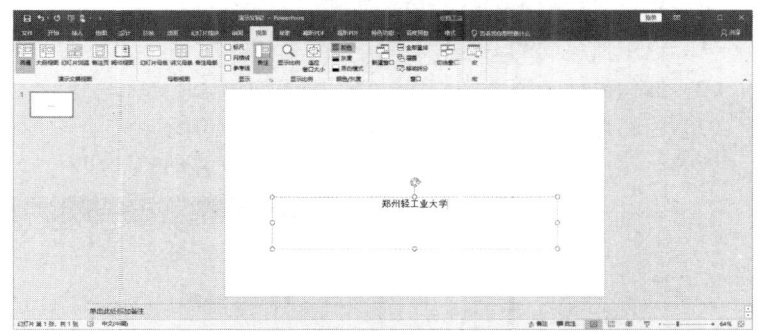

图 4.14　"文本框"下拉列表　　　　　　图 4.15　使用文本框输入文本

3）删除幻灯片

（1）在幻灯片浏览视图或大纲视图中选择要删除的幻灯片。

（2）右击要删除的幻灯片，选择快捷菜单中的"删除幻灯片"命令，如图 4.16 所示，或按 Delete 键删除。

图 4.16　删除幻灯片选项卡

（3）若要删除多张幻灯片，则需切换到幻灯片浏览视图，按 Ctrl 键并选择要删除的幻灯片，然后在弹出的快捷菜单中选择"删除幻灯片"命令，或按 Delete 键删除，如图 4.17 所示，边框红黑色的幻灯片为多张选中将要删除的幻灯片。

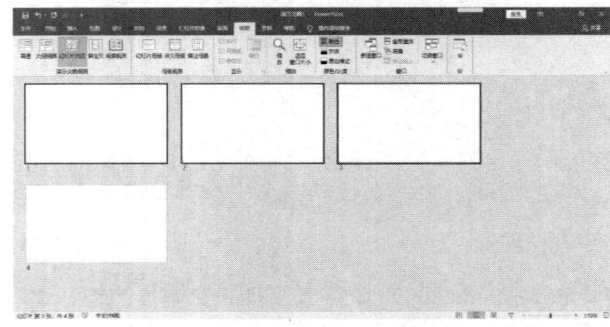

图 4.17　删除多张幻灯片

4）调整幻灯片位置

该操作可以在除"幻灯片放映"视图外的任何视图中进行。

（1）选中要移动的幻灯片。

（2）按住鼠标左键并拖动。

（3）将幻灯片拖动到合适的位置，如图 4.18 所示。

此外，还可以用"剪切"和"粘贴"选项来移动幻灯片。

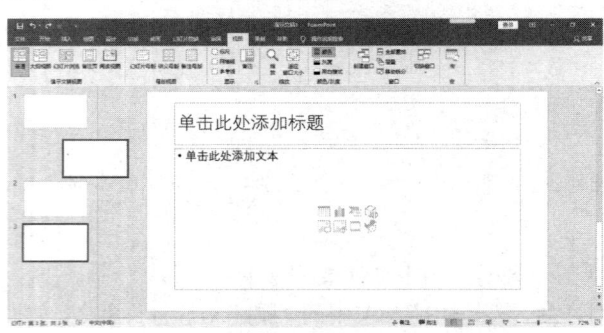

图 4.18　调整幻灯片位置

5）设置页眉和页脚

演示文稿创建完后，可以为全部幻灯片添加编号，其操作方法如下。单击如图 4.19 所示的"插入"选项卡"文本"组中的"页眉和页脚"按钮，弹出如图 4.20 所示的对话框。

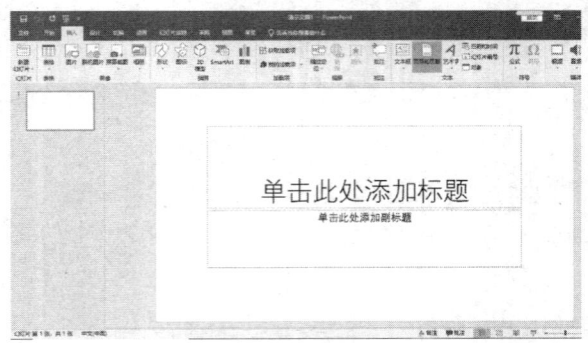

图 4.19　插入页眉和页脚

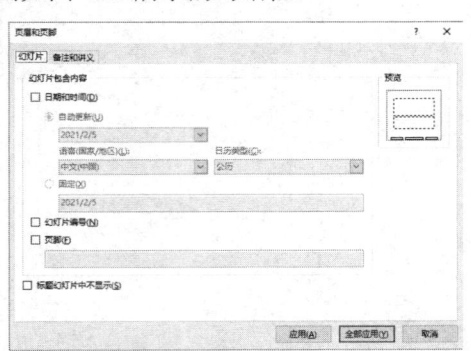

图 4.20　"页眉和页脚"对话框

6）隐藏幻灯片

用户可以把暂时不需要放映的幻灯片隐藏起来。

（1）将视图切换到"幻灯片浏览视图"，单击要隐藏的幻灯片。

（2）单击工具栏中的"隐藏幻灯片"按钮，该幻灯片右下角的编号上会出现一条斜杠，该幻灯片可被隐藏起来。

若想取消隐藏幻灯片，则选中该幻灯片，再单击一次"隐藏幻灯片"按钮。

3．在幻灯片中插入各种对象

1）插入图片和艺术字对象

（1）在普通视图或幻灯片视图中，选择要插入图片或艺术字的幻灯片。

（2）根据需要，单击"插入"选项卡，根据需要单击"图片""剪贴画"或"艺术字"按钮。如果单击"图片"按钮，则弹出"插入图片"对话框，如图4.21所示。

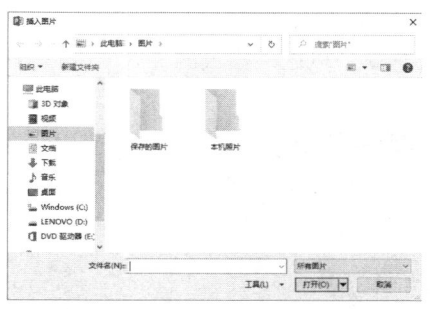

图4.21　"插入图片"对话框

（3）如果插入的是艺术字，则单击"艺术字"按钮，弹出如图4.22所示的"艺术字"列表框，选择喜欢的艺术字形式单击即可；插入了艺术字之后，还可以进行美观设计，具体操作：选中生成的艺术字，菜单栏中会出现"格式"菜单。在此菜单中可以进行艺术字的设计，如形状填充、形状轮廓、形状效果、文本填充、文本轮廓、文本效果等。艺术字文本效果图如图4.23所示。

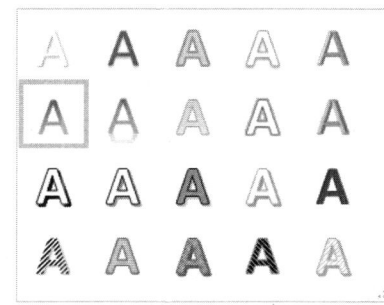

图4.22　"艺术字"列表框

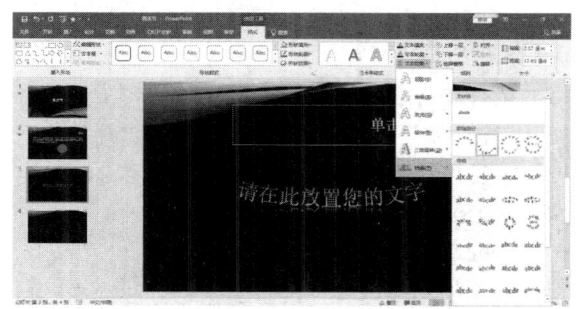

图4.23　艺术字文本效果图

2）插入表格和图表

（1）在普通视图或幻灯片视图中，选择要插入表格或图表的幻灯片。

（2）根据需要，单击"插入"选项卡中的"表格"或"图表"按钮。

（3）如果插入的是表格，则在对话框的"行"和"列"文本框中分别输入所需的行数和列数，对表格的编辑与Word类似。

（4）如果插入的是图表，则会启动Microsoft Graph，在幻灯片上将显示一个图表和相关的数据。根据需要，修改表中的标题和数据，对图表的具体操作和Excel中对图表的操作类似。

3）插入 SmartArt 图形

（1）在普通视图或幻灯片视图中，选择要插入 SmartArt 图形的幻灯片。

（2）单击"插入"选项卡中"插图"组中的"SmartArt"按钮。

（3）使用层次结构图的工具和菜单来设计图表，如图 4.24 所示。

对于已插入对象的删除，可选中要删除的对象并按 Delete 键。

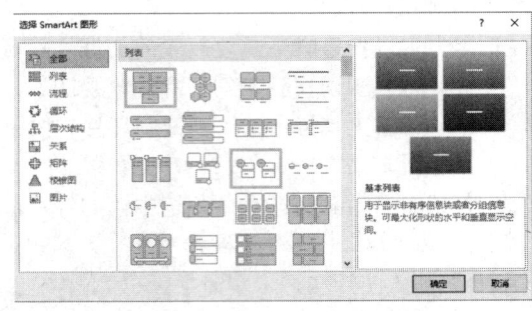

图 4.24　插入层次组织结构图

4. 在幻灯片中使用模板

PowerPoint 2019 提供了几十种专业模板，它可以快速地帮助用户生成美观的演示文稿。单击"设计"选项卡，会在"主题"组中看到系统提供的部分主题，如图 4.25 所示。当鼠标指针指向一种模板时，幻灯片窗格中的幻灯片就会以这种模板的样式改变，当选择一种模板后，该模板会被应用到整个演示文稿。

图 4.25　幻灯片主题

5. 放映幻灯片

（1）选择要观看的幻灯片。

（2）单击"幻灯片放映"选项卡中的"开始放映幻灯片"按钮。

（3）单击可连续放映幻灯片。

（4）按 Esc 键退出放映。

6. PowerPoint 效果设置

根据前面的实验内容，准备 5 张幻灯片，内容自定，然后进行以下操作。

（1）背景也是幻灯片外观设计中的一个部分，它包括阴影、模式、纹理、图片等。如果创建的是一个空白演示文稿，可以先为幻灯片设置一个合适的背景；如果是根据模板创建的演示文稿，当其和新建主题不合适时，也可以改变背景。设置幻灯片背景的方法如下。

（2）新建一个空白演示文稿，单击"设计"选项卡中"自定义"组中的"设置背景格式"按钮。

（3）弹出如图 4.26 所示的下拉列表，背景格式的填充有纯色填充、渐变填充、图片或纹理填充、图案填充等。

（4）在单击"纯色填充"单选按钮后，单击"油漆桶"按钮，弹出如图 4.27 所示的"纯色填充"颜色选取面板。如果还想使用更丰富的颜色，可以选择"其他颜色"选项或者在"取色器"中进行配色。

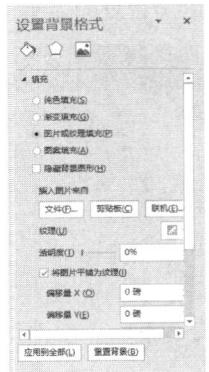
图 4.26 "设置背景格式"下拉列表

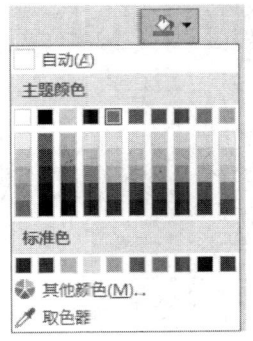
图 4.27 "纯色填充"颜色选取面板

（5）在单击"图片或纹理填充"单选按钮后，若选择"纹理填充"，则弹出如图 4.28 所示的纹理图案；若选择"图片填充"，则弹出如图 4.29 所示的"插入图片"对话框。

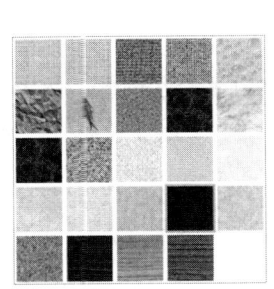
图 4.28 背景填充所使用的"纹理"

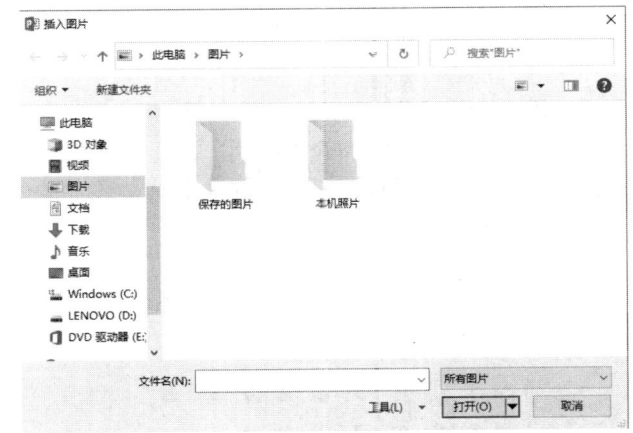
图 4.29 "插入图片"对话框

（6）若选择"渐变填充"，可以在如图 4.30 所示的预设渐变效果图中选择方案；也可以根据需要设置如图 4.31 所示的参数。

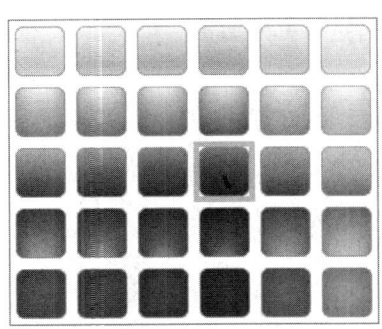
图 4.30 预设渐变效果图

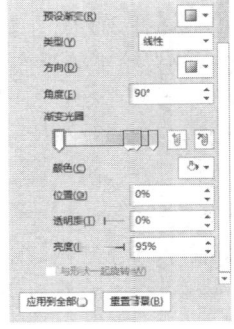
图 4.31 "渐变填充"的参数

（7）如果要将设置的背景应用于同一演示文稿中的所有幻灯片，则可以在背景设置完成后，单击"设置背景格式"对话框中的"全部应用"按钮。

（8）如果要对同一演示文稿中的不同幻灯片设计不同的背景，只需选中该幻灯片，进行上述操作，不单击"全部应用"按钮。图 4.32 所示为对不同幻灯片设计不同背景的效果。

图 4.32　对不同幻灯片设计不同背景的效果

7. PowerPoint 2019 新增功能介绍

（1）在线插入图标。单击"插入"选项卡中的"图标"按钮，弹出如图 4.33 所示的"插入图标"对话框。选择合适的图标，即可插入，插入效果如图 4.34 所示。

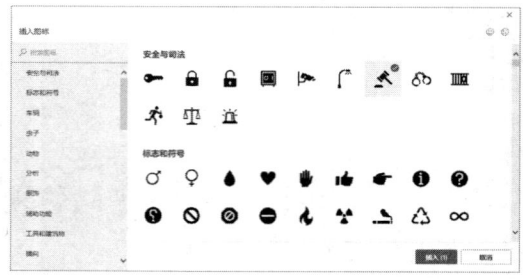
　　图 4.33　"插入图标"对话框

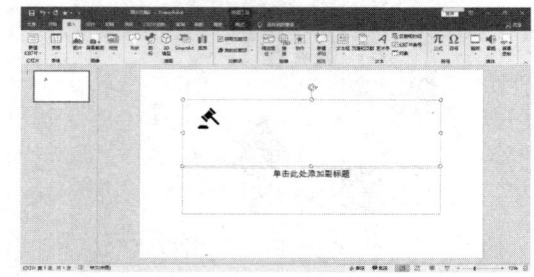
　　图 4.34　图标插入效果图

（2）插入 3D 模型。单击"插入"选项卡中的"3D 模型"按钮，弹出如图 4.35 的所示"插入 3D 模型"对话框，选择 3D 模型文件，即可插入，插入效果如图 4.36 所示，导入的 3D 模型可以进行 360°的旋转、放大缩小等操作。

　　图 4.35　"插入 3D 模型"对话框

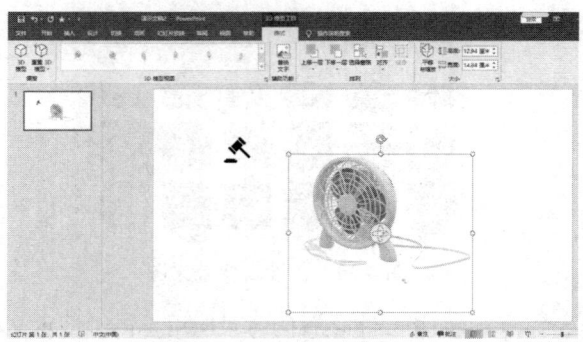
　　图 4.36　3D 模型插入效果图

（3）利用文本荧光笔，突出显示文本内容。在幻灯片上未选中任何文本的情况下，在"开始"选项卡下，单击"文本突出显示颜色"下拉按钮，弹出如图 4.37 所示的颜色选择框。选择一种颜色，然后将光标移动到幻灯片的文本区域，光标将变为荧光笔。选择要突出显示的文本，突出显示后，按 Esc 键关闭荧光笔。文本荧光笔效果图如图 4.38 所示。

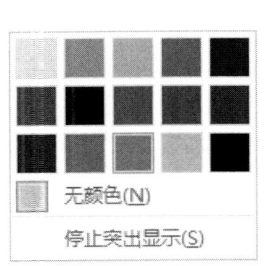

图 4.37　颜色选择框

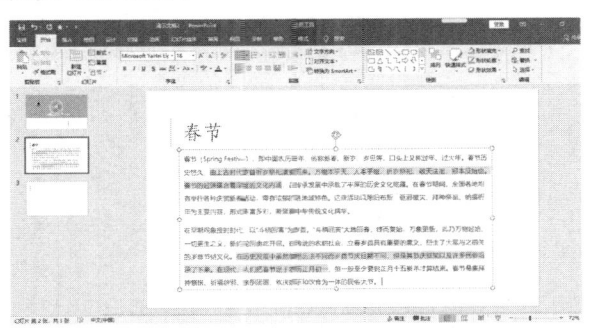

图 4.38　文本荧光笔效果图

（4）简化背景消除。选择要从中删除背景的图片，选择"图片格式"中的"删除背景"，默认情况下，背景区域将被着色为洋红色以标记为将其删除，但前景将保留其自然着色，如图 4.39 所示。如果默认区域不正确，则转到"背景删除"，然后执行下列一项或两项操作：如果要保留的图片部分为洋红色（标记为删除），则选择"标记要保留的区域"并使用自由格式的"铅笔"标记要保留的图片上的区域；若要删除图片的更多部分，则选择"标记要删除的区域"并使用绘图"铅笔"标记这些区域。完成后，选择"保留更改"或"放弃所有更改"。图 4.40 所示为背景消除后的效果图。

图 4.39　简化背景消除操作图

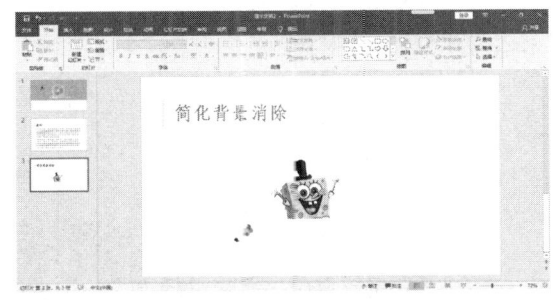

图 4.40　背景消除后的效果图

（5）缩放定位。若要添加缩放，则单击"插入"选项卡中的"缩放定位"下拉按钮，弹出具体缩放定位的三种实现方式（摘要缩放定位、幻灯片缩放定位、节缩放定位），如图 4.41 所示。若要将整个演示文稿汇总到一张幻灯片上，则选择"摘要缩放定位"选项；若要仅显示选定的幻灯片，则选择"幻灯片缩放定位"选项；若要仅显示单个分区，则选择"节缩放定位"选项。

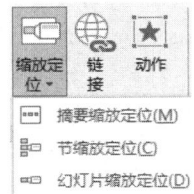

图 4.41　缩放定位

① 创建摘要缩放定位。单击"插入"选项卡中的"缩放定位"下拉按钮，选择"摘要缩放定位"选项，弹出如图 4.42 所示的"插入摘要缩放定位"对话框，选择要包括在"摘要缩放定位"中的幻灯片，这张幻灯片将成为摘要缩放分区的第一张幻灯片。选择要用于"摘要缩放定位"的所有幻灯片后，单击"插入"按钮，完成摘要缩放定位的创建，如图 4.43 所示。

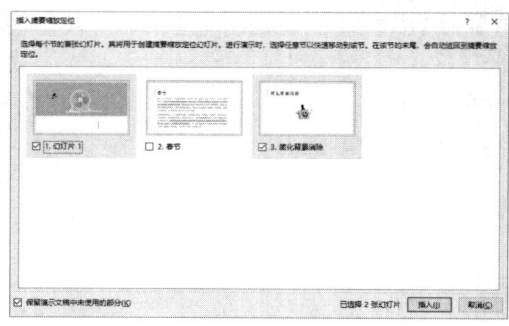

图 4.42 "插入摘要缩放定位"对话框　　　　图 4.43 摘要缩放定位

② 创建幻灯片缩放定位。单击"插入"选项卡中的"缩放定位"下拉按钮，选择"幻灯片缩放定位"选项，弹出如图 4.44 所示的"插入幻灯片缩放定位"对话框，选择想要在"幻灯片缩放定位"中使用的幻灯片，单击"插入"按钮，将创建幻灯片缩放定位。默认情况下，"幻灯片缩放定位"将作为幻灯片的预览缩略图像，如图 4.45 所示。

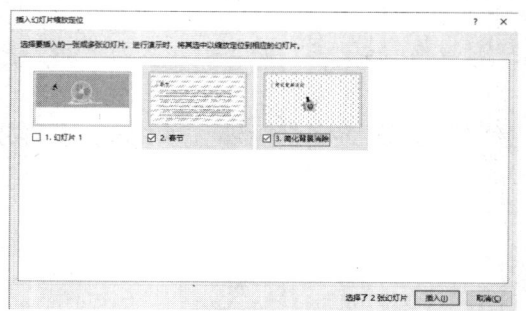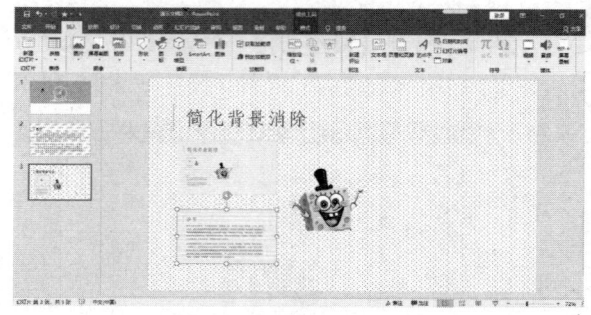

图 4.44 "插入幻灯片缩放定位"对话框　　　　图 4.45 幻灯片缩放定位

③ 创建节缩放定位。单击"插入"选项卡中的"缩放定位"下拉按钮，选择"节缩放定位"选项，弹出如图 4.46 所示的"插入节缩放定位"对话框，选择要用作"节缩放定位"的节，进行演示时，将其选中以缩放定位到相应的节，在节的末尾，将自动返回缩放定位的初始位置。单击"插入"按钮，将创建节缩放定位，如图 4.47 所示。

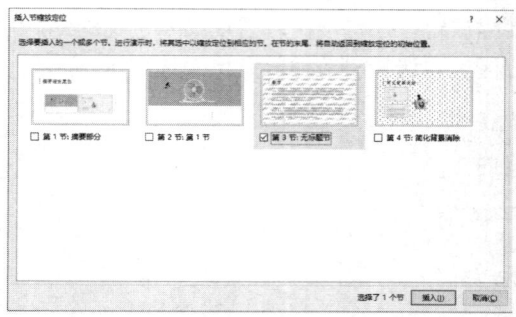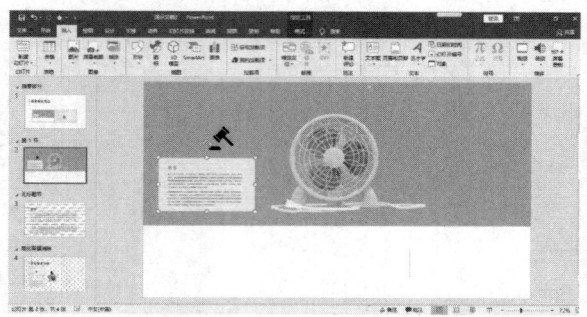

图 4.46 "插入节缩放定位"对话框　　　　图 4.47 节缩放定位

(6) 导出 4k。选择"文件"选项卡中的"导出"选项,单击"创建视频"命令,选择"超高清 4k"选项,如图 4.48 所示,单击"创建视频"按钮,弹出"另存为"对话框,如图 4.49 所示,单击"保存"按钮,即可导出视频。

图 4.48　创建超高清视频

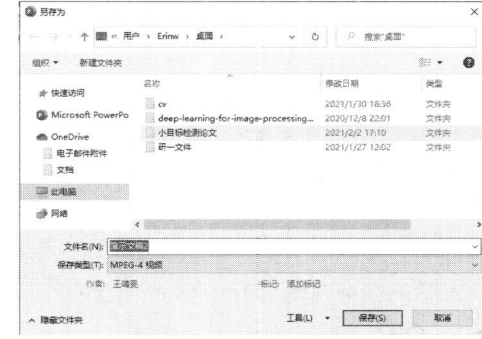

图 4.49　"另存为"对话框

(7) 录制功能。单击"幻灯片放映"选项卡的"录制幻灯片演示"下拉按钮,如图 4.50 所示,可选择从当前幻灯片开始录制或从头开始录制,录制界面如图 4.51 所示。

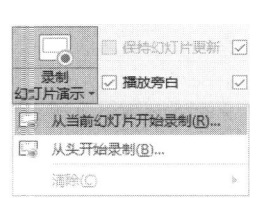

图 4.50　录制幻灯片

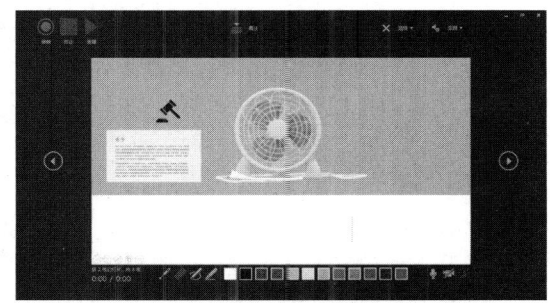

图 4.51　录制界面

五、实验要求

(1) 设计一个介绍中国传统节日(任意选择一个传统节日)的演示文稿,制作成幻灯片,并满足以下要求。

① 幻灯片不能少于 5 张。

② 第一张幻灯片是"标题幻灯片",其中副标题中的内容必须是本人的信息,包括姓名、专业、年级、班级、学号。

③ 其他幻灯片中要包含与题目要求相关的文字、图片或艺术字。

④ 除"标题幻灯片"外,每张幻灯片上都要显示页码。

⑤ 选择一种"应用设计模板"或者"背景"对文件进行设置。

(2) 设计一个和梦想相关的演示文稿,制作成幻灯片,并满足以下要求。

① 幻灯片不能少于 10 张。

② 第一张幻灯片是"标题幻灯片",其中副标题的内容必须是本人的信息,包括姓名、专业、年级、班级、学号。

③ 其他幻灯片中要包含与题目要求相关的文字、图片或艺术字。

④ 除"标题幻灯片"外，每张幻灯片上都要显示页码。
⑤ 选择一种"应用设计模板"或者"背景"对文件进行设置。

实验二　动画效果设置

一、实验学时：2学时

二、实验目的

- 学会在幻灯片上自定义动画；
- 了解如何在幻灯片中插入声音；
- 掌握如何进行幻灯片的切换。

三、相关知识

1. 设置幻灯片切换效果

幻灯片的切换就是从一张幻灯片到另一张幻灯片的动态转换。设置幻灯片的切换效果，可以使幻灯片以多种不同的形式出现在屏幕上，并且可以在切换时添加声音，从而增加演示文稿的趣味性，增强演示文稿的播放效果。可以为一组幻灯片设置同一种切换方式，也可以为每张幻灯片设置不同的切换方式。

2. 设置动画效果

1）快速预设动画效果

首先将演示文稿切换到普通视图方式，选中需要增加动画效果的对象，然后单击"动画"选项卡，可以根据自己的爱好，单击"动画"组中合适的效果按钮。如果想观察所设置的各种动画效果，可以单击"预览"组中的"预览"按钮，演示动画效果，如图4.52所示。

图4.52　快速预设动画效果

2）自定义动画

在幻灯片中，选中要添加自定义动画的对象，单击"动画"选项卡"高级动画"组中的"添加动画"下拉按钮，将会显示下拉列表，如图4.53所示。在下拉列表中以分类方式显示了不同的动画设置选项，直接选择即可将所选动画应用于选择的对象。

为幻灯片中的对象添加动画效果以后，其旁边会出现一个带有数字的矩形标志，数字即代表了该动画的播放顺序。用户还可以通过"高级动画"组中的"动画窗格"按钮打开动画窗格，如图4.54所示。利用动画窗格可以对添加的动画进行修改，如修改触发方式、持续时间等。在为同一张幻灯片中的多个对象设定了动画效果以后，它们之间的顺序还可以通过动画窗格中的按钮进行调整。

第 4 章　演示文稿 PowerPoint 2019

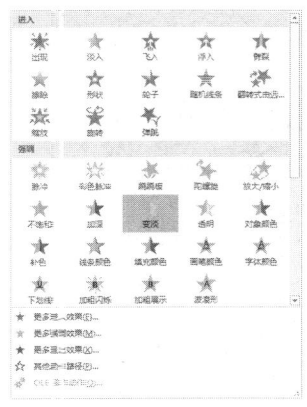

图 4.53　添加自定义动画

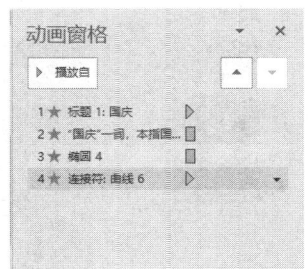

图 4.54　动画窗格

3. 插入音频和视频

首先要下载适合幻灯片主题的音频文件，然后单击"插入"选项卡"媒体"组中的"音频"下拉按钮，在下拉列表中选择"PC 上的音频"选项，如图 4.55 所示，找到自己下载好的音频文件后单击"插入"按钮，即可将自己喜欢的音频文件插入幻灯片，如图 4.56 所示。音频文件插入后会在幻灯片中显示一个小喇叭图标，在幻灯片中右击插入的音频对象图标，然后在弹出的菜单列表内单击"在后台播放"按钮，如图 4.57 所示。在进行幻灯片放映时，喇叭图标不会显示，音频会在后台循环播放，而且还可以跨幻灯片播放。

图 4.55　"音频"下拉列表

图 4.56　"插入音频"对话框

图 4.57　"插入音频"样式设置

单击幻灯片中的喇叭图标，在功能区选项卡的上方显示编辑音频文件的"音频工具"选项卡，如图 4.58 所示。利用该选项卡中的选项可以修改音频文件的播放方式，包括如何开始、是否跨幻灯片播放及是否循环等，还可以对其进行简单的编辑等。

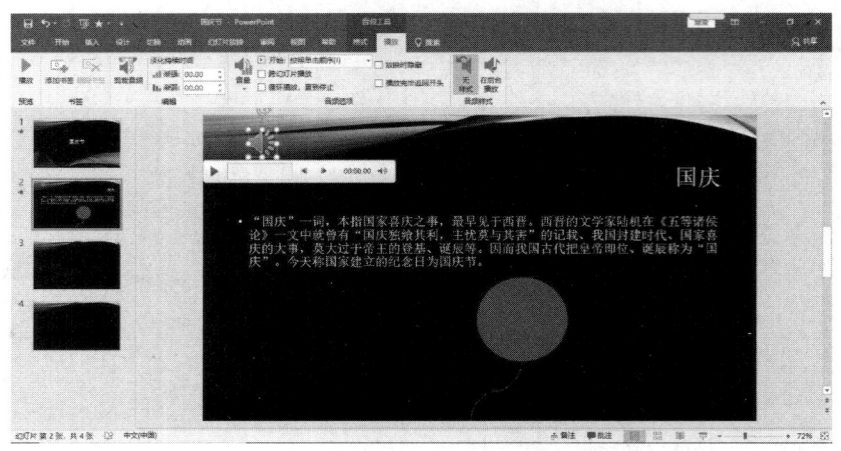

图 4.58 插入音频

插入视频文件的操作与插入音频基本一致,单击"插入"选项卡"媒体"组中的"视频"下拉按钮,在弹出的下拉列表中包含"联机视频"和"PC上的视频"操作选项,如图 4.59 所示。例如,选择"PC上的视频"选项,此时系统会打开"插入视频文件"对话框,如图 4.60 所示。

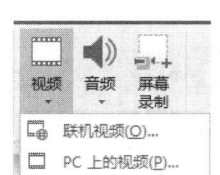 

图 4.59 "视频"下拉列表　　　　　图 4.60 "插入视频文件"对话框

用户选择了一个要插入的视频文件后,幻灯片上会出现播放该视频文件的窗口,用户可以像编辑其他对象一样,改变它的大小和位置,也可以通过"视频工具"选项卡中的选项对插入的视频文件的播放方式、音量及播放窗口的格式等进行设置,如图 4.61 所示。完成设置之后,该视频文件会按前面的设置,在放映幻灯片时播放。

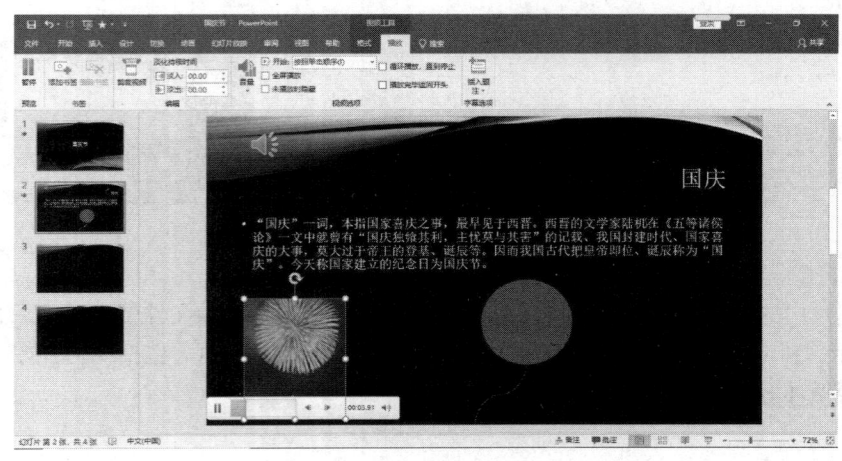

图 4.61 插入视频

四、实验范例

1. 设置幻灯片切换效果

打开一个创建好的演示文稿，按以下步骤设置幻灯片切换效果。

（1）选择要设置切换方式的幻灯片，单击"切换"选项卡"切换到此幻灯片"组中的"切换方案"下拉按钮，弹出如图 4.62 所示的下拉列表。

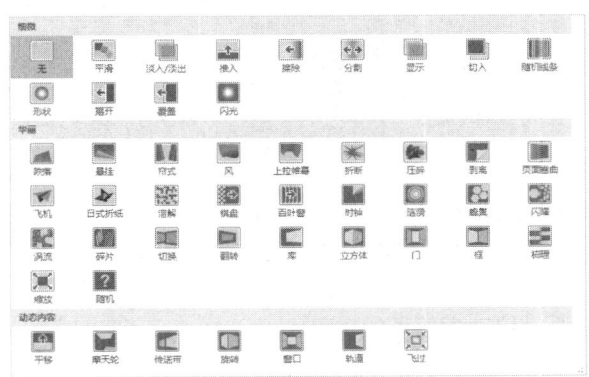

图 4.62 "切换方案"下拉列表

（2）在下拉列表中选择合适的动画效果。

（3）选中需要设置切换效果声音的幻灯片，切换至"切换"选项卡，单击"计时"组中"声音"下拉按钮，然后在展开的"声音"下拉列表中选择合适的声音，如图 4.63 所示。

（4）在下拉列表中选择想要的声音，如"鼓掌"，可根据需要设置"持续时间"，如图 4.64 所示。

（5）单击"切换"选项卡"计时"组中的"全部应用"按钮。

（6）将上述设置全部应用后，单击"预览"组中的"预览"按钮，对设置效果进行预览。

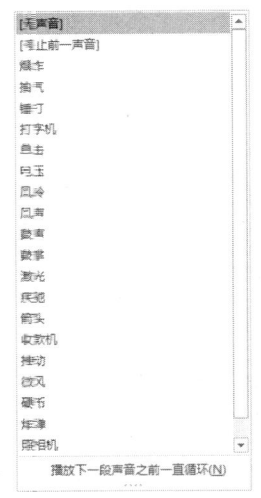

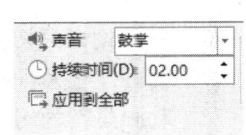

图 4.63 "声音"下拉列表　　　　　图 4.64 "切换声音"效果设置

（7）在"声音"下拉列表中选择"其他声音"选项，在弹出的"添加音频"对话框中选择需要的声音文件，单击"确定"按钮即可将其添加为切换声音，如图 4.65 所示。

（8）对"切换到此幻灯片"组中的"换片方式"进行效果设置，如图 4.66 所示。

图 4.65　添加"音频"对话框

图 4.66　"换片方式"下拉列表

2. 快速设置对象动画效果

幻灯片切换方案效果是对整张幻灯片的进入和离开方式的设置，对幻灯片中的各个对象设置动画效果，可以通过 PowerPoint 2019 提供的几种常见的幻灯片对象的动画效果对其进行快速设置，方法如下。

（1）选择幻灯片中需要设置动画效果的对象。

（2）单击"动画"选项卡"动画"组中的"动画"下拉按钮，弹出如图 4.67 所示的下拉列表。

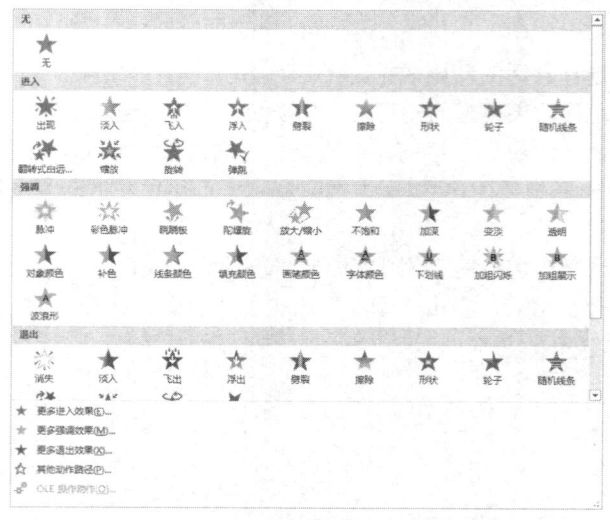
图 4.67　"动画"下拉列表

（3）在弹出的下拉列表中选择需要的动画，如"旋转"。

（4）设置完对象动画效果后，单击"预览"按钮进行预览。

3. 自定义对象效果

在 PowerPoint 中，除幻灯片切换动画外，还包括自定义动画。所谓自定义动画，是指为幻灯片内部各个对象设置的动画。它又可以分为项目动画和对象动画。其中，项目动画是指为文本中的段落设置的动画，对象动画是指为幻灯片中的图像、表格、SmartArt 图形等设置的动画。

1）添加自定义动画效果

添加自定义动画效果的方法如下。

（1）选择幻灯片中需要设置动画效果的对象，单击"动画"选项卡"高级动画"组中的"添加动画"下拉按钮，如图 4.68 所示。

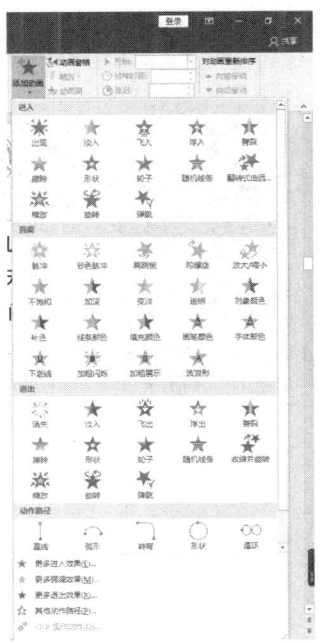

图 4.68　添加对象的动画效果

（2）在动画效果的分类选项（进入、强调、退出和动作路径）中进行选择，如图 4.69 所示，如果选择"更多进入效果"选项，则弹出"添加进入效果"对话框，如图 4.70 所示。

图 4.69　动画效果的分类选项　　　　　　图 4.70　"添加进入效果"对话框

2）添加自定义动画效果

当为对象添加了动画效果后，该对象就应用了默认的动画格式。这些动画格式主要包括动画开始运行的方式、变化方向、运行速度、延时方案、重复次数等。为对象重新设置动画可以在"自定义动画"任务窗格中完成。

（1）更改动画格式。

① 在如图 4.71 所示的"高级动画"的"动画窗格"中，单击动画窗格列表中的动画效果，在该动画效果周围将出现一个边框，边框被红色填充时，表示该动画效果被选中。

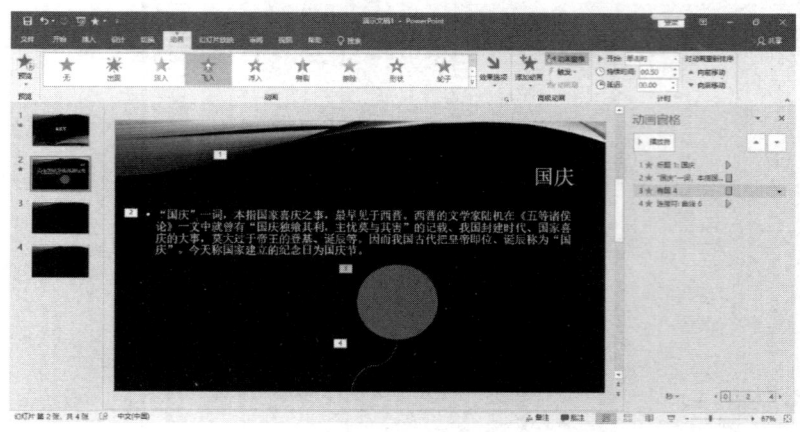

图 4.71　动画窗格

② 单击"删除"按钮，将当前动画效果删除。

③ 在图 4.72 中选择"效果选项"选项，弹出如图 4.73 所示的对话框，对"平滑开始""方向"等进行设置以调整动画的格式。

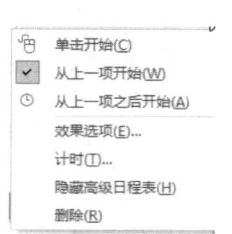

图 4.72　"动画"设置

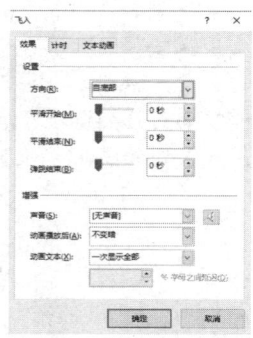

图 4.73　"飞入"对话框

（2）更改动画效果方向、序列。

① 选中需要设置动画效果的对象元素，切换至"动画"选项卡，单击"动画"组中的"效果选项"下拉按钮，然后在展开的下拉列表中选择合适的效果方向、序列，如图 4.74 所示。

② 设置完成后，单击"预览"组中的"预览"按钮即可预览幻灯片的效果。

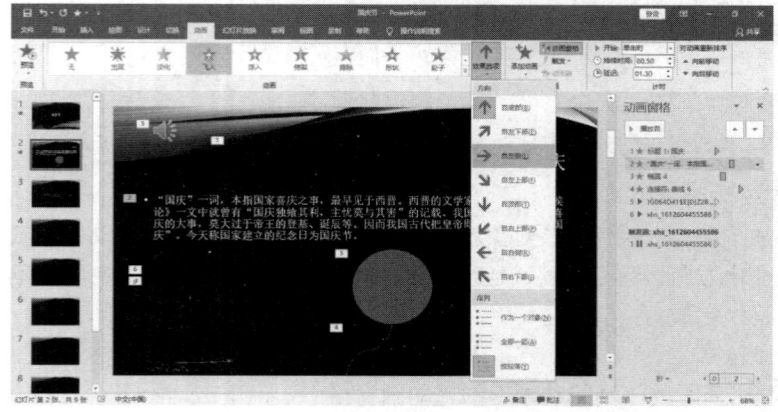

图 4.74　更改动画效果方向、序列

(3）添加动作路径动画。

① 选中需要添加动作路径动画的对象元素，切换至"动画"选项卡，单击"高级动画"组中的"添加动画"下拉按钮，然后在展开的动画样式库内选择合适的动作路径动画，如图 4.75 所示。

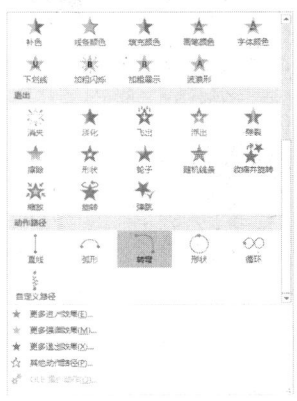

图 4.75　添加动作路径动画

② 设置完成后，即可在幻灯片中看到对象的运动路径，单击"预览"的"预览"按钮即可预览幻灯片的效果。

③ 如果用户对系统提供的动作路径不满意，可以单击"动作路径"组中的"自定义路径"按钮，如图 4.76 所示，此时幻灯片内光标会变成十字形，可根据自身需要绘制运动路径。

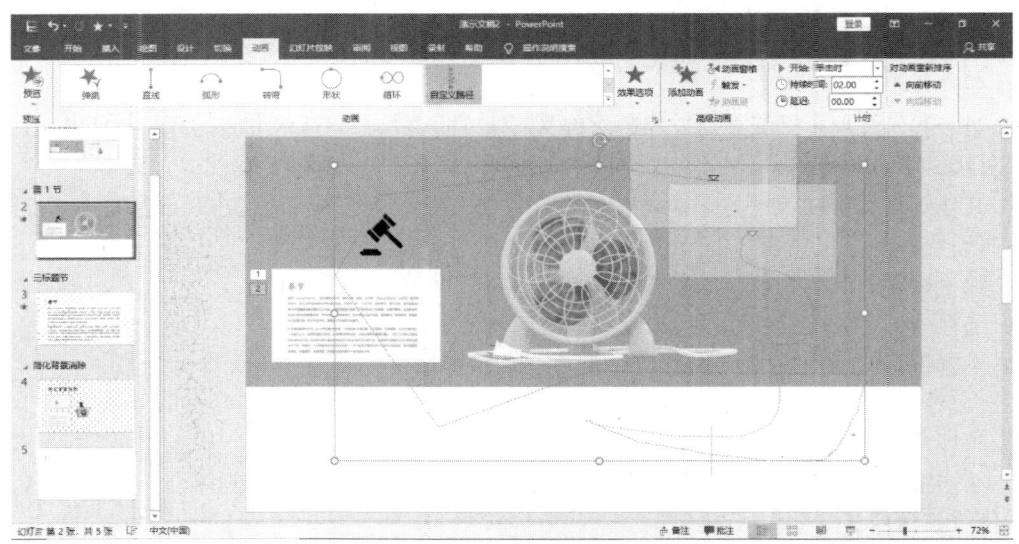

图 4.76　自定义动作路径

（4）调整动画播放序列。

在给幻灯片中的多个对象添加动画效果时，添加效果的顺序就是幻灯片放映时的播放次序。当幻灯片中的对象较多时，难免在添加效果时使动画次序产生错误，这时可以在动画效果添加完成后，再对其进行重新调整。

① 在"高级动画"的"动画窗格"中，选择需要调整播放次序的动画效果。

② 单击窗格顶部的"上移"按钮或"下移"按钮来调整该动画的播放次序，或单击"计时"组中的"对动画重新排序"下的"向前移动"和"向后移动"按钮，如图 4.77 所示。

③ 单击"上移"按钮表示将该动画的播放次序提前,单击"下移"按钮表示将该动画的播放次序向后移一位。

④ 单击窗格顶部的"播放"按钮即可播放动画,如图 4.78 所示。

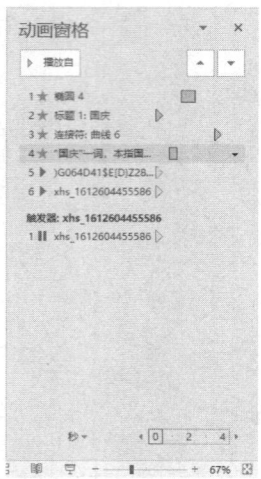

图 4.77　动画排序　　　　　　　　图 4.78　动画播放设置

五、实验要求

（1）以环保为主题设计一个宣传片,制作成幻灯片,并满足以下要求。

① 幻灯片不能少于 5 张。

② 第一张幻灯片是"标题幻灯片",其中副标题的内容必须是本人的信息,包括姓名、专业、年级、班级、学号。

③ 其他幻灯片中要包含与题目要求相关的文字、图片或艺术字,这些对象要通过"自定义动画"进行设置。

④ 除"标题幻灯片"外,每张幻灯片上都要显示页码。

⑤ 选择一种"应用设计模板"或者"背景"对文件进行设置。

⑥ 设置每张幻灯片的切入方法。

（2）设计一个自己看过的电影或电视剧的宣传片,制作成幻灯片,并满足以下要求。

① 幻灯片不能少于 10 张。

② 第一张幻灯片是"标题幻灯片",其中副标题的内容必须是本人的信息,包括姓名、专业、年级、班级、学号。

③ 其他幻灯片中要包含与题目要求相关的文字、图片或艺术字,并且这些对象要通过"自定义动画"进行设置。

④ 除"标题幻灯片"外,每张幻灯片上都要显示页码。

⑤ 选择一种"应用设计模板"或"背景"对文件进行设置。

⑥ 设置每张幻灯片的切入方式。

第 5 章

多媒体技术及应用

本章以 Premiere、Photoshop 和 Audition 为例,讲述多媒体软件的一些基本操作。通过三个实验的学习,希望读者掌握 Premiere、Photoshop、Audition 的使用,学会利用多媒体软件制作生活中需要的视频、音频和图片文件,为学习、生活和娱乐提供方便。

实验一 Premiere 的概述及安装

一、实验学时:1 学时

二、实验目的

- 了解 Premiere Pro 的发展历史;
- 学会 Premiere Pro 2020 的安装方法。

三、相关知识

Premiere 是 Adobe 公司推出的一款视频编辑软件,被广泛应用于广告和电视节目制作,有很高的知名度。Premiere 可以实时编辑 HDV、DV 格式的视频影像,并可与 Adobe 公司其他软件进行完美整合,为制作高效数字视频树立了新的标准。Premiere 的版本更新历史如表 5.1 所示。

表 5.1 Premiere 的版本更新历史

版 本 号	意 义
Premiere 4.0	这可能是 Premiere 的第一个版本,界面简洁,功能较少,窗口可随意拖动,但是对于 BUG 的优化是一个比较大的问题
Premiere 6.0	Premiere 的一大步,相比以前的 4.2、5.0 等版本进步了许多,支持了 mp3 的音频格式,同时对视频效果进行了优化,添加了部分视频过渡效果
Premiere Pro	Premiere Pro(Premiere 7.0)是 Premiere 历史上的一个大飞跃,第一次提出了"Pro"(专业版)的概念,在此以后 Premiere 多了"Pro"的后缀并沿用至今
Premiere Pro 1.5	在 Premiere 7.0 之后的第一个"Pro"版本,支持直接将编辑结果输出至 DVD,对于 Windows XP 的优化较为明显,开创了视频编辑的新高
Premiere pro CS3	加入了 Creative Suite(缩写 CS)Adobe 软件套装,更换了版本号命名方式(CS x),空前整合的动态链接,但是素材格式支持得少了,已经不再支持 mp3 格式了

续表

版 本 号	意 义
Premiere Pro CS4	最后一个能支持 32 位系统的 Premiere 版本，这个版本更改了界面，修复了部分 BUG，这也是最后一个能导入 FLV 格式的 Premiere 版本
Premiere Pro CS5	原生 64 位程序，大内存多核心极致发挥；具有水印加速引擎（仅限 Nvidia 显卡），对支持加速的特效无渲染实时播放
Premiere Pro CS5.5	最没有存在感的 Premiere 版本之一，此版本优化了播放引擎，还优化了 GPU 加速的功能，在 CS5 的基础之上更改了部分效果、修复了 BUG
Premiere Pro CS6	重新规划了软件界面，删掉了大量的按钮和工具栏，去繁从简，推崇简约设计，更加易用和精细
Premiere Pro CC 及以后	创意云 Creative Cloud，内置动态链接；继续加强界面设计，水银加速新增支持 AMD 显卡；支持原生官方简体中文语言，并且更改了过渡、项目管理、音频设置等效果
Premiere Pro CC 2020	编辑速度更快，稳定性更高，提供了更快的蒙板跟踪、更好的硬件解码及更多的功能

四、实验范例

（1）右击"Premiere Pro 2020(64bit)"压缩包图标，选择"选择解压路径"命令，如图 5.1 所示。

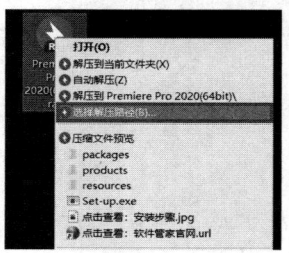

图 5.1 打开 Premiere Pro 2020 安装包

（2）打开解压后的文件夹，右击"Set-up.exe"，选择"以管理员身份运行"命令，如图 5.2 所示。

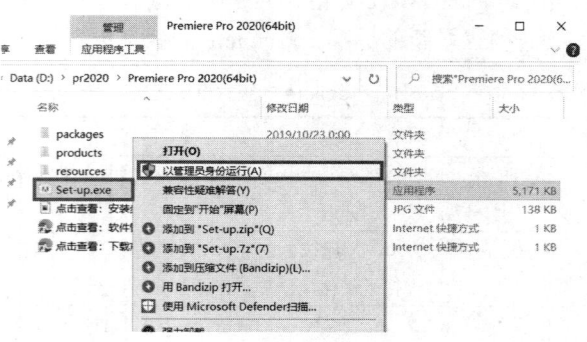

图 5.2 以管理员身份运行

（3）单击"文件夹"图标，然后单击"更改位置"按钮，可更改安装位置（建议不要安装在 C 盘，可以在 D 盘或其他磁盘下新建一个"pr2020"文件夹。需要注意的是，安装路径中不能有中文），单击"继续"按钮，如图 5.3 所示。

（4）软件安装中，如图 5.4 所示。
（5）安装完成，单击"关闭"按钮，如图 5.5 所示。

图 5.3　安装选项　　　　　图 5.4　安装中　　　　　图 5.5　安装完成

五、实验要求

能够独立地成功安装任意版本的 Premiere。

实验二　Premiere 的基本操作

一、实验学时：2 学时

二、实验目的

- 熟悉 Premiere Pro 2020 的工作界面；
- 了解菜单、面板、窗口、工具栏和按钮的功能；
- 熟悉影音剪辑的一般方法和操作步骤。

三、相关知识

1. Premiere 简介

Premiere Pro 2020 的工作界面是由三个窗口（项目窗口、监视器窗口、时间线窗口）、多个控制面板（媒体浏览面板、信息面板、历史面板、效果面板、特效控制台面板、调音台面板等），以及主声道电平显示、工具箱和菜单栏组成的，如图 5.6 所示。如果需要某些面板但界面中没有，可以去窗口菜单栏中勾选想要的面板。

2. 视频编辑制作流程

1）素材的准备

Premiere 能将视频、图片、声音等素材整合在一起，而素材的获得及加工一般要动用别的软件，如用 Photoshop 处理图像等。由于外部素材的获得及加工不是本实验所要讲述的内容，我们假设这些工作已经完成，并将相关素材保存在计算机的某个文件夹中，那么在 Premiere 中所要做的就是导入这些素材，方法是在菜单栏中选择"文件"→"导入"→"文件"命令，或双击项目窗口项目栏的空白处，就会弹出导入窗口。

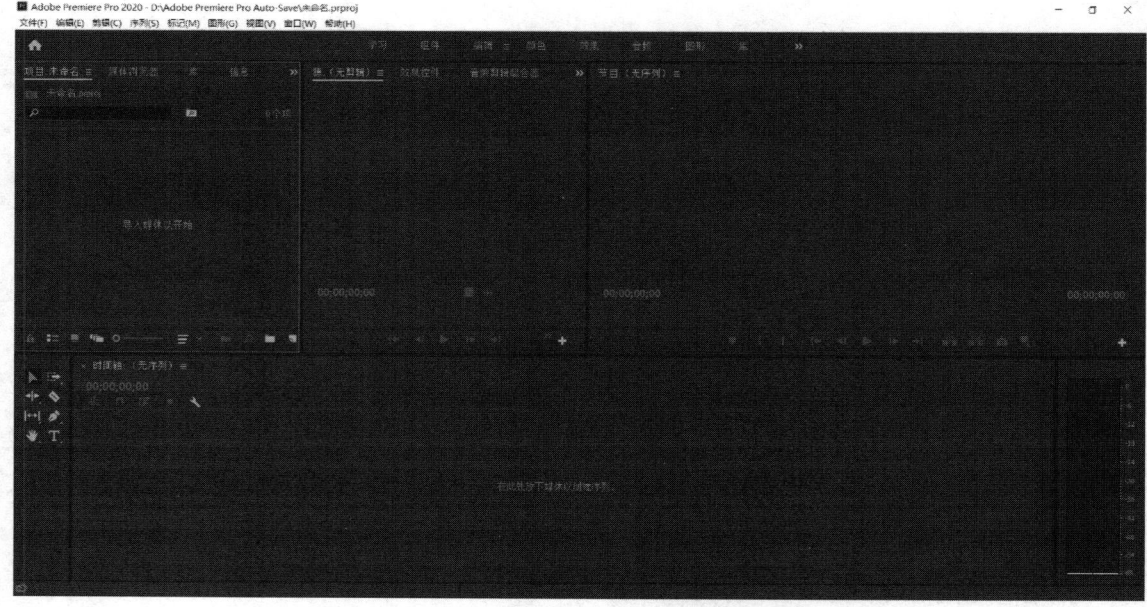

图 5.6 Premiere Pro 2020 的工作界面

2）素材的剪辑

各种视频的原始素材片段称为一个剪辑。在视频编辑时，可以选取一个剪辑中的一部分或全部作为有用素材导入最终要生成的视频序列。剪辑的选择由切入点和切出点定义：切入点为在最终的视频序列中实际插入该段剪辑的首帧；切出点为末帧。

3）画面的粗略编辑

画面的粗略编辑是运用视频编辑软件中的各种剪切编辑功能进行各个片段的编辑、剪切等操作，完成编辑的整体任务。其目的是将画面的流程设计得更加通顺合理，时间表现形式更加流畅。

4）添加特效

添加各种过渡特技效果，使画面的排列及画面的效果更加符合人眼的观察规律，更进一步完善视觉效果。

5）添加字幕

在电视节目、新闻或者采访的片段中，必须添加字幕，以更明确地表示画面的内容，使人物说话的内容更加清晰。

6）处理声音效果

在片段的下方进行声音的编辑（在声道线上），可以调节左右声道或者调节声音的高低、渐近、淡入淡出等效果。这项工作可以减轻编辑者的负担，减少使用其他音频编辑软件的麻烦，并且制作效果也相当不错。

7）导出视频文件

Premiere 可以将导入的视频、图片、字幕及声音等整合成一个视频文件，在菜单栏中选择"文件"→"导出"命令即可通过设置输出相应格式的视频文件。

四、实验范例

导入视频素材，进行简单的视频剪辑和渲染处理，实验步骤如下。

1. 新建项目

（1）双击打开 Premiere Pro 2020 程序，选择"新建"命令，修改项目文件的保存位置，输入新建项目名称"实例1"，单击"确定"按钮，如图 5.7 所示。

（2）进入编辑页面后，在菜单栏中选择"文件"→"新建"→"序列"命令，进入项目序列。根据视频素材取景器的不同，选择不同的有效预设，本例中选择"ARRI 1080p 25"的预置模式来创建项目工程，如图 5.8 所示。

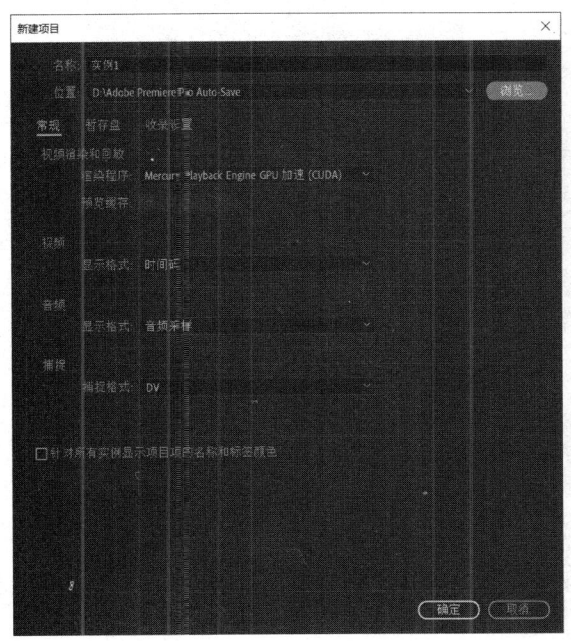

图 5.7　新建项目　　　　　　　　　图 5.8　项目配置

2. 导入素材

（1）进入 Premiere 的编辑界面，选择"文件"菜单下的"导入"命令，自动弹出"导入"对话框，如图 5.9 所示。在弹出的界面中，选择需要导入的文件（可以是支持的视频文件、图片、音频文件等）。

（2）在这里我们选择"雪山.mp4"，单击"打开"按钮，等待一段时间之后，在素材框里出现了一个"雪山.mp4"的视频文件，如图 5.10 所示。

3. 剪辑影片

（1）用鼠标拖动项目面板中的影片"雪山.mp4"到时间面板的视频轨中。

（2）如图 5.11 所示，单击监视器窗口播放按钮，观看视频，记下需要裁剪片段的起始时间。

图 5.9 "导入"对话框

图 5.10 素材框窗口

图 5.11 监视器窗口

（3）例如，需要删掉从开头至 00:00:04:00，以及从 00:00:12:00 至结尾这两段视频，在时间面板中拖动时间梭至 00:00:04:00，如图 5.12 所示。找到工具面板中的"剃刀工具"，单击视频 1 轨道上时间梭所在位置，素材就会被"剃刀工具"切分为两部分。

（4）然后在时间面板中拖动时间梭至 00:00:12:00，找到工具面板中的"剃刀工具"，单击时间梭所在位置，"剃刀工具"会再次分割素材，如图 5.13 所示。

（5）单击要删除的第一个视频片段（从开头至 00:00:04:00），按 Delete 键，即可删除第一个视频片段。

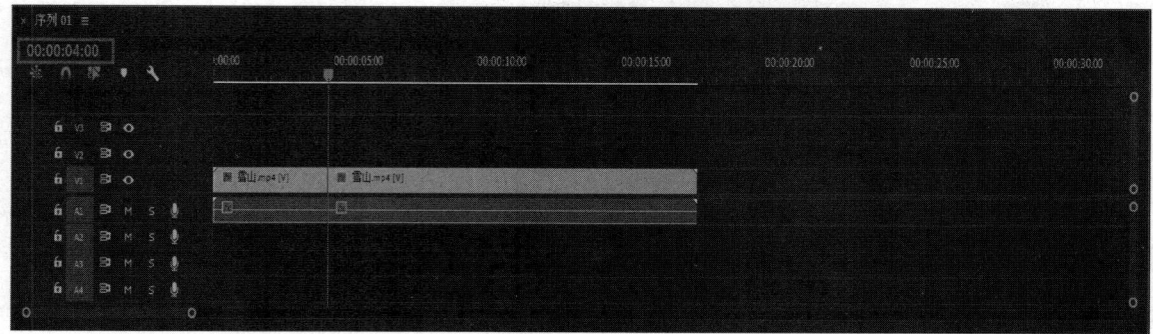

图 5.12 时间线窗口

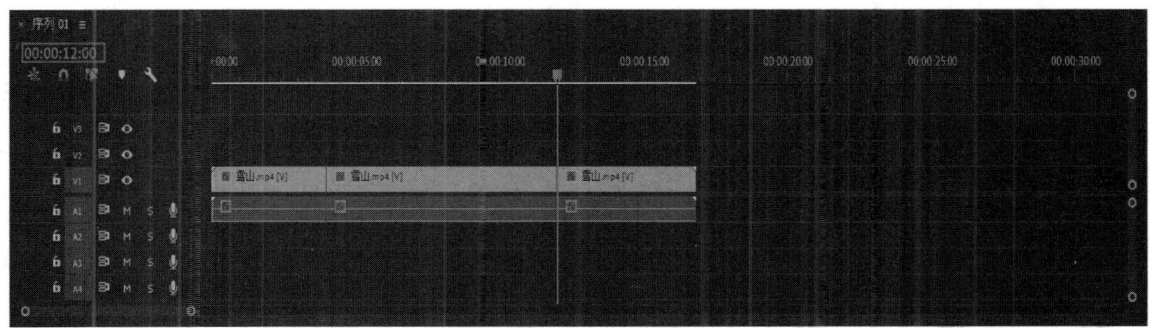

图 5.13 时间线分割

（6）单击第二个视频片段（从 00:00:12:00 至结尾），按 Delete 键，即可删除第二个视频片段。

（7）单击余下的视频片段，向左拖动至视频轨道的开头处，如图 5.14 所示，这样就完成了视频的剪辑。

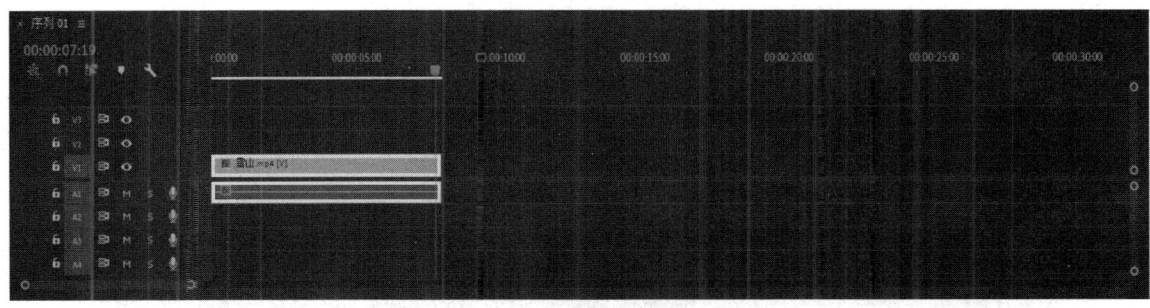

图 5.14 视频剪辑窗口

4. 视频的渲染和导出

（1）在视频编辑完成之后，我们可以直接通过右侧监视器上的播放键进行整体视频的预览，但是由于计算机性能所限，预览的时候画面会卡，所以我们要进行视频的渲染。选择主窗口"序列"菜单下的"渲染入点到出点"命令，弹出如图 5.15 所示的渲染过程界面，系统会自动开始渲染。

（2）当文件渲染完成之后，我们发现，在时间线上出现了一条绿线，如图 5.16 所示，当时间线上都是绿线时，视频就可以顺畅地预览了。

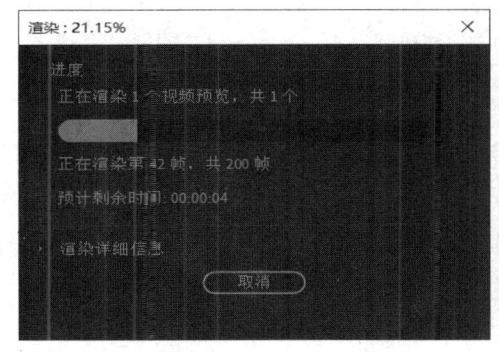

图 5.15 渲染过程界面

图 5.16 渲染完成界面

（3）视频预览完成之后，可以导出影片，选择"文件"→"导出"→"媒体"命令，如图 5.17 所示。

（4）打开"导出设置"对话框，默认导出格式为"AVI"，如图 5.18 所示。

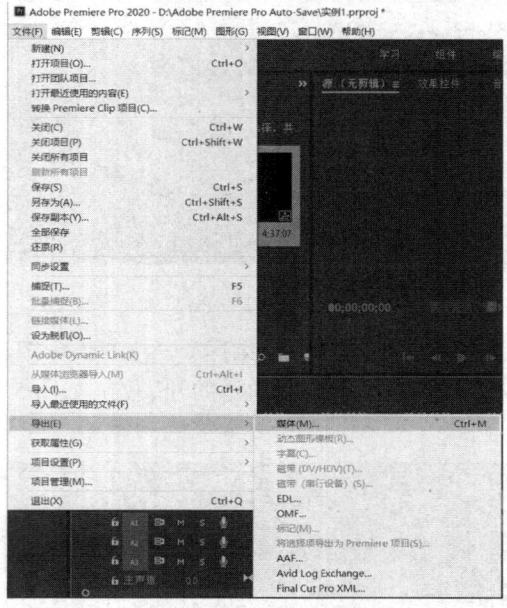

图 5.17　文件导出菜单

图 5.18　导出设置

（5）可以对输出格式进行修改，如修改格式为 PNG 格式，单击"导出"按钮，如图 5.19 所示，然后输出视频序列。

图 5.19　格式选择

五、实验要求

能够自己动手导入视频素材，并且在进行简单的视频剪辑后成功导出成品。

实验三　Audition 与 Photoshop 的简单案例

一、实验学时：2 学时

二、实验目的

- 熟练运用 Audition 辅助 Premiere 完成杂音消除工作；
- 了解 Photoshop 基本工具的使用方法；
- 能够运用 Photoshop 的钢笔工具完成抠图工作。

三、实验范例

1. Au 消除杂音（降噪）的简单运用

Adobe Audition CC（简称"Au"）是 Adobe 公司的一款专业处理音频的产品，它对于我们来说，最简单、易用的便是运用其内置快捷键一键消除杂音的功能了。

双击打开 Au，如图 5.20 所示。可以观察到在 Au 主界面的分布区域中，"编辑器"这一栏占了相当大的一部分。接下来，可以将提前用手机录制好的音频"录音.m4a"直接拖曳进去。

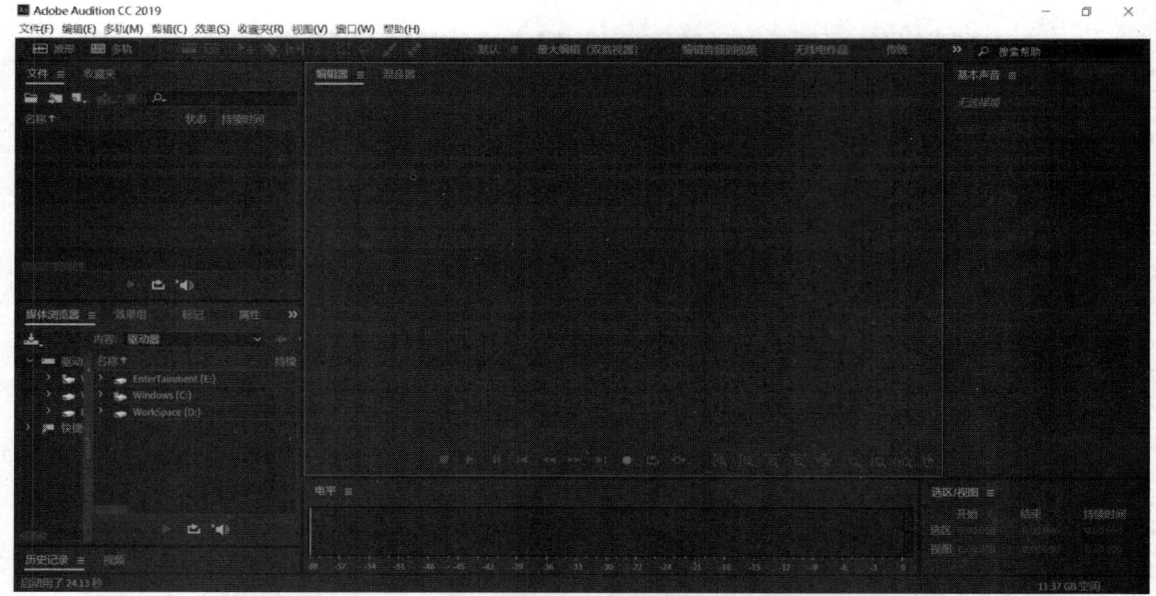

图 5.20　Au 主界面

将音频文件拖曳进去之后，"编辑器"中出现了绿色的音频波动，并且在左上方"文件"一栏显示出拖曳进去需要处理的音频文件名称"录音.m4a"，如图 5.21 所示。

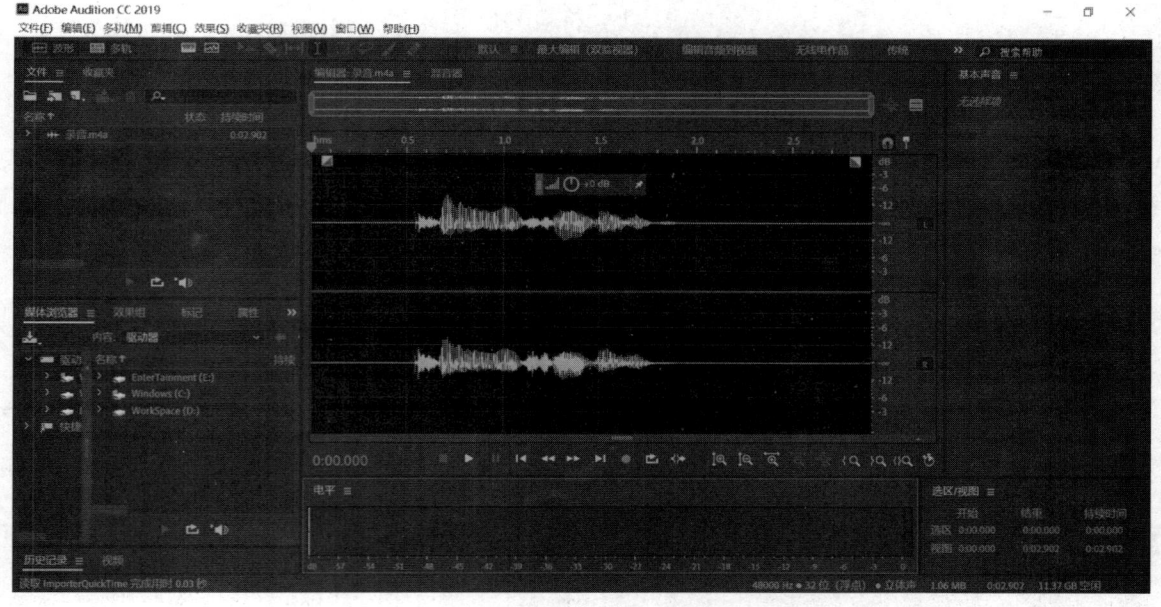

图 5.21　录音编辑器

可以通过空格键控制播放或暂停音频。对于图 5.21 所示的音频波动，我们可以发现录制的人声主要集中在这一片区域。也就是说，音频的波动是我们所录制的人声。而在人声之中，不免有一些嘈杂的背景音频，或是"呲呲啦啦"的电磁杂音。因此，为了进行更好的降噪，首先将需要降噪的音频波动区域选中，然后把鼠标指针放到"编辑器"内，当鼠标指针变成"I"形时，按住鼠标左键框选音频波动，如图 5.22 所示。

第 5 章 多媒体技术及应用

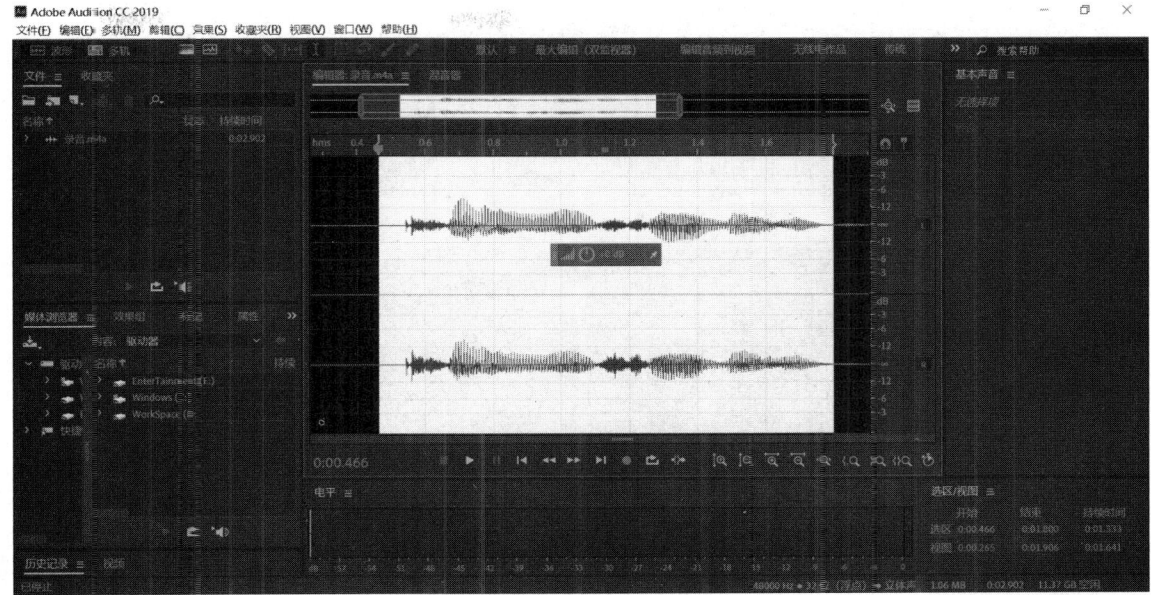

图 5.22 框选音频波动

选中之后,需要先捕捉噪声样本。关于捕捉噪声样本,有两种方式。第一种方式是选择"效果"→"降噪/恢复"→"捕捉噪声样本"命令,如图 5.23 所示;第二种方式是在选中之后直接按下"Shift+P"组合键,此时直接达成第一种方式的效果,弹出"捕捉噪声样本"对话框,如图 5.24 所示,单击"确定"即可。

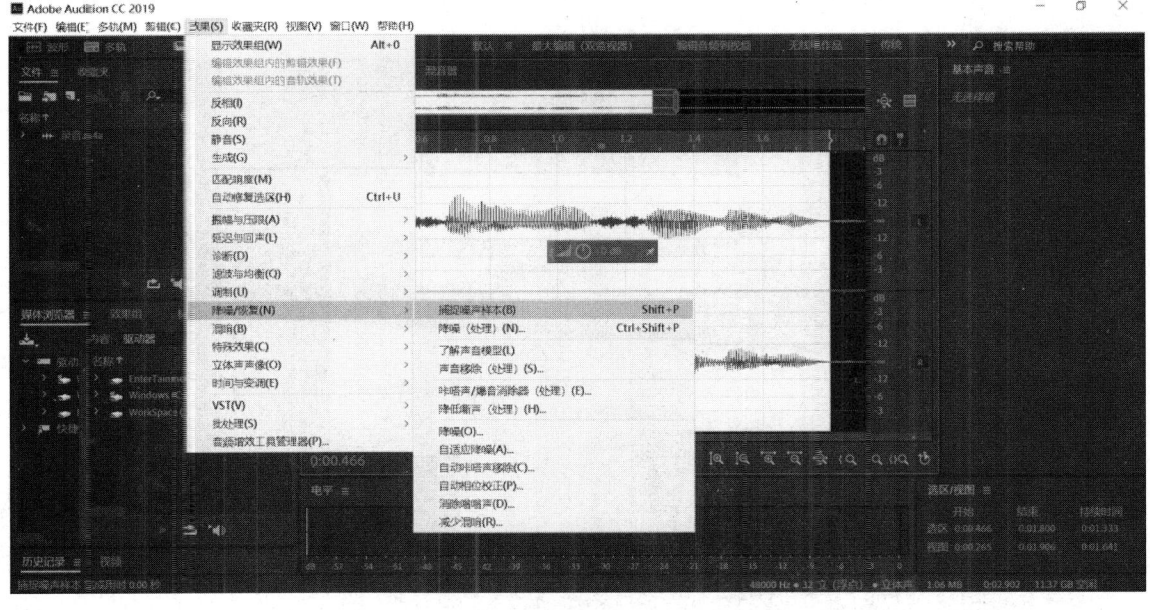

图 5.23 捕捉音频样本

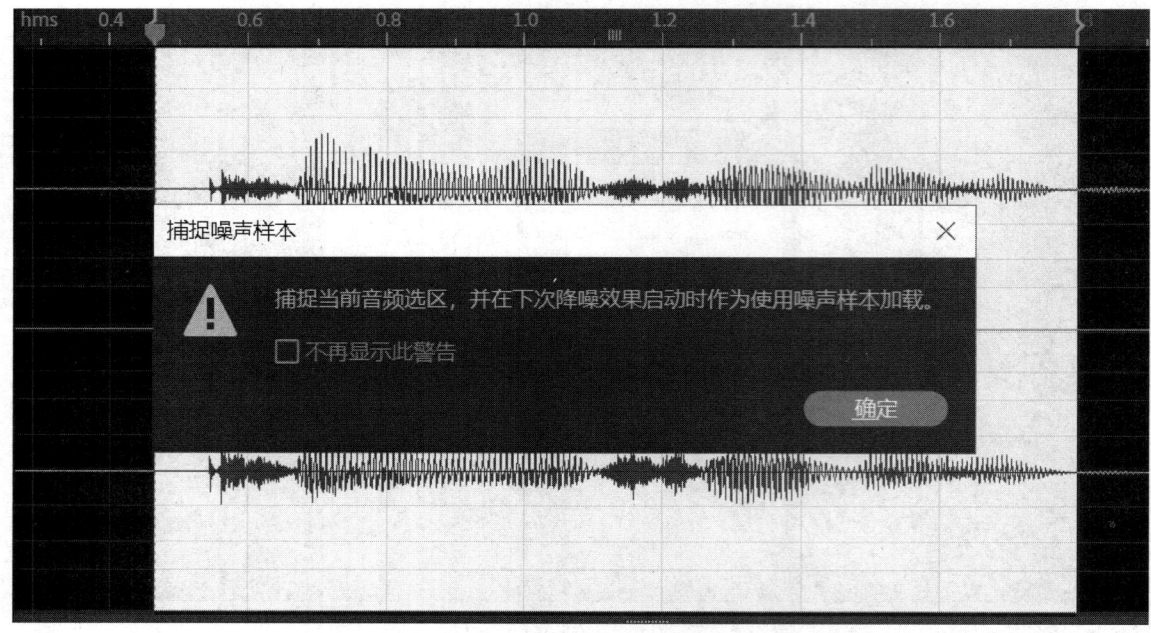

图 5.24 "捕捉噪声样本"对话框

捕捉了噪声样本后,首先选择要进行降噪的音频段。然后开始降噪处理工作,对于降噪处理,依然有两种方法:一种是选择"效果"→"降噪/恢复"→"降噪(处理)"命令,如图 5.25 所示;另一种则是通过"Ctrl+Shift+P"组合键直接达成第一种方法的效果,此时弹出"效果-降噪"窗口,如图 5.26 所示。直接单击"应用"按钮即可完成默认的降噪工作。

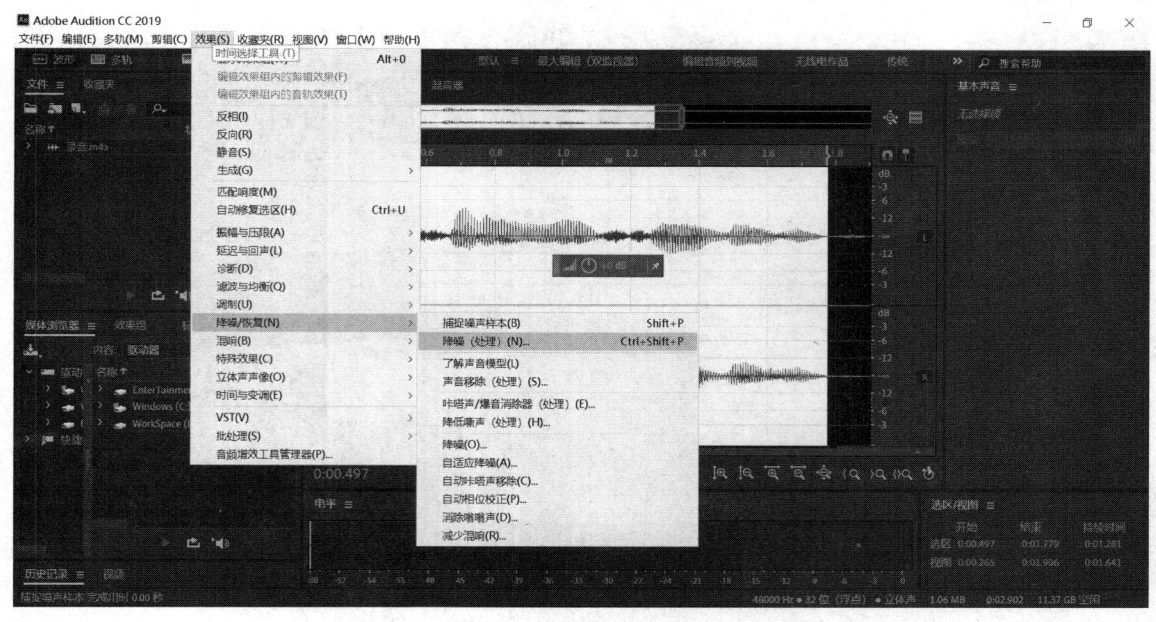

图 5.25 降噪(处理)

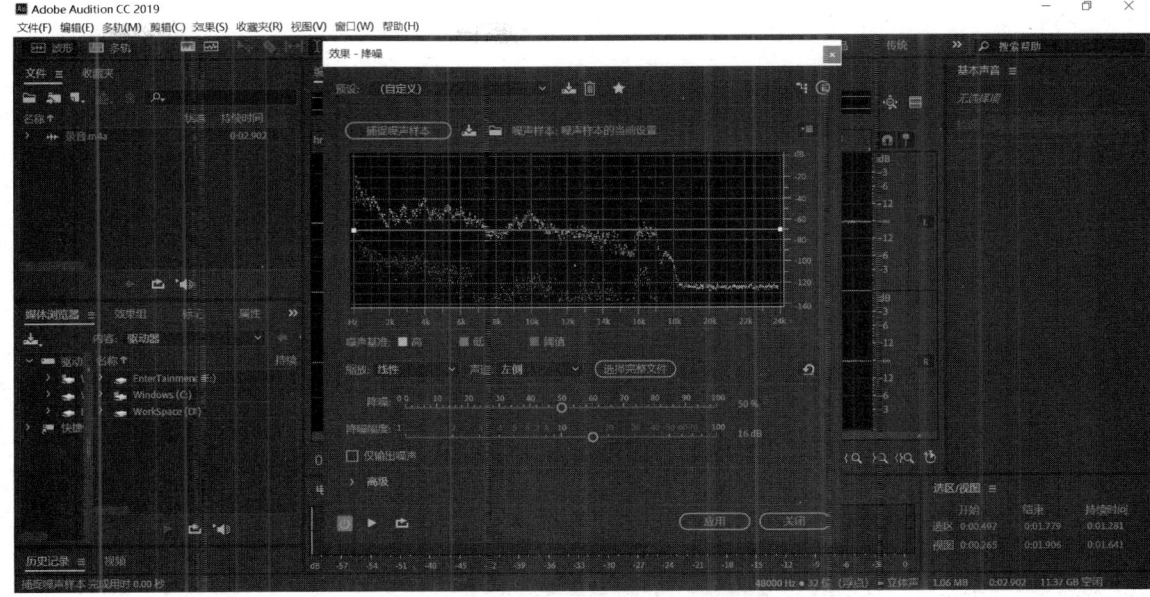

图 5.26 "效果-降噪"窗口

完成后，可以发现非人声部分的噪声已经被清除。但是为了保险起见还是要听一下整个音频，看看有没有出现失真情况，如果声音严重失真，则需要通过"Ctrl+Z"组合键撤销之前的操作，在降噪时通过调整图 5.26 中的"降噪"和"降噪幅度"完成降噪工作。如果音频的声音过小，也可以通过左右拖动音频编辑器中的"白色小圆圈+0dB"图标来调整音频的声音大小（dB）。如图 5.27 所示，将音频提高 12dB，相应的音频波动也得到拉长。

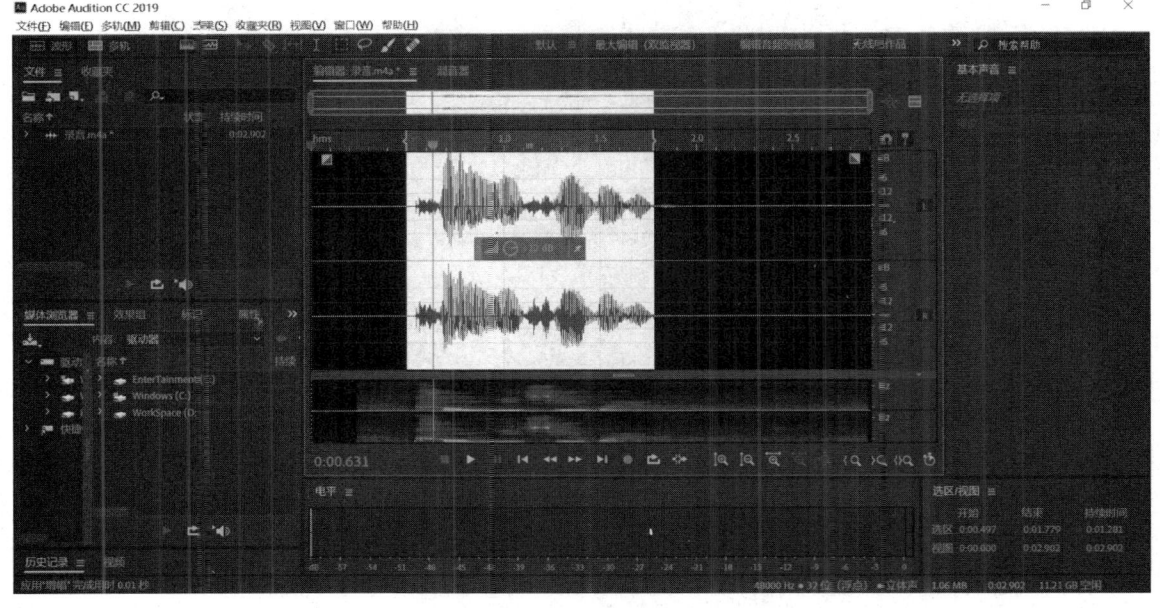

图 5.27 增大音频声音

完成全部的降噪处理工作后，通过"Ctrl+S"组合键保存音频。按下"Ctrl+S"组合键后，弹出如图 5.28 所示的对话框。只需要修改"文件名"和保存的"位置"即可。如图 5.28 所示，文件名为

Hello World.wav，位置为 D:\WorkSpace。

图 5.28 保存音频

找到保存好的 Hello World.wav，双击即可试听降噪后的音频，如图 5.29 所示。

图 5.29 试听音频

在对视频进行配音处理的工作中，为了给人更好的视听效果，往往需要用到 Audition 降噪功能并结合 Premiere 进行视频剪辑。Audition 的降噪功能仅仅依靠两个快捷键即可完成，对于多媒体技术工作者具有较好的体验感。

2. Ps 抠图：钢笔工具的简单应用

钢笔工具是最常用的路径绘制工具，是自由度非常高的工具。运用钢笔工具，可以随心所欲地创建直线和平滑的曲线。通过钢笔工具创建形状路径，利用编辑路径的锚点，可以很方便地改变路径的形状。

下面将要介绍使用钢笔工具进行抠图的方法。

首先用 Photoshop 打开素材图片 1.gif，如图 5.30 所示，然后在工作栏中选择钢笔工具，如图 5.31 所示。

图 5.30　打开素材图片　　　　　　　　图 5.31　选择钢笔工具

使用高敏工具时，按住 Alt 键的同时滚动鼠标滚轮，通过不断地调整图片的大小可以将图片放大到能够更加精确地抠出来（除此之外，放大的快捷键是按住 Ctrl 键同时按+键，缩小的快捷键是按住 Ctrl 键同时按-键）。

下面讲解钢笔工具的使用技巧。首先选择一个位置，单击建立一个锚点，如图 5.32 所示，然后运用同样的方式选择另一个位置建立另一个锚点，此时两点之间会形成一条直线，如图 5.33 所示，这就是建立直线的方式。

图 5.32　建立一个锚点　　　　　　　　图 5.33　建立另一个锚点

观察图片中的杯子，可以发现杯口是有弧度的，这也意味着需要让图 5.33 中两个锚点构建而成的直线的形态转变成曲线的形态。所以，需要在杯口找一个位置作为锚点，按住鼠标左键不松开，拖动鼠标调出带有弧度的路径，如图 5.34 所示。此时，在锚点上会出现一个手柄，这个手柄可以调控弧度的大小。当手柄调整的幅度越大、手柄拖动的长度越长时，两个锚点之间的弧度就越大。按住 Ctrl 键，移动鼠标指针至手柄上，按住鼠标左键并拖动手柄。此时，可以同时操作控制两个手柄一起调整弧度，如图 5.35 所示。

图 5.34 调整弧度

图 5.35 拖动手柄

在不断建立锚点的过程中，如果弧度仍然不能够贴合图形，如图 5.36 所示，则可以按住 Alt 键，使用鼠标拖动控制单侧手柄调整弧度，如图 5.37 所示。除此之外，按住 Alt 键单击手柄并将其拖动至该锚点可以取消该手柄。

图 5.36 建立锚点

图 5.37 调整单侧手柄

就这样，运用上述方法反复地建立锚点并不断地调整，直到最后，如图 5.38 所示。此时，单击第一个建立的锚点形成闭合回路，如图 5.39 所示。这样，一个完整的杯子图形就通过使用钢笔工具圈出来了，如图 5.40 所示。

图 5.38 建立锚点

图 5.39 建立闭合回路

图 5.40 完成路径

右击之前用钢笔工具圈出来的图形路径，选择建立选区，如图 5.41 所示，此时单击"确定"按钮，从而得到杯子的选区，如图 5.42 所示。除此之外，我们也可以使用"Ctrl+Enter"组合键直接将路径转变为选区。

图 5.41 建立选区

图 5.42 完成选区建立

抠图的目的是和其他的图像进行合成，或者是和现在的图像分离。目前抠出来的图形已经变成了选区，此时有两种方法可以把选区里的图像抠出来。

方法一：直接使用移动工具将抠出来的图形拖曳到另一幅图像中进行合成，如图 5.43 所示。

图 5.43 拖曳图层

方法二：选择"图层"→"新建"→"通过拷贝的图层"→"关闭背景图层"命令，此时会形成一个背景透明的新图层。对于这个抠出来的图形，只需要保存为png格式留作以后备用，或者直接现用即可。

四、实验要求

通过Photoshop中的钢笔工具对网上所搜索到的诗人图片进行抠图处理并添加至古诗词短视频加以优化，导出成品。

第5章补充知识点
扫码获取文档，可自行学习

第 6 章

程序设计基础

本章以 Raptor、Code::Blocks 和 LiteIDE 三个软件为主线，通过三个实验中罗列的实验目的、相关知识、实验范例，详细介绍利用这些软件开发应用程序的基本步骤，完成程序设计中算法描述的全过程，并在每个实验的最后给出实验要求。

实验一　Raptor 的应用

一、实验学时：4 学时

二、实验目的

- 学会使用 Raptor；
- 掌握使用 Raptor 创建流程图程序的方法；
- 掌握并理解各种基本符号的使用环境，并能够熟练使用基本符号；
- 通过程序实践，理解利用流程图描述算法、算法执行的过程及其结果。

三、相关知识

Raptor 是一种基于流程图的可视化编程开发环境，可以在最大限度地减少语法要求的情形下，帮助用户编写正确的程序指令。使用 Raptor 的目的：不需要重量级编程语言（如 VB、C++或 Java 等），就可以进行算法设计和运行验证。

流程图是一系列相互连接的图形符号的集合，其中符号代表要执行的特定类型的指令，符号之间的连接决定了指令的执行顺序。Raptor 程序实际上是一种有向图，可以一次执行一个图形符号，以便帮助用户跟踪 Raptor 程序的指令流执行过程。Raptor 是为易用性而设计的（用户可使用它与其他编程开发环境进行复杂性比较），Raptor 设计的报错消息更容易为初学者所理解。

Raptor 程序是一组连接的符号，表示要执行的一系列动作，符号间的连接箭头确定了所有操作的执行顺序。Raptor 程序执行时，从开始（Start）符号起步，并按照箭头所指方向执行程序，Raptor 程序执行到结束（End）符号时停止。

Raptor 的主界面如图 6.1 所示，其左侧上半部分是"符号"窗口；右侧是工作区，其中有一个名为 main 的标签（相当于主程序），窗口中有一个基本的流程图框架，初始只有 Start（开始）和 End（结束）两个符号。

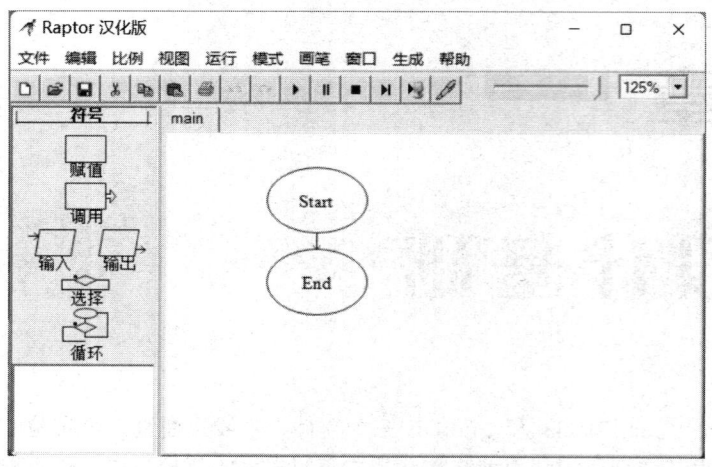

图 6.1 Raptor 的主界面

在开始和结束的符号之间插入一系列 Raptor 语句/符号，就可以创建有意义的 Raptor 程序。

Raptor 有 6 种基本符号，分别是输入（Input）、输出（Output）、赋值（Assignment）、循环（Loop）、选择（Selection）和调用（Call），每个符号代表一个独特的指令类型。

1. 常量

常量是在程序运行过程中固定不变且不可改变其值的量。Raptor 没有为用户定义常量的功能，只能使用系统内部定义的若干符号表示常用的数值型常量。例如：

pi：圆周率，定义为 3.1416。

e：自然对数的底数，定义为 2.7183。

true/yes：布尔值真，定义为 1。

false/no：布尔值假，定义为 0。

借助于输出符号，可以查看常量的值。将输出符号拖到 Start 和 End 之间，双击输出符号即可打开"输出"对话框，如图 6.2 所示。

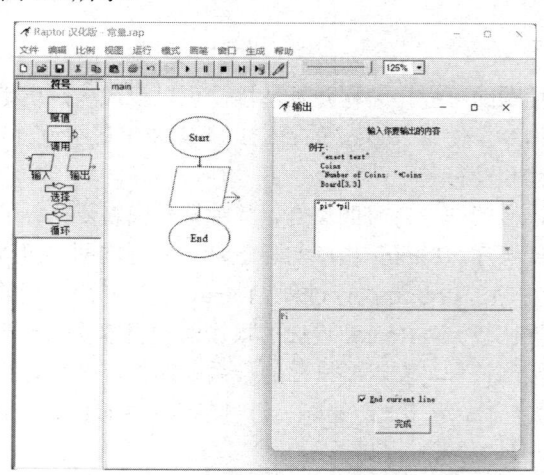

图 6.2 添加输出符号给变量赋值

同理，添加另外三个输出符号，输出处理完毕的流程图如图 6.3 所示，运行时效果如图 6.4 所示。

第 6 章 程序设计基础

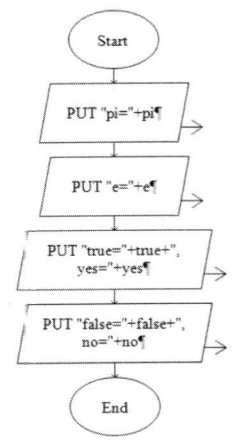

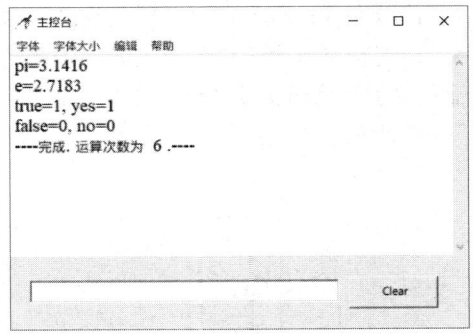

图 6.3 输出处理完毕的流程图   图 6.4 运行时效果

2. 变量

变量表示计算机内存中的位置，用于保存数据值；在程序执行过程中，变量的值可以改变；在任何时候，一个变量只能容纳一个值。

变量的数据类型如下。

- 数值：如 12、-23、3.14。
- 字符串：如"Hello!"、"Please input a number:"。
- 字符：如'a'、'8'、'A'。

请注意字符串和字符的区别：字符使用单引号，只能包含单个字符，而字符串使用双引号，可以包含多个字符。

变量的数据类型由第一次设置的数据决定，任何变量在被引用前必须被命名并被赋值。

变量值的设置方法如下。

（1）通过输入语句赋值。将输入符号拖到 Start 和 End 之间，双击输入符号即可打开"输入"对话框，如图 6.5 所示。

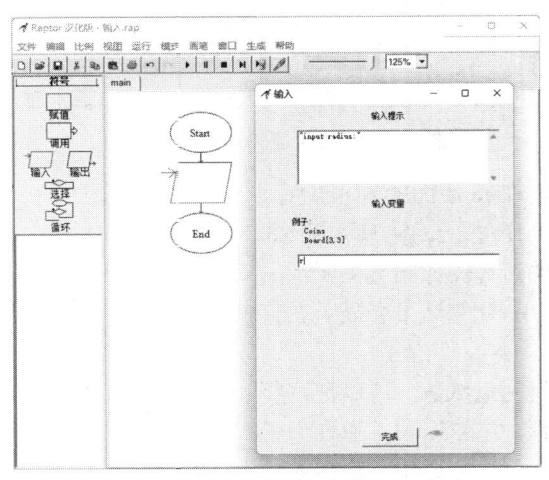

图 6.5 添加输入符号给变量赋值

提示信息是字符串类型的，需要在两端添加双引号；变量名需要满足标识符的命名规则，规则如下。

- 由字母、数字和下画线 3 种符号组成；
- 字母开头；
- 不区分大小写，如 Count 和 count 等价；
- 保留字（Raptor 自己使用）不能作为用户标识符，如 e、pi；
- 标识符可以用来命名变量名、子图名和过程名。

输入提示信息和变量名后，单击"完成"按钮，输入处理完毕的流程图如图 6.6 所示，运行时效果如图 6.7 所示。

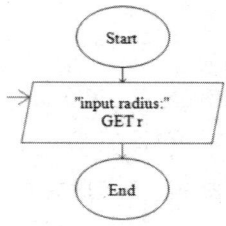
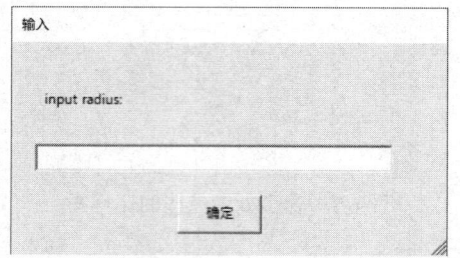

图 6.6　输入处理完毕的流程图　　　　图 6.7　运行时效果

（2）通过赋值语句中的算式运算后赋值。在输入符号的下方添加赋值符号，并双击赋值符号打开"赋值"对话框，如图 6.8 所示。

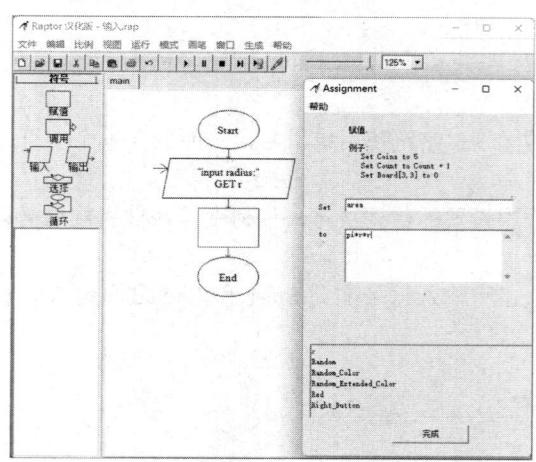

图 6.8　添加赋值符号给变量赋值

例如，计算圆的面积，在 to 后面输入 pi*r*r，计算的结果需要保存在一个变量 area 中，输入在 Set 后面。赋值输入处理完毕的流程图如图 6.9 所示，运行程序后输入半径 r 为 10，计算结果会显示在窗口左下。

（3）通过调用过程的返回值赋值。可以把需要频繁调用的代码定义为过程，它在 Raptor 中称为子程序。下面以计算圆面积为例进行介绍。如图 6.10 所示，右击"main"，选择"增加一个子程序"命令，打开如图 6.11 所示的"创建子程序"对话框。

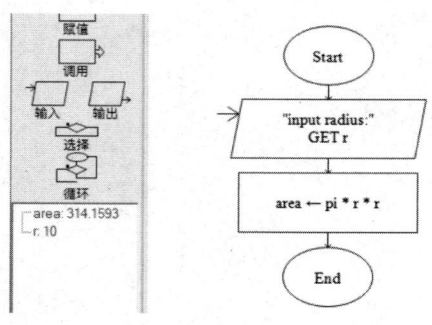

图 6.9　赋值输入处理完毕的流程图

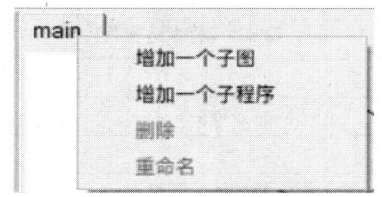

图 6.10 增加子程序

在图 6.11 中，首先输入子程序名：getArea，子程序最多可以设置 6 个参数，参数分为输入参数和输出参数，在本例中，需要提供一个输入参数——半径 r，一个输出参数——面积 area，然后单击"确定"按钮。在子程序 getArea 中添加一个赋值语句，完成面积的计算，子程序 getArea 如图 6.12 所示。

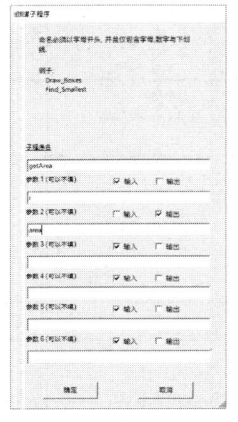

图 6.11 创建子程序

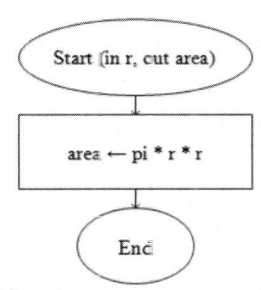

图 6.12 子程序 getArea

在 main 中添加调用符号，双击新增的调用符号，在弹出的"调用"对话框中输入 getArea(r,area)，如图 6.13 所示，最后单击"完成"按钮，调用输入处理完毕的流程图如图 6.14 所示。

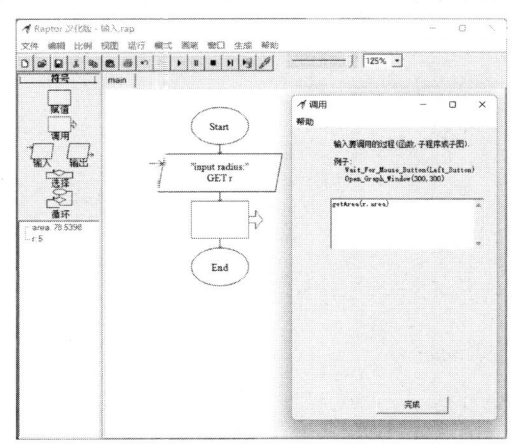

图 6.13 增加调用符号

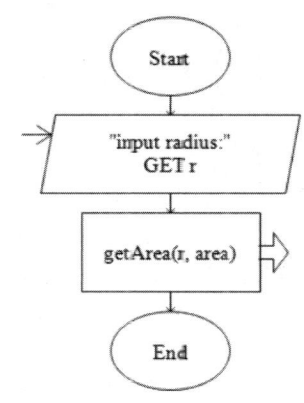

图 6.14 调用输入处理完毕的流程图

3. 运算符

运算符分为算术运算符、关系运算符和逻辑运算符。算术运算符、关系运算符和逻辑运算符分别如表 6.1、表 6.2 和表 6.3 所示。

表 6.1 算术运算符

运算符号	功能	范例
+	加法	3+2 为 5
-	减法	3-2 为 1
*	乘法	3*2 为 6
/	除法	3/2 为 1.5
^，**	指数	3^2 或者 3**2 为 9
rem，mod	取余	10 rem 3 或者 10 mod 3 为 1
-	负号	-2

"+"不仅能用作两个数值类型的加法运算,还可以作为字符串的连接符号,如"Hello"+"world!",结果为"Hello world!"。需要注意的是,只要"+"两端有一个是字符串,就表示执行字符串的连接操作。

表 6.2 关系运算符

运算符号	功能	范例
>	大于	3>2 为 true
>=	大于或等于	3>=2 为 true
<	小于	3<2 为 false
<=	小于或等于	3<=2 为 false
=，==	等于	3=2 或者 3==2 为 false
!=，/=	不等于	10 != 3 或者 10 /= 3 为 true

表 6.3 逻辑运算符

运算符号	功能	范例
not	非	x 为 true 时，not x 为 false
and	与	x 和 y 同时为 true 时，x and y 为 true，否则为 false
xor	异或	x 和 y 取不同值时，x xor y 为 true，否则为 false
or	或	x 和 y 同时为 false，x or y 为 false，否则为 true

运算符的运算顺序,按照从高到低依次为:
- 括号中的所有表达式;
- 负号;
- 指数（^或**）;
- 算术运算从高到低（乘除、加减）;
- 关系运算（<、<=、>、>=、=、!=）;
- 逻辑运算从高到低（not、and、xor、or）。

例如,-5**2,是计算-5 的平方,因为负号的优先级高。

4. 函数

常用的数学函数如表 6.4 所示,使用三角函数时,需要使用弧度,请注意进行转换。

表 6.4 常用的数学函数

函数	功能	范例
abs	绝对值	abs(-9)=9
sqrt	平方根	sqrt(9)=3

续表

函数	功能	范例
ceiling	向上取整	ceiling(2.2)=3，ceiling(-2.2)=-2
floor	向下取整	floor(2.5)=2，floor(-2.5)=-3
log	自然对数	log(e)=1
max/min	两个数的最大值/最小值	max(3,5)=5，min(3,5)=3
random	生成[0.0,1.0)间的随机小数	random*100 返回 0~99.9999 间的随机数
sin	正弦	sin(pi/6)=0.5
cos	余弦	cos(pi/3)=0.5
tan	正切	tan(pi/4)=1.0
cot	余切	cot(pi/4)=1.0
arcsin	反正弦	arcsin(0.5)=pi/6
arccos	反余弦	arccos(0.5)=pi/3
arctan	反正切	arctan(1)=pi/4
arccot	反余切	arccot(1)=pi/4

5. 选择

在 main 中添加选择符号，双击新增的选择符号，弹出如图 6.15 所示的"选择"对话框，在该对话框中需要输入选择条件，该条件的值应该为 true 或者 false，完成后显示在菱形中。程序执行到选择符号时，首先判断菱形中的条件是否为真，若为真，则执行左侧分支；否则，执行右侧分支。

在某考试中，成绩小于 90 分为失败，大于或等于 90 分为成功，如何设计流程图？

（1）添加一个输入符号，接收成绩 score。

（2）添加选择符号，输入条件：score>=90；在左侧分支添加赋值符号，为 result 赋值：success!，同理，在右侧分支为 result 赋值：fail!。

（3）在选择符号下方添加输出符号，输出 result 的值。

完整的流程图如图 6.16 所示。

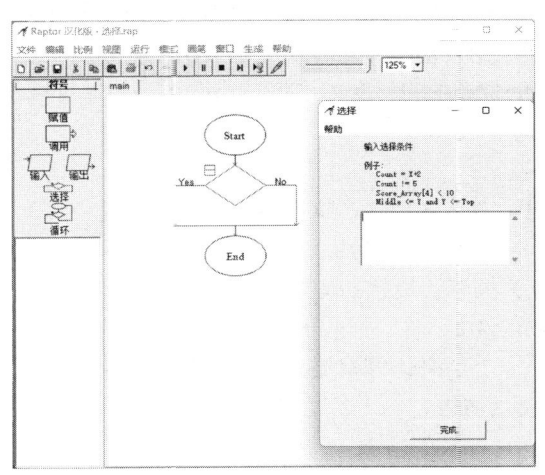

图 6.15　添加选择符号

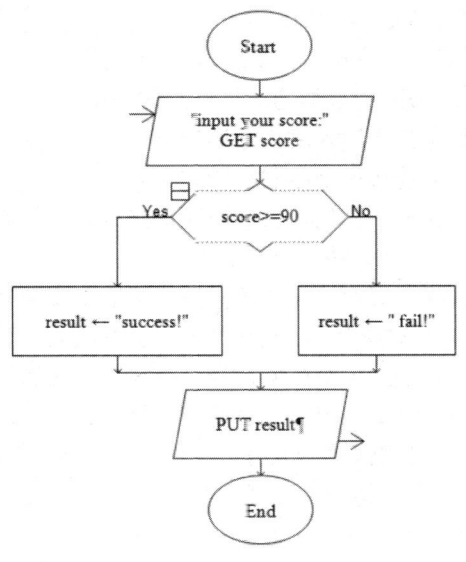

图 6.16　考试是否通过流程图

如果将成绩分为四个等级：90～100 分显示"excellent"，80～89 分显示"good"，60～79 分显示"medium"，其余显示"fail"，该怎么办呢？

只需要在选择符号的右侧分支中添加选择符号继续进行判断即可，流程图如图 6.17 所示。

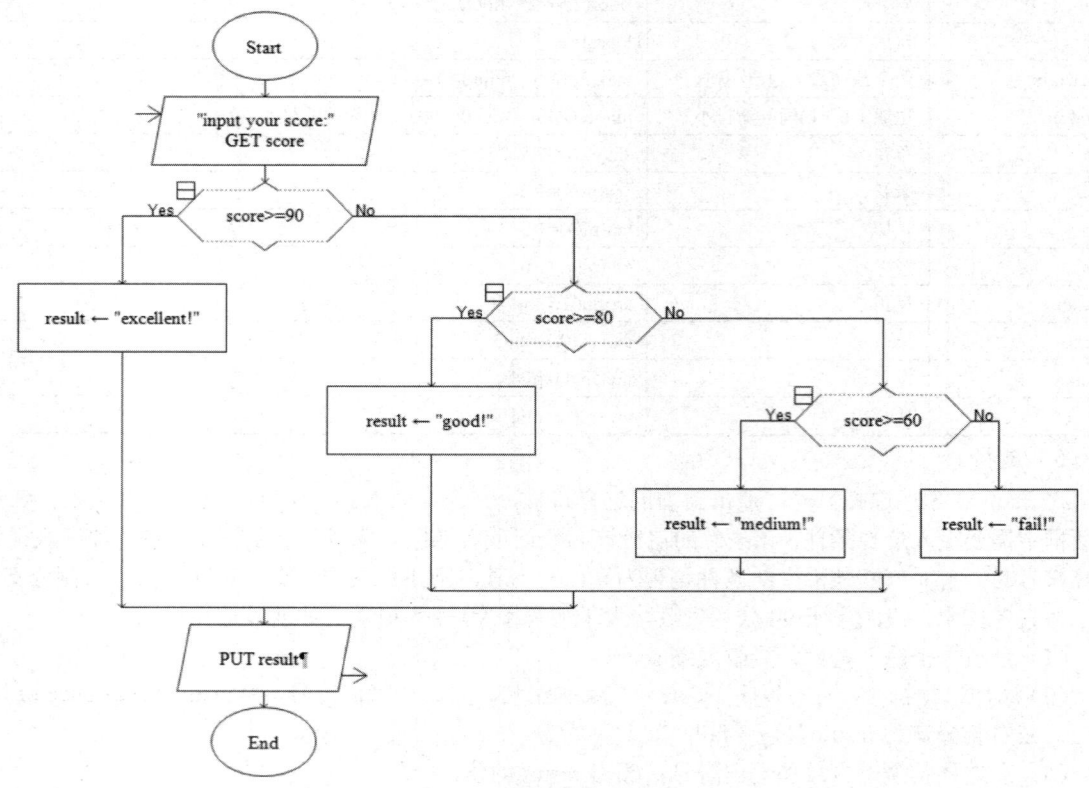

图 6.17 考试成绩等级判断流程图

6. 循环

循环（Loop）控制语句允许重复执行一个或多个语句，直到某些条件变为真值（True）。

在 main 中添加循环符号，双击新增的循环符号，弹出如图 6.18 所示的"循环"对话框，在该对话框中需要输入跳出循环的条件。一个椭圆符号和一个菱形符号组合在一起被用来表示一个循环过程，若菱形符号中的表达式结果为"No"，则执行"No"的分支，这将导致循环语句重复执行。要重复执行的语句可以放在菱形符号的上方或下方。

例如，使用循环计算 1+2+…+100。

思路：每次加一个数，第一次把 1 加到累加和中，第二次加 2，执行 100 次。

（1）添加一个赋值符号，表示每次累计的数（i），设置初值为 1；

（2）添加一个赋值符号，用来存储累加和（sum）的值，设置初值为 0；

（3）添加一个循环语句，设置跳出循环的条件为 i>100；

（4）在循环的 No 分支上添加两个赋值符号，第一个用来计算累加和，第二个将 i 的值加 1。

（5）在循环的 Yes 分支上添加一个输出语句，展示结果。

计算累加和的流程图如图 6.19 所示。

第6章 程序设计基础

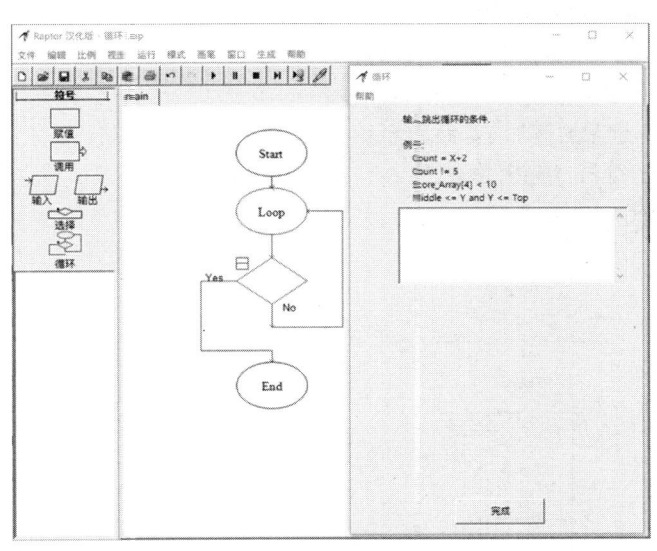

图 6.18 添加循环符号

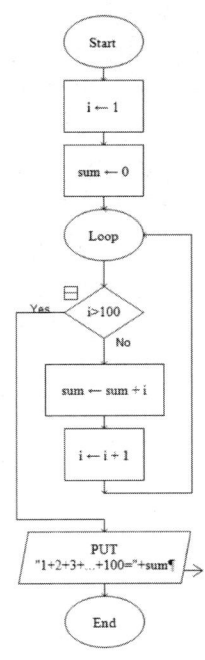

图 6.19 计算累加和的流程图

7. 数组

数组是有序数据的集合。一般数组中的每一个元素都属于同一个数据类型（数值、字符、字符串）。

数组最大的好处在于用一个统一的数组名和下标（index）来唯一地确定某个数组变量中的元素。而且下标可以参与计算，这为动态进行数组元素的遍历访问创造了条件。

1）一维数组的创建

数组变量必须在使用之前创建，所创建的数组大小由赋值语句中给定的最大元素的下标来决定。

第一次给 values[] 数组赋值：values[7]←3，结果如下。

1	2	3	4	5	6	7
0	0	0	0	0	0	3

第二次再给该数组赋值：values[9]←6，将数组进行了扩展，得到的结果如下。

1	2	3	4	5	6	7	8	9
0	0	0	0	0	0	3	0	6

2）二维数组的创建

创建二维数组时，数组的两个维度的大小由最大的下标确定。

例如：numbers[3，4]←13，得到的结果如下。

	1	2	3	4
1	0	0	0	0
2	0	0	0	0
3	0	0	0	13

输入 10 个成绩存放在一维数组中，计算并输出总成绩。

思路：用户输入数据后，立即进行累加和计算，在输入结束后，即可得到总成绩。

（1）添加赋值符号，创建数组：score[10]←0；
（2）添加赋值符号，为变量 i 赋值 1，代表数组的下标；
（3）添加赋值符号，为变量 sum 赋值 0，用来保存总成绩的值；
（4）添加循环符号，设置跳出循环的条件为 i>10；
（5）在循环的 No 分支中添加输入符号，为 score[i]设置数据；
（6）在输入符号下添加赋值符号，计算总成绩：sum←sum+score[i]；
（7）在赋值符号下添加赋值符号，让 i 的值加 1，跳转至第（4）步进行循环判断；
（8）在循环的 Yes 分支中添加输出符号，输出总成绩。

使用数组计算总成绩的流程图如图 6.20 所示。

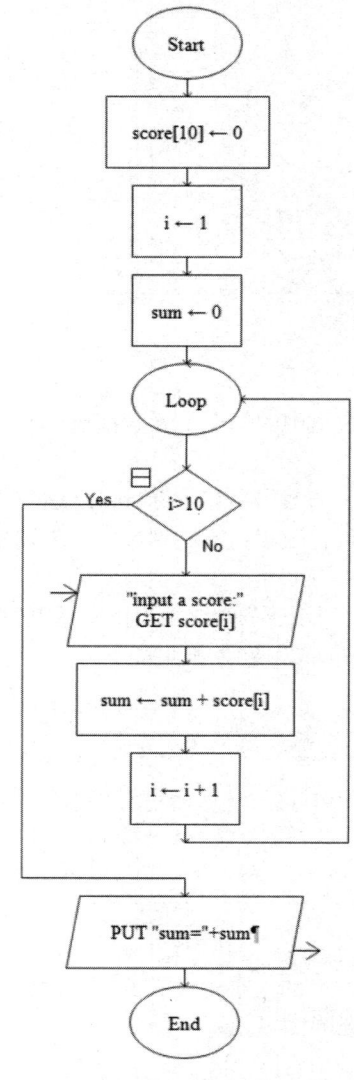

图 6.20　使用数组计算总成绩的流程图

利用 Raptor 进行算法设计的基本步骤如下。
（1）分析问题。编写任何一个程序，都应该先从实际问题中抽象出其数学模型，找出求解方法，并用自然语言描述算法。

（2）启动 Raptor，保存流程图文件（扩展名为.rap）。
（3）利用 Raptor 工具创建相关流程图。
（4）运行调试算法，修改出现的语法错误，注意算法的逻辑错误。必须经过严格的测试后，算法才可以有效。
（5）保存或打印流程图。

四、实验范例

1. 利用 Raptor 画出计算 n! 的流程图

分析：给定 n，求 n! 的数学公式如下。

$$n! = \begin{cases} 1, & n = 0 \\ n(n-1)!, & n > 0 \end{cases}$$

利用计算机求解连乘问题，一般是先设乘积结果为 1，然后逐项相乘。用 f 表示 n!，开始时 f=1 是 0!，然后 f*1 就是 1!，再乘以 2，f*2 就是 2!，再乘以 3，f*3 就是 3!，……，f*n 就是 n!。可以用 i 表示逐次乘入的项，i 开始为 1，然后加 1 变为 2，再加 1 变为 3，……，通过 f=f*i 完成 n! 的计算。其算法描述如下。

（1）输入 n 的值。
（2）令 f=1。
（3）令 i=1。
（4）如果 i>n，则转到（8）。
（5）如果 i≤n，使 f=f*i。
（6）使 i=i+1。
（7）转到（4）。
（8）输出 f 的值。

操作步骤：启动 Raptor，根据自然语言描述的算法步骤，在 Start（开始）和 End（结束）两个符号中间依次添加算法描述中的流程图符号，以构成求解题的"程序"，最终得到如图 6.21 左侧所示的流程图。

选择"运行"→"运行"命令，系统将按照流程图描述的选项实现 n! 的计算，当在输入框中输入 6 并按 Enter 键或单击"确定"按钮时，系统会用不同的颜色表示执行到了哪一步，可以看到"程序"动态执行过程，在"主控台"窗口中输出结果，在窗口的左侧下半部分给出变量变化的值，如图 6.21 所示。

2. 实现整数的排序

利用 Raptor，完成 5 个整数由小到大（使用选择排序法）的输出。

其算法描述如下。
（1）将 5 个整数分别放到数组元素 a[1]、a[2]、a[3]、a[4]、a[5]中。
（2）令 i=1。
（3）如果 i>4，则转到（12）。

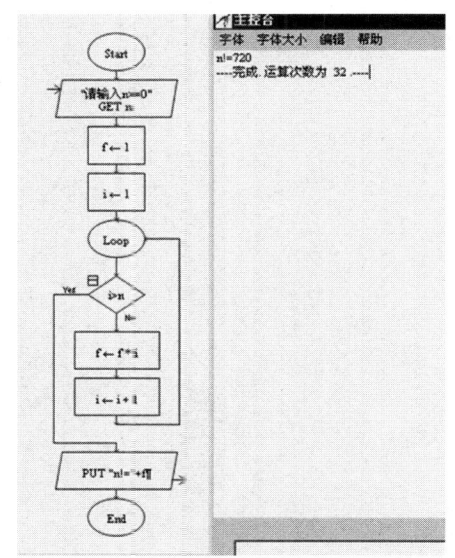

图 6.21 流程图及运行结束后的界面

（4）令 j=i+1。

（5）如果 j>5，则转到（10）。

（6）如果 a[i]≤a[j]，则转到（8）。

（7）a[i]与 a[j]互换值。

（8）使 j=j+1。

（9）转到（5）。

（10）使 i=i+1。

（11）转到（3）。

（12）依次输出 a[1]、a[2]、a[3]、a[4]、a[5]的值。

操作步骤：启动 Raptor，根据自然语言描述的算法步骤，在 Start（开始）和 End（结束）两个符号中间依次添加算法描述中的流程图符号，以构成求解题的"程序"，即流程图。程序运行后，分别输入 5 个数据，最终结果显示在"主控台"窗口中，如图 6.22 所示。

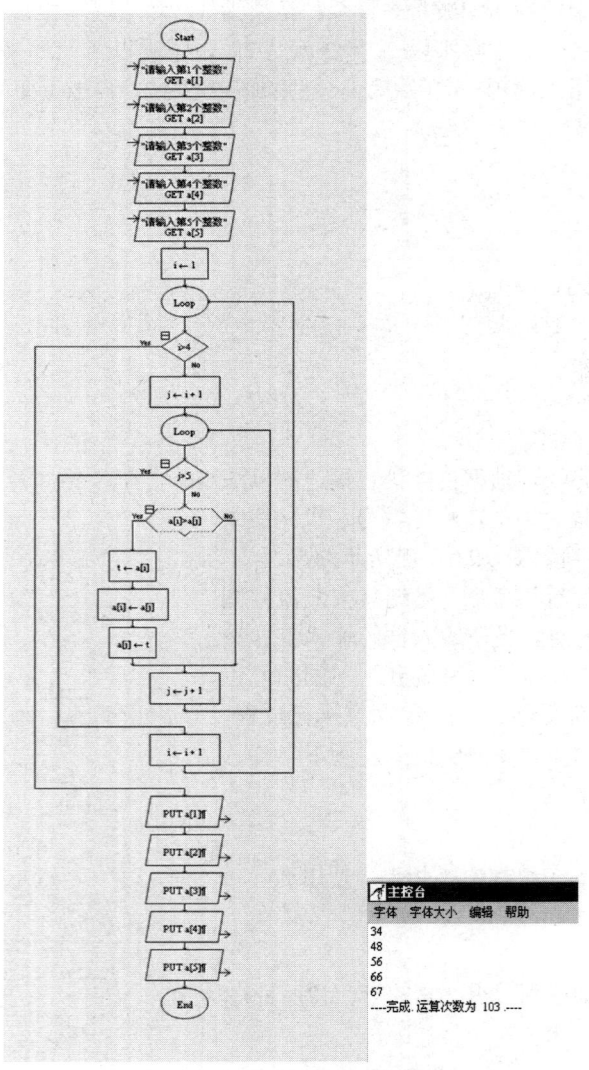

图 6.22 流程图运行结束后的界面

五、实验要求

（1）熟悉 Raptor 的主菜单选项，主界面中窗口的布局。
（2）熟练掌握 6 个基本符号的画法及设置。
（3）能够根据解题思路构造流程图。
（4）运用 Raptor 进行流程图设计，实现下述功能。
① 任意给出 3 个正整数，输出这 3 个正整数中的最大数。
② 计算前 n（$n>0$）个自然数的累加和。
③ 计算 π 的近似值。
$\frac{\pi}{4}=1-\frac{1}{3}+\frac{1}{5}-\frac{1}{7}+\cdots$，直到最后一项的绝对值小于 10^{-5}。
④ 输入 n（$n>0$）的值，依次读取 n 个整数，求出这 n 个整数中的最大数。
⑤ 有一个序列{56,87,34,23,55,47,21,77,8}，使用改进的顺序查找法（使用"监视哨"）查找数值 21。

实验二　C 程序设计

一、实验学时：4 学时

二、实验目的

- 学会使用 Code::Blocks 开发环境；
- 学会建立、编辑、运行一个简单的 C 应用程序的全过程；
- 掌握标识符的概念及使用；
- 掌握程序的基本控制结构应用，了解函数的功能。

三、相关知识

C 语言的开发工具比较多，在 Windows 开发环境下可以使用 Visual Studio.NET，也可以使用 VC++ 6.0，但如果仅仅编写 C 程序，一般会选择小巧快捷的开发工具，这类工具常用的有 Code::Blocks、XCode 等，每一种开发工具都有各自的优缺点。这里以 Code::Blocks 为例来说明 C 语言开发环境的搭建和程序开发过程。

Code::Blocks 是开放源码软件，由纯粹的 C++语言开发完成，使用了著名的图形界面库——wxWidgets。对于追求完美的 C/C++程序员，再也不必忍受 Visual Studio.NET 体积的庞大和价格的昂贵。

1. Code::Blocks 的下载

在官方主页上，可以看到 Code::Blocks 是一个跨平台的开发工具，如图 6.23 所示。在 Windows 操作系统下开发时，可选择 Windows XP/Vista/7/8.x/10。

对于 Windows 操作系统，一般应选择 codeblocks-20.03mingw-setup.exe 链接，如图 6.24 所示，这个文件是带 MinGW 编译器的 Code::Blocks 集成环境，可以直接编译 C/C++程序。

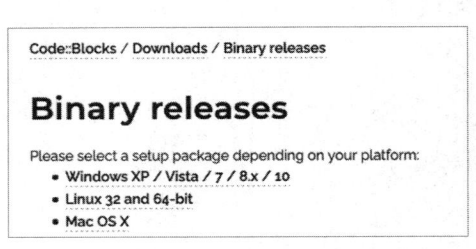

图 6.23　Code::Blocks 下载页面　　　　图 6.24　Code::Blocks 版本选择

2. 安装 Code::Blocks

双击下载的文件进行安装，勾选如图 6.25 所示的所有复选框。

单击"Next"按钮，进入安装路径的选择界面。如图 6.26 所示，安装路径一般不需要修改。

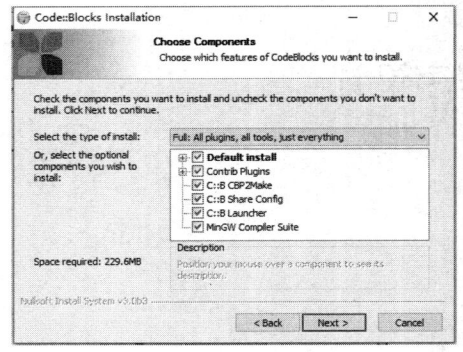
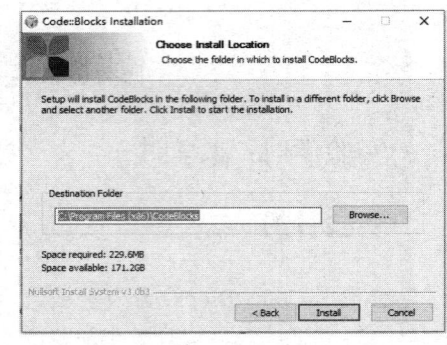

图 6.25　安装组件的选择　　　　　　　图 6.26　安装路径的选择

单击"Install"按钮完成安装。

3. 运行 Code::Blocks

选择"File"→"New"→"Project"命令，启动工程向导。在弹出的如图 6.27 所示的对话框中选择"Console application"选项，单击"Go"按钮，在工程向导中选择语言 C，输入工程名称信息（包括设定工程目录），单击"Next"和"Finish"按钮。

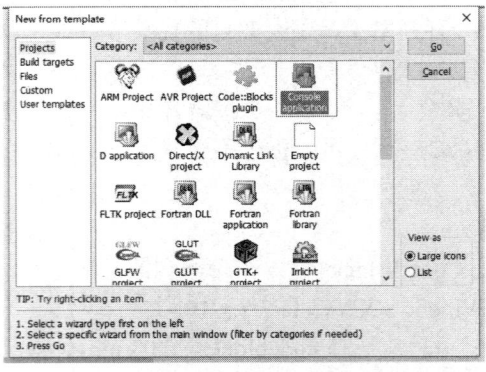

图 6.27　项目类型的选择

打开程序代码编辑窗口，如图 6.28 所示。这时，开发工具已经为我们自动创建了 main.c 文件，并在 main.c 文件中添加了如下代码。

```
#include <stdio.h>
#include <stdlib.h>
int main()
{
    printf("Hello world!\n");
    return 0;
}
```

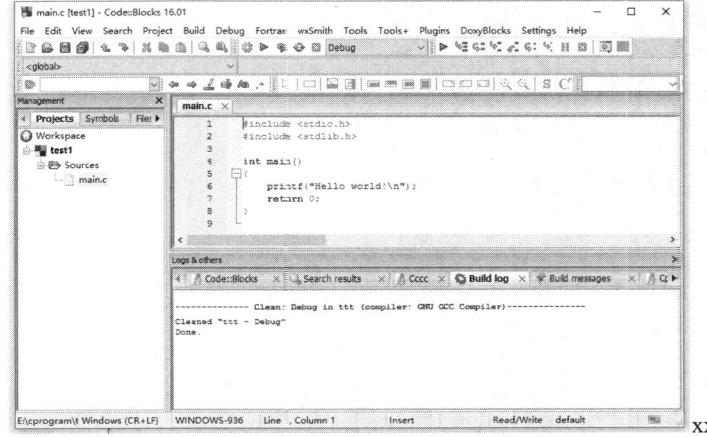

图 6.28　程序代码编辑窗口

按 F9 键运行程序，正常输出结果，运行结果如图 6.29 所示，说明 Code::Blocks 开发工具的安装和配置没有问题。

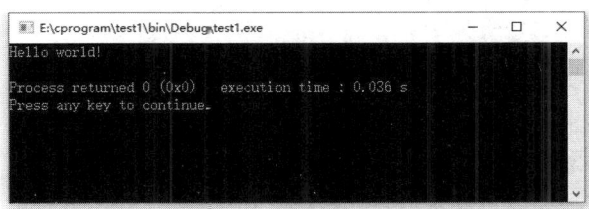

图 6.29　运行结果

四、实验范例

1. 练习输入/输出函数的使用

（1）练习 printf 函数中的格式控制字符的使用，打开 Code::Blocks 编辑器，新建一个项目 project1，在程序代码编辑窗口中输入下面的程序代码，查看程序的运行结果。

```
int main( )
{
    int i=2000;
    float j=2.71828;
    printf("i=%d,j=%f,j*10=%f\n", i , j ,j*10);
    return 0;
}
```

（2）练习 printf 函数对实型数据输出宽度的控制。在程序代码编辑窗口中输入下面的程序代码，查看程序的运行结果。

```
int main( )
{
    float    a=3.14159;
    printf("p=%10f\n",a);
    printf("p=%4f\n",a);
    printf("p=%.2f\n",a);
    printf("p=%.4f\n",a);
    printf("p=%2.4f\n",a);
    printf("p=%10.4f\n",a);
    return 0;
}
```

（3）使用 scanf 函数从键盘上输入整型数据。在程序代码编辑窗口中输入下面的程序代码，查看程序的运行结果。

```
int main( )
{
    int a;
    scanf("%d",&a);
    printf("%d\n",a*10);
    return 0;
}
```

（4）练习使用 scanf 函数同时输入多个数据。在程序代码编辑窗口中输入下面的程序代码，查看程序的运行结果。

```
int main( )
{
    int a;
    float b,c;
    scanf("%d%f%f",&a,&b,&c);
    printf("a=%d,b=%f,c=%f\n",a,b,c);
    return 0;
}
```

2. 基本流程控制

（1）新建一个文件，输入以下程序代码：

```
int main( )
{
    int a;
    scanf("%d",&a);
    if(a>=60)
        printf("Pass!\n");
    else
        printf("Fail!\n");
    return 0;
}
```

将程序多运行几遍，每次输入 0~100 中不同的数据，查看程序的运行结果。

（2）新建一个文件，输入以下程序代码：

```
int main( )
{   int i=1,sum=1;
    while(i<=5)
    {    sum=sum*i;
         i++;
    }
    printf("%d",sum);
    return 0;
}
```

运行程序，查看程序的运行结果，分析程序实现的功能。再将上面的程序改为 do-while 循环和 for 循环。

（3）新建一个文件，输入以下程序代码：

```
int main( )
{
    int i;
    float  sum, aver, b[10]={4,2,8,3,1,10,5,5,12,7};
    sum=0;
    for(i=0;i<10;i++)
        sum+=b[i];
    aver=sum/10;
    printf("sum=%d   aver=%d",sum,aver);
    return 0;
}
```

运行程序，查看程序运行结果，分析程序的作用。

3．编程题

（1）利用公式 $\pi/4=1-1/3+1/5-1/7+1/9-\cdots$，求 π 的近似值，直到最后一项的绝对值小于 10^{-4} 为止。

（2）编写程序，任意输入一个正整数，这个正整数表示总的秒数，把它转换为小时、分钟、秒的表示方法。例如，3700 秒表示为 1 小时 1 分 40 秒。

五、实验要求

（1）熟悉 Code::Blocks 开发环境的安装和配置。
（2）理解 C 语言的基本特征和基本知识。
（3）掌握赋值语句的使用。
（4）掌握基本输入/输出语句的使用。
（5）掌握数组的定义方法和应用。
（6）能够运用 C 语言进行程序开发，分别实现下述功能。

① 根据输入的 n（$n>0$），计算 $1-2+3-4+\cdots\pm n$ 的值。
② 36 个人搬 36 块砖，1 个男人搬 4 块，1 个女人搬 2 块，2 个小孩合搬一块。求男人、女人、小孩各多少人。
③ 利用插入排序法完成 n（$n>0$）个整数（数据自拟）由小到大的输出。
④ 将 100 元钱换成零钱（仅限 10 元、20 元和 50 元），找出所有换法。
⑤ 已知某数列为 1,1,2,3,5,8,…，求该数列前 15 项的值。这个数列的特点如下：第 1 项和第 2 项均为 1，从第 3 项开始，每一项都是其前面两项之和，即

$$F(n) = \begin{cases} 1 &, n=1 \\ 1 &, n=2 \\ F(n-1)+F(n-2) &, n>2 \end{cases}$$

实验三　Go 程序设计

一、实验学时：4 学时

二、实验目的

- 学会使用 LiteIDE 开发环境；
- 学会建立、编辑、运行一个简单的 Go 应用程序的全过程；
- 掌握标识符的概念及使用；
- 掌握程序的基本控制结构应用，了解函数的功能。

三、相关知识

　　Go 语言的开发工具比较多，在 Windows 开发环境下可以使用 Visual Code，也可以使用 Goland，但如果仅仅编写 Go 程序，一般会选择小巧快捷的开发工具，常用的是 LiteIDE。LiteIDE 是一款专门针对 Go 语言开发的集成开发环境（IDE），在编辑、编译和运行 Go 程序和项目方面都有非常好的支持，同时还包括了对源代码的抽象语法树视图和一些内置工具。这里以 LiteIDE 为例来说明 Go 语言开发环境的搭建和程序开发过程。

　　LiteIDE 是一款专为 Go 语言开发而设计的开源、跨平台、轻量级集成开发环境，基于 Qt 开发（一个跨平台的 C++框架），支持 Windows、Linux 和 Mac OS X 平台。LiteIDE 的第一个版本发布于 2011 年 1 月初，是最早的面向 Go 语言的集成开发环境之一。对于追求完美的 Go 程序员，再也不必忍受 Goland 体积的庞大和价格的昂贵。

　　1. Go 语言开发包的下载

　　在官方主页上，可以看到 Go 语言是一个跨平台的开发工具，如图 6.30 所示。请根据使用的操作系统选择对应的安装包，在 Windows 操作系统下开发时，使用第一个矩形框中的安装文件即可。

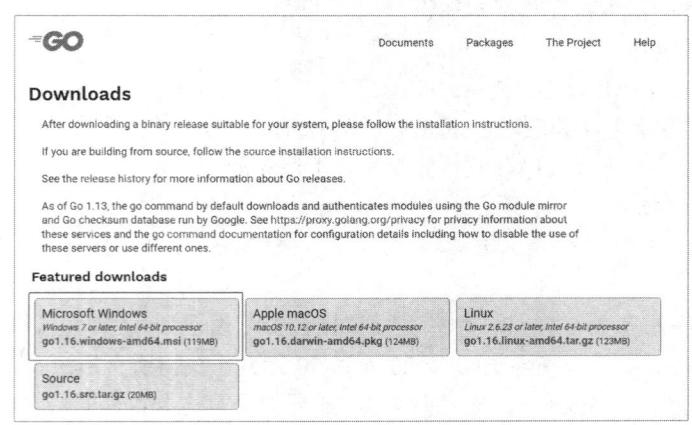

图 6.30　Go 语言开发包下载页面

这里下载的是 64 位开发包，如果读者的计算机是 32 位系统的话，则需要下载 32 位开发包，在如图 6.30 所示的页面中向下滚动即可找到 32 位开发包的下载地址，如图 6.31 所示。

图 6.31　Go 语言开发包版本选择

2. 安装 Go 语言开发包

双击下载的文件进行安装，单击"Next"按钮，进入如图 6.32 所示的安装路径的选择界面。在 Windows 系统下 Go 语言开发包会默认安装到 C:\Program Files\Go 目录下，推荐安装在 C:\Go\ 目录下，使用起来较为方便。当然，也可以选择其他的安装目录，确认无误后单击"Next"按钮，准备安装界面如图 6.33 所示。

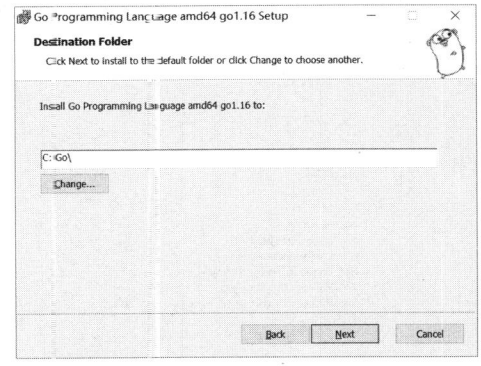
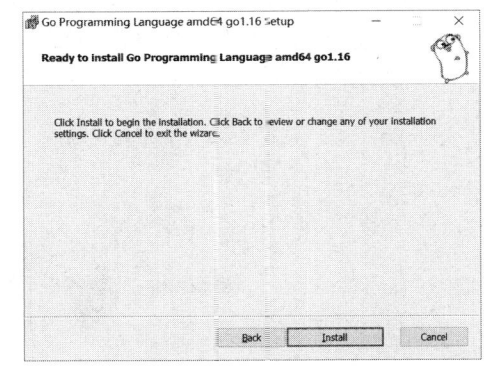

图 6.32　安装路径的选择界面　　　　　　图 6.33　准备安装界面

Go 语言开发包的安装没有其他需要设置的选项，单击"Install"按钮即可开始安装，等待程序完成安装，然后单击"Finish"按钮退出安装程序，如图 6.34 所示。

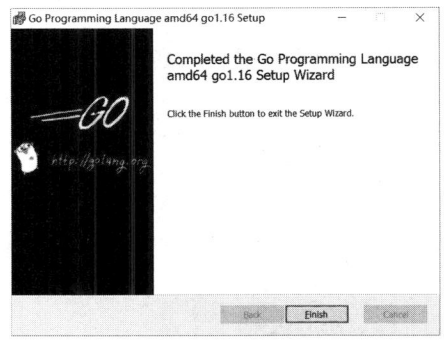

图 6.34　安装完成

3. 下载 LiteIDE

以版本 x37.3 为例下载 LiteIDE，其下载页面如图 6.35 所示。

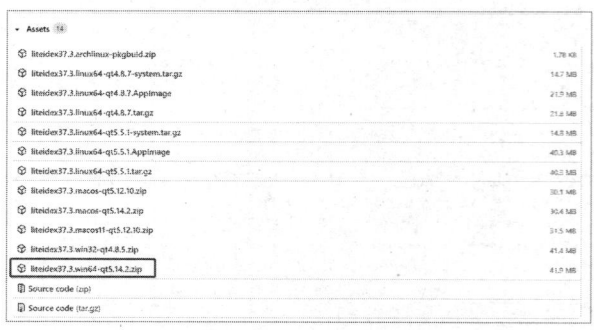

图 6.35 LiteIDE 的下载页面

因为 LiteIDE 是绿色版的，无须安装，所以下载完成后，得到的是一个 ZIP 格式的压缩文件。将压缩包解压到任意目录，如 D 盘，解压后会得到一个名为"liteide"的文件夹。

4. 运行 LiteIDE

打开"liteide"文件夹中的"bin"文件夹，可以在"bin"文件夹中找到名为"liteide.exe"的文件，双击运行"liteide.exe"就可以正常打开 LiteIDE 了，为了方便以后的使用，建议大家在桌面创建 LiteIDE 的快捷方式。

修改当前的运行环境，需要根据系统的不同设置对应的运行环境，如果使用的是 64 位的 Windows 系统，那么需要将运行环境设置为"win64"，如图 6.36 所示。

单击"新建"按钮，打开"新项目或文件"对话框，如图 6.37 所示。

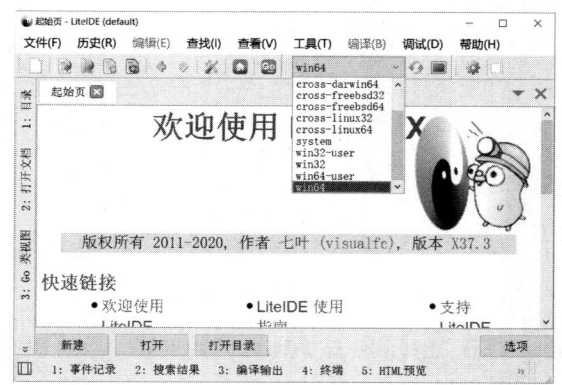

图 6.36 修改当前的运行环境

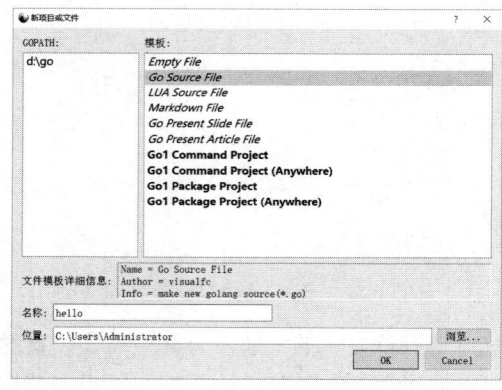

图 6.37 "新项目或文件"对话框

在对话框中选择"Go Source File"模板，并输入名称为"hello"，单击"OK"按钮完成新文件的创建。

打开程序代码编辑窗口，如图 6.38 所示。这时，开发工具已经为我们自动创建了"hello.go"文件，并在"hello.go"文件中添加了如下代码。

```
// hello
package main

import (
    "fmt"
```

)
func main() {
  fmt.Println("Hello World!")
}

在图 6.38 中，单击右上角的"BR"图标，系统会编译并运行生成的代码，成功运行的结果如图 6.38 的下半部分所示。若出现 go:cannot find main module;see' go help modules'报错，则程序无法运行，如图 6.39 所示。

图 6.38 程序代码编辑窗口

图 6.39 报错

报错的原因是没有定义 GO111MODULE 的值，单击 图标，打开"选项"对话框，如图 6.40 所示，在左侧列表框中选择"GolangPackage"选项，并勾选"自定义 GO111MODULE"复选框，单击"OK"按钮后，再次运行程序。

图 6.40 "选项"对话框

四、实验范例

1. 练习基本语句的使用

（1）练习 Println 函数和 Print 函数的使用，在程序代码编辑窗口中输入如下的程序代码，查看程序的运行结果。

func main() {
  fmt.Println("go", "lang")

```
    fmt.Println("go" + "lang") //字符串可以通过+连接

    fmt.Println("1+1 =", 1+1)
    fmt.Print("7.0/3.0 =", 7.0/3.0)

    fmt.Println(true && false)
    fmt.Println(true || false)
    fmt.Println(!true)
}
```

（2）练习变量的声明。在程序代码编辑窗口中输入如下的程序代码，查看程序的运行结果。

```
func main() {
    var a string = "initial" //定义变量并赋初值
    fmt.Println(a)

    var b, c int = 1, 2 //声明多个变量
    fmt.Println(b, c)

    var d = true //没有指定类型，将自动推断已经初始化的变量类型
    fmt.Println(d)

    var e int //变量将会初始化为零值
    fmt.Println(e)

    f := "short" //:= 语句是定义并初始化变量的简写，相当于 var f string = "short"
    fmt.Println(f)
}
```

（3）使用 Scanf 函数从键盘上输入整型数据。在程序代码编辑窗口中输入如下的程序代码，查看程序的运行结果。

```
func main() {
    var age int
    fmt.Println("请输入你的年龄")
    fmt.Scanf("%d", &age)
    fmt.Printf("age=%d\n", age)
}
```

（4）练习使用 Scanf 函数同时输入多个数据。在程序代码编辑窗口中输入如下的程序代码，查看程序的运行结果。

```
func main() {
    var a int
    var b, c float32
    fmt.Scanf("%d%f%f", &a, &b, &c)
    fmt.Printf("a=%d,b=%f,c=%f\n", a, b, c)
}
```

（5）练习数组的定义与使用。在程序代码编辑窗口中输入如下的程序代码，查看程序的运行结果。

```
func main() {
    var a [3]int              //定义三个整数的数组
    fmt.Println(a[0])         //打印第一个元素
    fmt.Println(a[len(a)-1])  //打印最后一个元素
```

```go
    var b [3]int = [3]int{1, 2, 3}        //声明并初始化
    fmt.Println(b)
    for i := 0; i < 3; i++ {
        fmt.Println(b[i])
    }
    //打印索引和元素
    for i, v := range b {
        fmt.Printf("%d %d\n", i, v)
    }
    //仅打印元素
    for _, v := range b {
        fmt.Printf("%d\n", v)
    }
    //声明并初始化可以简化为
    q := [...]int{1, 2, 3}
    fmt.Printf("%T\n", q) // "[3]int"
}
```

2. 基本流程控制

（1）新建一个文件，输入以下程序代码：

```go
func main() {
    var a int
    fmt.Scanf("%d", &a)
    if a >= 60 {
        fmt.Println("Pass!")
    } else {
        fmt.Println("Fail!")
    }
}
```

将程序多运行几遍，每次输入 0~100 中不同的数据，查看程序的运行结果。

（2）新建一个文件，输入以下程序代码：

```go
func main() {
    sum := 0
    for i := 1; i <= 100; i++ {
        sum += i
    }
    fmt.Println("sum=", sum)
}
```

运行程序，查看程序的运行结果，分析程序实现的功能。

（3）新建一个文件，输入以下程序代码：

```go
func main() {
    b := [...]float64{4, 2, 8, 3, 1, 10, 5, 6, 12, 7}
    //累加和
    sum := 0.0
    for _, v := range b {
        sum = sum + v
    }
    aver := sum / 10.0
```

```
fmt.Printf("sum=%f    aver=%f\n", sum, aver)
}
```

运行程序，查看程序运行结果，分析程序的作用。

3. 编程题

（1）利用公式 π/4=1-1/3+1/5-1/7+1/9-…，求 π 的近似值，直到最后一项的绝对值小于 10^{-4} 为止。

（2）编写程序，任意输入一个正整数，这个正整数表示总的秒数，把它转换为小时、分钟、秒的表示方法。例如，3700 秒表示为 1 小时 1 分 40 秒。

五、实验要求

（1）熟悉 Go 语言开发包及 LiteIDE 开发环境的安装和配置。
（2）理解 Go 语言的基本特征和基本知识。
（3）掌握赋值语句的使用。
（4）掌握基本输入/输出语句的使用。
（5）掌握数组的定义方法和应用。
（6）能够运用 Go 语言进行程序开发，分别实现下述功能。

① 根据输入的 n（$n>0$），计算 1-2+3-4+…±n 的值。

② 36 个人搬 36 块砖，1 个男人搬 4 块，1 个女人搬 2 块，2 个小孩合搬一块。求男人、女人、小孩各多少人。

③ 利用插入排序法完成 n（$n>0$）个整数（数据自拟）由小到大的输出。

④ 将 100 元钱换成零钱（仅限 10 元、20 元和 50 元），找出所有换法。

⑤ 已知某数列为 1,1,2,3,5,8,…，求该数列前 15 项的值。这个数列的特点如下：第 1 项和第 2 项均为 1，从第 3 项开始，每一项都是其前面两项之和，即

$$F(n)=\begin{cases} 1, & n=1 \\ 1, & n=2 \\ F(n-1)+F(n-2), & n>2 \end{cases}$$

第 7 章

数据库基础

本章通过三个实验介绍如何用 Access 开发一个数据库。实验一教会读者创建数据库、创建数据表、在表中插入记录、在表中删除记录,以及对表中记录进行排序。实验二教会读者在一个数据库中如何创建查询、查询所需要的数据和对数据库中的某些表按照要求排序。实验三教会读者在一个数据库中如何创建窗体和报表,并掌握窗体和报表的一些基本操作。

实验一 数据库和表的创建

一、实验学时:2 学时

二、实验目的

- 熟练掌握数据库的创建、打开,以及利用窗体查看数据库;
- 掌握创建数据库中的表的方法;
- 能够在表中插入记录、删除记录和进行简单的排序。

三、相关知识

Access 是 Microsoft Office 办公软件的组件之一,是当前 Windows 环境下非常流行的桌面型数据库管理系统。使用 Access 无须编写任何代码,只需通过直观的可视化操作即可完成大部分的数据库管理工作。创建数据库及其操作是 Access 中最基本、最普遍的操作之一,下面先介绍一下相关知识。

1. 设计一个数据库

在 Access 中,表对象是用于组织数据的基本模块,用户可以将一种类型的数据放在一个表中,可以定义各个表之间的关系,从而将各个表的相关数据有机地联系在一起,表是数据库中最主要的组成部分。要想设计一个合理的数据库,最主要的是设计合理的表及表之间的关系。

设计数据库,一般要经过如下步骤。

1)需求分析

需求分析就是对所要解决的实际应用问题做详细的调查,了解所要解决问题的信息需求、处理需求、安全性和完整性需求。信息需求是指需要的数据,处理需求是指对数据的操作,安全性和完整性需求是指在实际问题中对使用过程中数据的安全性和完整性要求。

2)建立数据库

创建一个空白 Access 数据库，对数据库命名时，要使名称尽量体现数据库的内容，要做到"见名知意"，例如，当要做一个学生信息数据库时，数据库名可以使用 student_Manage。

3）建立数据库中的表

数据库中的表是数据库的基础数据来源，也是进行一切操作的基础。确定需要建立的表是设计数据库的关键，表设计的好坏直接影响数据库其他对象的设计及使用。

设计数据表时，要考虑以下内容。

- 每个表应该只包含一个实体，也就是一个对象的信息。
- 表中不应该包含重复信息，并且信息不应该在数据表之间过多复制。
- 确定表中需要的字段及数据类型。
- 字段要具有唯一性和基础性，不要包含推导或计算数据。
- 所有字段集合要包含描述实体的全部信息。
- 以最小的逻辑部分保存信息，也就是减少冗余。
- 明确有唯一值的字段，这种字段或字段集称为主关键字。

4）确定表间的关联关系

在多个主题的表间建立关联关系，使数据库中的数据得到充分利用，同时，复杂的问题可先化解为简单的问题后再组合，这会使解决问题的过程变得容易，表之间的关联关系一般是一对一、一对多和多对多关系中的一个。

5）设计求精

初步确定表和表之间的关系后，再结合实际问题，进行总体分析和检查，目的是使设计的数据库更加完善。这里主要检查：是否有遗忘的字段、是否有大量的空白字段、表中是否带有大量不属于某实体的字段、表中是否有重复的字段、每个表中的关键字是否选择合理、是否存在字段很多而记录很少的表。

6）创建其他数据库对象

在设计的表和表之间的关系的基础上，根据需要设计查询、报表、窗体、宏、数据访问页和模块等数据库对象。

2. 数据库中的对象

Access 2019 中有 7 个基本对象：表、查询、窗体、报表、页、宏及模块。使用比较多的就是表、查询、窗体和报表。表是 Access 中管理数据的基本对象，是数据库中所有数据的载体，一个数据库通常包含若干个数据表对象。它是整个数据库系统的数据源，也是数据库其他对象的基础。Access 中的查询可以实现信息的检索、插入、删除和修改，可以以不同的方式查看、更改和分析数据。窗体为数据的输入、修改和查看提供了一种灵活简便的方法，可以使用窗体来控制对数据的访问。报表是以打印的格式表现用户数据的一种方式，可以对查询结果和表中数据进行分组、排序、计算、生成图表和输出信息。

3. 创建数据库

Access 创建的数据库一般分为空白数据库和使用模板创建的数据库，空白数据库中没有表，没有字段等信息，需要根据自己的需要进行创建。Access 2019 提供了功能强大的模板，用户可以使用系统自带的数据库模板，也可以使用 Microsoft Office Online 下载最新或修改后的模板。使用模板可以快速创建数据库，每个模板都是一个完整的跟踪应用程序，具有预定义的表、窗体、报表、查询、宏和关系，如果模板设计满足用户需要，则可以直接开始工作；否则可以使用模板作为起点来创建符合个人特定需要的数据库。

（1）利用"开始"菜单创建空白数据库的步骤如下。

① 选择"开始"→"Microsoft Office 2019"→"Access 2019"命令。
② 在"Access 2019"窗口中,选择"空白桌面数据库"模板,弹出"空白桌面数据库"对话框。
③ 在弹出的对话框中设置好要创建的数据库的存储路径和文件名后,单击"创建"按钮,打开"数据库"窗口。
(2) 使用模板创建数据库的操作步骤如下。
① 在 Access 主菜单中选择"文件"→"新建"命令,打开"新建"窗口。
② 在界面的中间部分,"可用模板"和"office.com"中有许多模板可以选择。
③ 选择合适的数据库模板。
④ 在弹出的对话框中设置好要创建的数据库的存储路径和文件名后,单击"创建"按钮,打开"数据库"窗口。

4. 使用数据库

1) 数据库的打开

Access 2019 提供了 3 种方法来打开数据库。
(1) 在数据库存放的路径下找到需要打开的数据库文件,直接双击即可打开。
(2) 在 Access 2019 中选择"文件"→"打开"命令;先选定保存数据库文件的文件夹,再输入要打开的数据库文件名,选定文件类型,单击"打开"按钮,数据库文件将被打开。
(3) 在最近使用过的文档中快速打开。

2) 数据库的关闭

数据库的关闭有以下几种操作方法。
(1) 选择"文件"→"关闭"命令。
(2) 单击"数据库"窗口中的"关闭"按钮。
(3) 按"Alt+F4"组合键关闭数据库。

四、实验范例

1. 实验内容
(1) 创建"学籍管理"数据库,如表 7.1 所示。

表 7.1 "学籍管理"数据库

学 号	姓 名	性别	出生日期	班 级	政治面貌	本学期平均成绩
2015101	赵一民	男	98-9-1	计算机 15-4	团员	89
2015102	王林芳	女	98-1-12	计算机 15-4	团员	67
2015103	夏林	男	98-7-4	计算机 15-4	团员	78
2015104	刘俊	男	97-12-1	计算机 15-4	团员	88
2015105	郭新国	男	98-5-2	计算机 15-4	团员	76
2015106	张玉洁	女	97-11-3	计算机 15-4	团员	63
2015107	魏春花	女	98-9-15	计算机 15-4	团员	74
2015108	包定国	男	98-7-4	计算机 15-4	团员	50
2015109	花朵	女	98-10-2	计算机 15-4	团员	90

（2）删除第 5 个记录，再将其追加进去。

2．操作步骤

（1）创建"学籍管理"数据库。创建空白数据库的方法如下。

① 启动 Access 2019，进入如图 7.1 所示的界面。

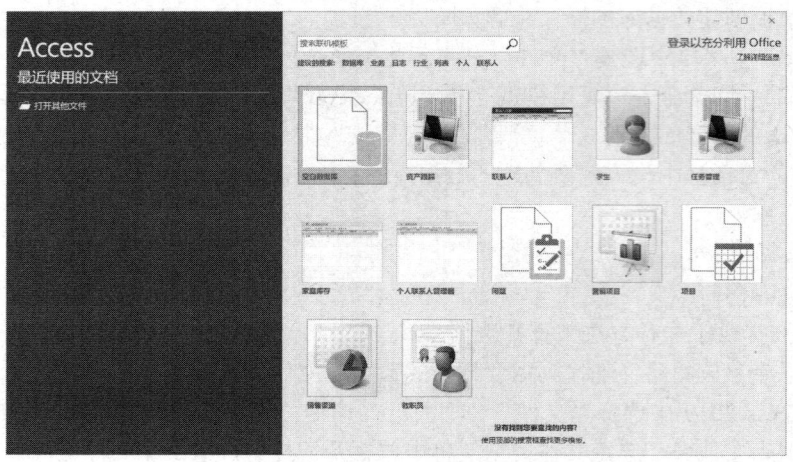

图 7.1　Access 2019 的开始使用界面

单击"空白数据库"按钮，弹出如图 7.2 所示的"空白数据库"对话框。

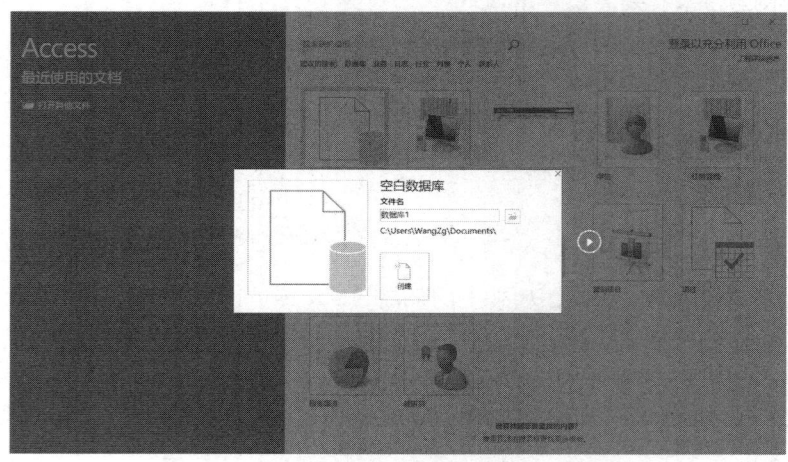

图 7.2　"空白数据库"对话框

在弹出的"空白数据库"对话框中输入文件名、选择文件存放位置，这里应注意文件名要和所建立的数据库内容相关，文件保存位置可以通过浏览选择。单击"创建"按钮，完成空白数据库的创建。

② 在图 7.3 中，左边显示表 1，右边有"ID"和"单击以添加"。在创建表时选择"表设计"，或在现有表上右击，弹出快捷菜单，然后选择"设计视图"命令，系统首先提示用户对表 1 进行重命名，这里命名为"学籍管理"，然后打开设计视图进行数据表结构设计。设置学籍档案的字段及数据类型，定义以下字段：学号，数字型，字段大小为长整型；姓名，短文本型，字段大小为 10；性别，短文本型，字段大小为 4；出生日期，日期/时间型；班级，短文本型，字段大小为 10；政治面貌，短文本型，字段大小为 8；本学期平均成绩，数字型，字段大小为小数，小数位数为 1。创建

好的数据表结构如图 7.4 所示。

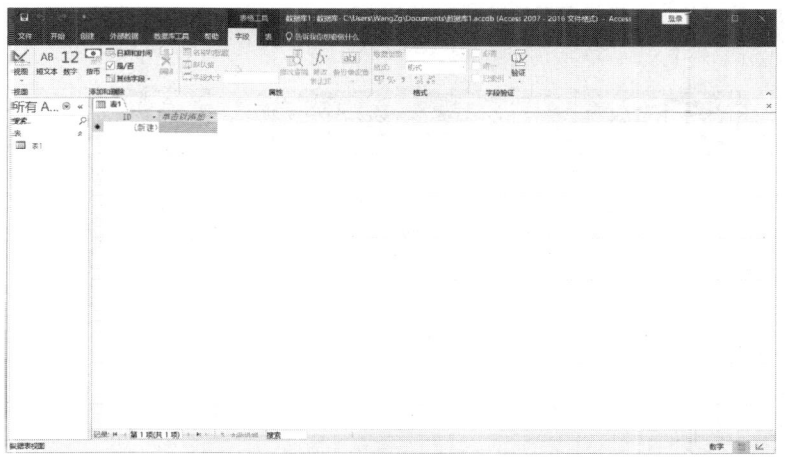

图 7.3 新建数据库窗口

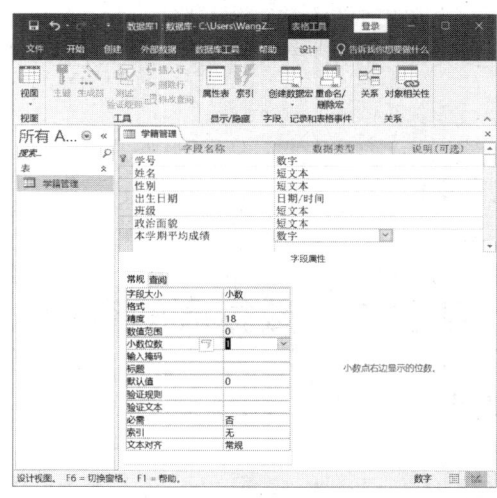

图 7.4 创建好的数据表结构

③ 添加记录。在数据库窗口中双击"学籍管理"数据表，开始录入学生记录，如图 7.5 所示。完成后选择"文件"→"保存"命令，保存此数据表，然后关闭数据表和数据库。

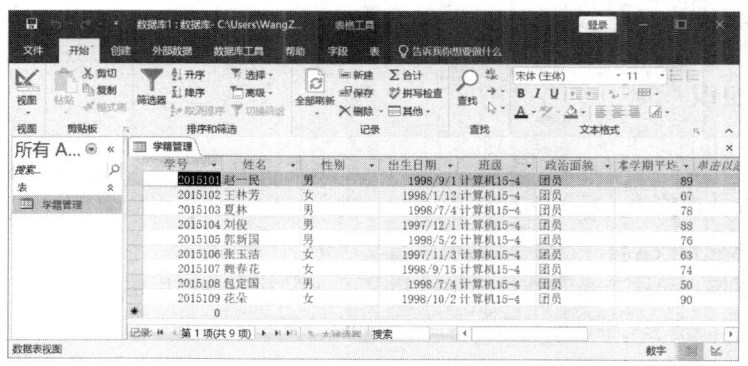

图 7.5 在表中添加记录

(2）删除第 5 个记录，再将其追加进去。

① 重新打开学籍管理表，选择要删除的记录，并右击，在弹出的快捷菜单中选择"删除记录"命令，如图 7.6 所示。

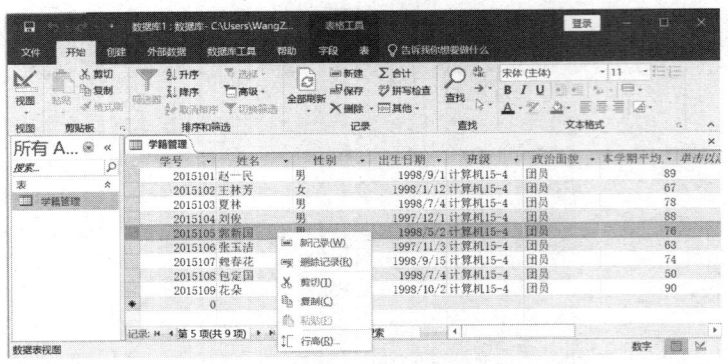

图 7.6　删除表中的一条记录

② 在表的末尾用刚才添加记录的方法添加刚才删除的记录。如果要使其显示在原来的位置，可在学号所在列右击，弹出快捷菜单，选择"升序排列"命令，这时会按照学号从小到大升序排列。

五、实验要求

（1）创建一个学生个人信息表。
（2）创建一个公司通信录。

实验二　数据表的查询

一、实验学时：2 学时

二、实验目的

- 掌握创建查询的方法；
- 使用向导创建查询；
- 使用设计器创建查询；
- 掌握数据库记录的排序方法。

三、相关知识

查询也是一个"表"，是以用户创建的表为基础数据源的"虚表"。它可以作为表加工处理后的结果，也可以作为数据库其他对象的数据来源。查询是用来从表中检索所需要的数据，以对表中的数据加工的一种重要数据库对象。查询结果是动态的，以一个表、多个表，或查询为基础，以查询的结果作为数据集，而这一查询结果的数据集又可作为其他数据库对象的数据来源。查询不仅可以重组表中的数据，还可以通过原始表中某些字段的计算再生新的数据。

1. 查询的种类

Access 中的查询包括选择查询、计算查询、参数查询、交叉表查询、操作查询和 SQL 查询等。

选择查询通过特定的查询条件,从一个或多个表中获取数据并显示结果;计算查询通过查询操作完成基表内部或各基表之间数据的计算;参数查询是在运行实际查询之前弹出对话框,用户可随意输入查询准则的查询方式;在一个操作中更改许多记录的查询称为操作查询,操作查询可分为删除、追加、更改与生成表4种类型;SQL查询是通过SQL语句创建的选择查询、参数查询、数据定义查询及动作查询。

2. 创建查询的方法

1)使用向导创建查询

使用向导创建查询的操作步骤如下。

(1)打开要创建查询的数据库文件。

(2)单击"创建"选项卡"其他"组中的"查询向导"按钮,弹出如图7.7所示的对话框。

(3)在"新建查询"对话框中选择一种类型,一般选择"简单查询向导"选项,单击"确定"按钮。从图7.7中可以看到,"新建查询"包含4个查询向导:简单查询向导、交叉表查询向导、查找重复项查询向导和查找不匹配项查询向导。

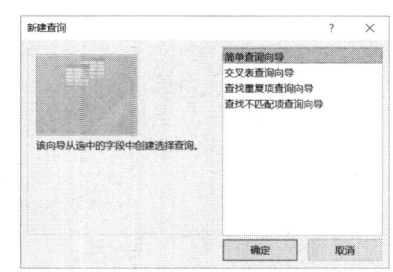

图7.7 "新建查询"对话框

简单查询向导:可用来查看特定信息的选择查询,还可用于向其他数据库对象提供数据。

交叉表查询向导:通过该向导创建的查询,将以类似电子表格的紧凑形式显示需要查看的数据。

查找重复项查询向导:通过该向导可在单一的表或查询表中查找具有重复字段值的记录。

查找不匹配项查询向导:该向导用于在一个表中查找另一个表中没有相关内容的记录。

简单查询向导比较简单,这里假设选择"简单查询向导"选项,单击"确定"按钮会弹出如图7.8所示的对话框。

(4)在"简单查询向导"对话框中,单击 >> 按钮将"可用字段"列表框中显示的表中的所有字段添加到"选定字段"列表框中,也可以选中某个可用字段,单击 > 按钮将其添加到"选定字段"列表框中。

(5)设置完成后,单击"下一步"按钮,弹出如图7.9所示的对话框。

(6)若单击"明细(显示每个记录的每个字段)"单选按钮,则单击"下一步"按钮;若单击"汇总"单选按钮,则单击"汇总选项"按钮,选择需要计算的汇总值,单击"确定"按钮,再单击"下一步"按钮。在"请为查询指定标题"文本框中输入标题,单击"完成"按钮即可完成创建。

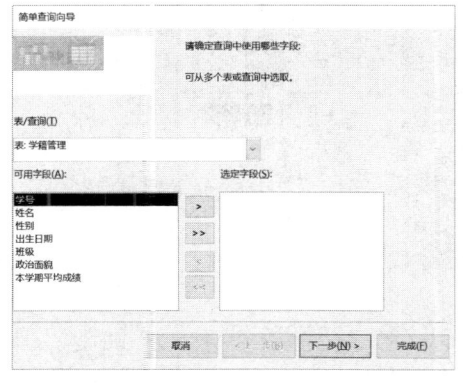

图7.8 "简单查询向导"对话框1

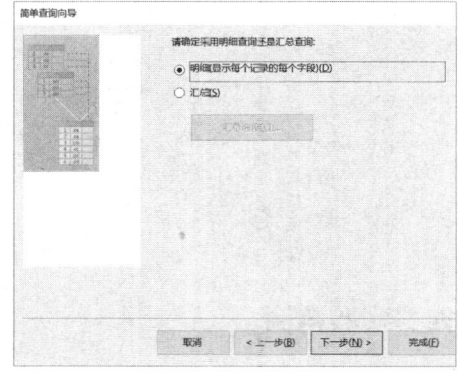

图7.9 "简单查询向导"对话框2

2)使用设计器创建查询

使用设计器创建查询的操作步骤如下。

（1）打开要创建查询的数据库文件，单击"创建"选项卡"查询"组中的"查询设计"按钮，弹出"显示表"对话框，如图 7.10 所示。

图 7.10 "显示表"对话框

（2）在对话框中选择要创建查询的表，分别单击"添加"按钮，添加到"查询 1"窗口的文档编辑区中，单击"关闭"按钮。

（3）在表中分别选中需要的字段，依次拖动到设计器的"字段"行中，添加完字段后，在"表"行中自动显示该字段所在的表名称，如图 7.11 所示。

（4）右击"查询 1"，在弹出的快捷菜单中选择"保存"命令，弹出"另存为"对话框，在对话框的"查询名称"文本框中输入名称，如"学籍档案_查询"，单击"确定"按钮。

（5）在查询设计视图中，单击某个字段右侧的下拉按钮，在下拉列表中选择"升序"或"降序"选项，对其进行排序。

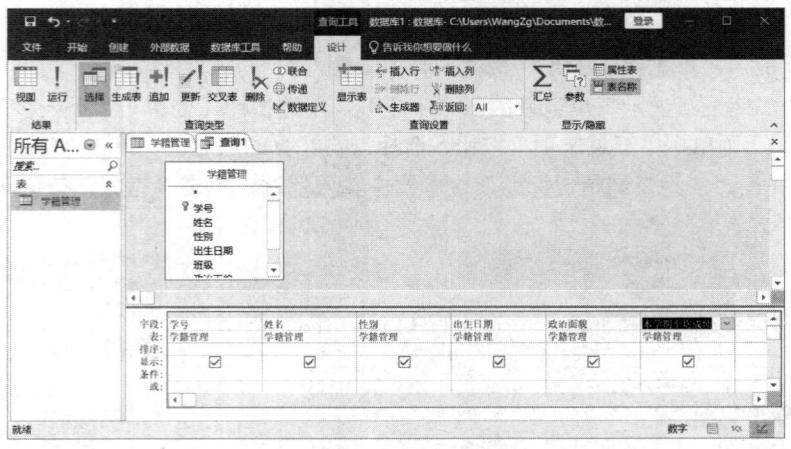

图 7.11 选择需要的字段

四、实验范例

（1）创建"学籍管理"数据库，其表结构及创建过程在前面已经给出详细描述，最终创建的数据表如表 7.1 所示。

（2）创建"学籍管理"的查询，如图 7.12 所示。

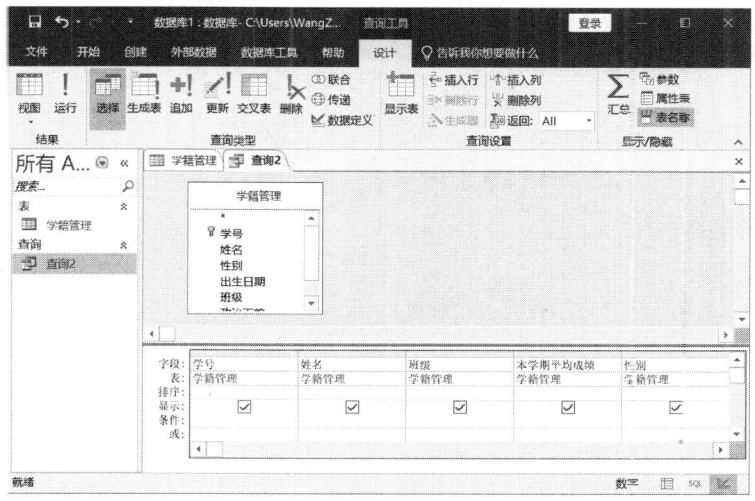

图 7.12　设计查询

打开查询页,设置查询条件 1 为"成绩≥70",查询条件 2 为"性别=女",如图 7.13 和图 7.14 所示。在查询页上可以看到查询结果,如图 7.15 所示。

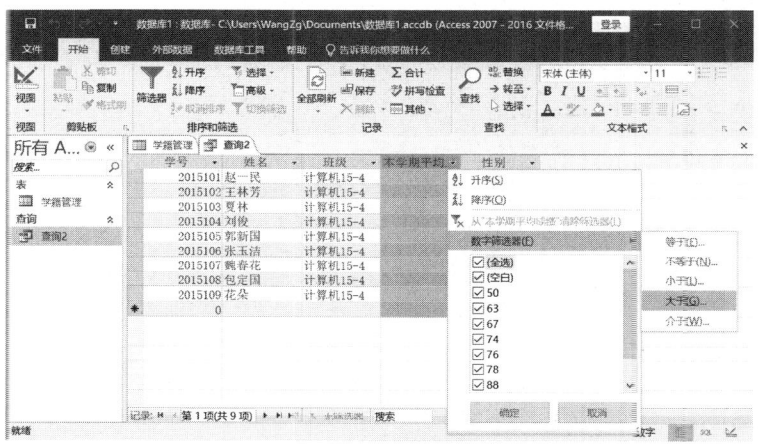

图 7.13　查询条件 1

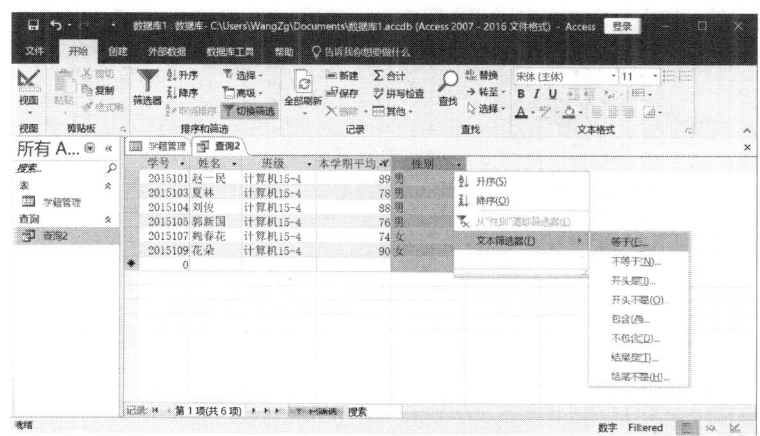

图 7.14　查询条件 2

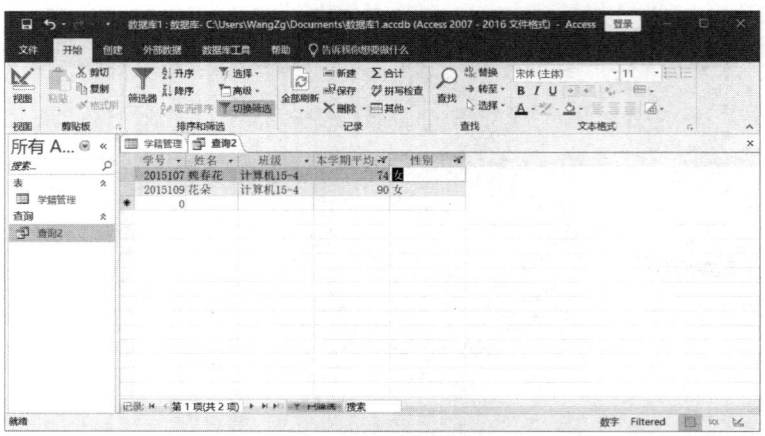

图 7.15　查询结果

（3）单击字段右侧的下拉按钮，在下拉列表中选择"升序"或"降序"选项，即可对该字段进行排序。取消查询条件 1 和查询条件 2，对该成绩表中的本学期平均成绩进行升序排列。单击字段右侧的下拉按钮，在下拉列表中选择"升序"选项，如图 7.16 所示，对其进行排序，结果如图 7.17 所示。

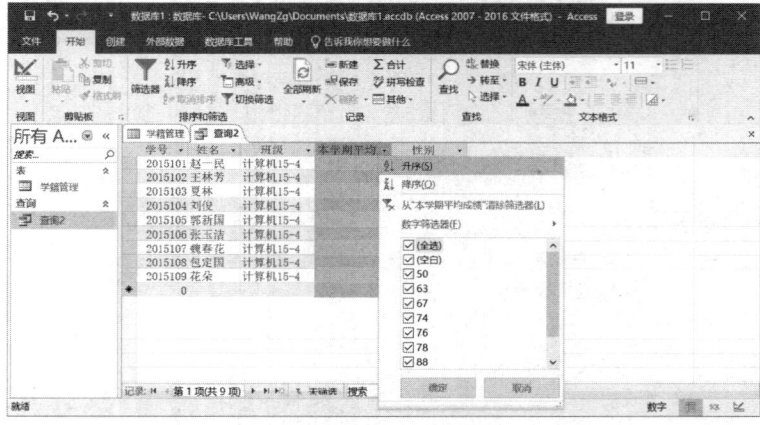

图 7.16　排序选择

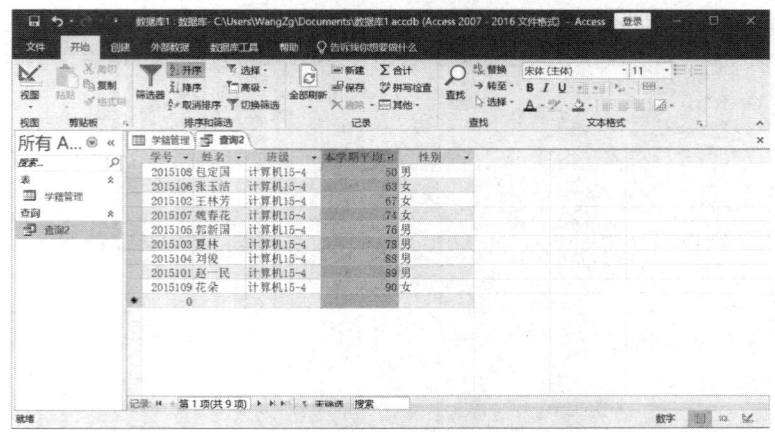

图 7.17　排序结果

五、实验要求

（1）建立对一个学生个人信息表的相关查询。
（2）建立对一个公司通信录的相关查询。

实验三　窗体与报表的操作

一、实验学时：2 学时

二、实验目的

- 掌握创建窗体和报表的方法；
- 熟练掌握对窗体和报表的操作。

三、相关知识

1. 窗体

窗体是一个数据库对象。窗体为数据的输入、修改和查看提供了一种灵活简便的方法，可以使用窗体来控制对数据的访问，如显示哪些字段或数据行。Access 窗体不使用任何代码就可以绑定到数据，而且该数据可以来自表、查询或 SQL 语句，在一个数据库系统开发完成以后，对数据库的所有操作都是在窗体这个界面中完成的。在 Access 中，可以通过系统提供的，以及自己设计的各式各样美观大方的工作窗口，在友好的工作环境下，对数据库中的数据进行处理。窗体是数据库应用系统中最重要的一种数据库对象，是用户对数据库中数据进行操作的理想的工作界面。也可以说，因为有了窗体这一数据库对象，其界面形式美观、内容丰富，特别是对备注型字段数据的输入、OLE 字段数据的浏览更方便、快捷，窗体背景与前景内容的设置会给用户提供一个非常有亲和力的数据库操作环境，使得数据库应用系统的操纵和控制尽在"窗体"中。

创建窗体的方法有以下几种。

1）快速创建窗体

打开要创建窗体的数据库文件，单击"创建"选项卡"窗体"组中的"窗体"按钮即可快速创建窗体。

2）通过窗体向导创建窗体

在窗体向导的提示下，根据用户选择的数据源表或查询、字段、窗体的布局、样式自动创建窗体。通过窗体向导可以创建出更为专业的窗体，创建方法如下。

（1）打开要创建窗体的数据库文件，单击"创建"选项卡"窗体"组中的"窗体向导"按钮。
（2）在弹出的"窗体向导"对话框中，在"可用字段"列表框中选择需要的字段，单击右箭头按钮；如果选择全部可用字段，则可单击双右箭头按钮，将选中的可用字段添加到"选定字段"列表框中，单击"下一步"按钮，弹出如图 7.18 所示的对话框。
（3）在对话框中选择合适的布局，如"纵栏表"布局，单击"下一步"按钮，弹出如图 7.19 所示的对话框。在弹出的对话框中输入标题，单击"完成"按钮。

3）创建分割窗体

分割窗体就是可以同时显示数据的两种视图，即窗体视图和数据表视图。创建分割窗体的方法如下。

（1）打开要创建窗体的数据库文件，单击"创建"选项卡"窗体"组中的"其他窗体"右侧的下拉按钮，选择"分割窗体"选项。

（2）系统自动创建包含源数据所有字段的窗体，并以窗体视图和数据表视图显示窗体，如图7.20所示。

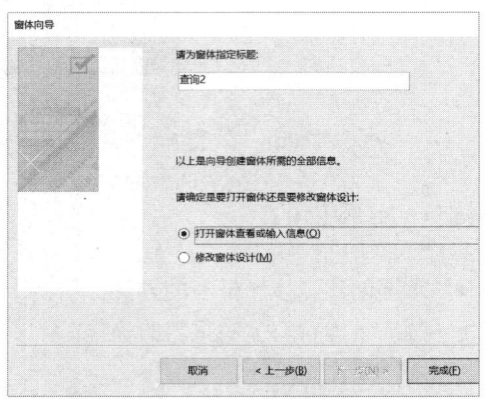

图 7.18　确定窗体使用的布局　　　　　　　　图 7.19　确定标题

图 7.20　创建的分割窗体

4）创建多记录窗体

普通窗体一次只显示一条记录，但是如果需要一个可以显示多条记录的窗体，可以使用多项目工具创建多记录窗体，方法如下。

（1）打开要创建窗体的数据库文件，单击"创建"选项卡"窗体"组中的"其他窗体"右侧的下拉按钮，选择"多个项目"选项。

（2）系统将自动创建同时显示多条记录的窗体，如图7.21所示。

第 7 章 数据库基础

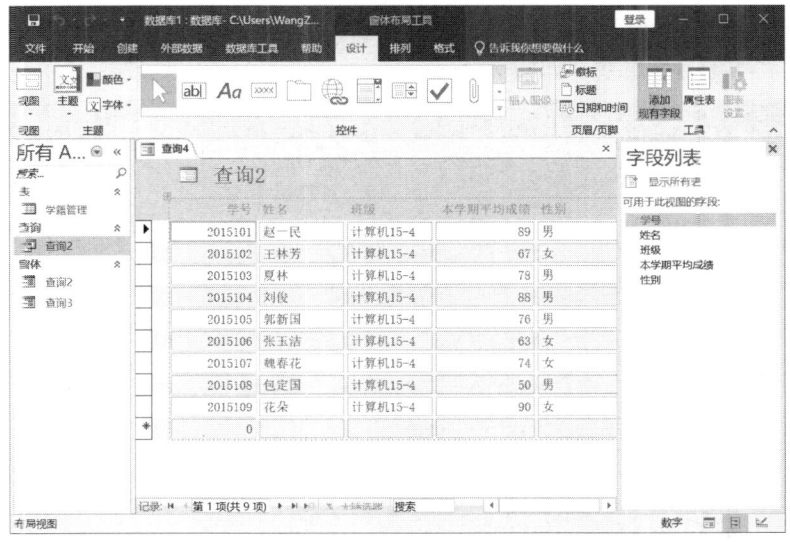

图 7.21　创建的多记录窗体

5）创建空白窗体

创建空白窗体的方法如下。

（1）打开要创建窗体的数据库文件，单击"创建"选项卡"窗体"组中的"空白窗体"按钮，可创建如图 7.22 所示的空白窗体。

（2）在窗口右侧显示的"字段列表"窗格中的"其他表中的可用字段"中选择需要的字段。按住鼠标左键不放，将选择的字段拖动到空白窗体中，然后释放鼠标左键。添加完字段的空白窗体如图 7.23 所示。

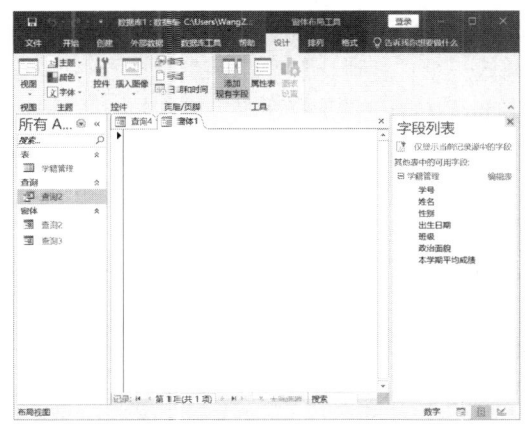

图 7.22　创建的空白窗体

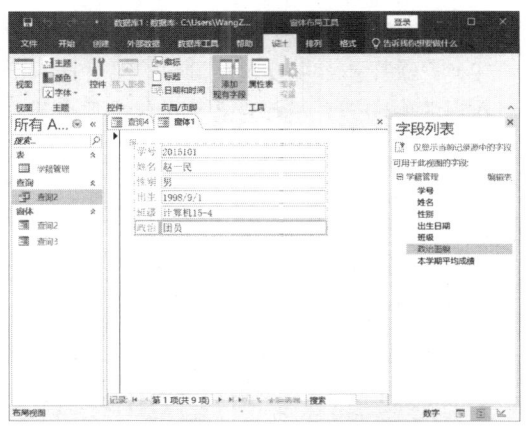

图 7.23　添加完字段的空白窗体

6）在设计视图中创建窗体

在设计视图中可以对窗体内容的布局等进行调整，还可以添加窗体的页眉和页脚等部分，创建方法如下。

（1）打开要创建窗体的数据库文件，单击"创建"选项卡"窗体"组中的"窗体设计"按钮，弹出如图 7.24 所示的带有网络线的空白窗体。

（2）在窗体的右侧出现了"字段列表"窗格，在"其他表中的可用字段"中选择需要的字段，将字段拖动到窗体中的合适位置，如图 7.25 所示。

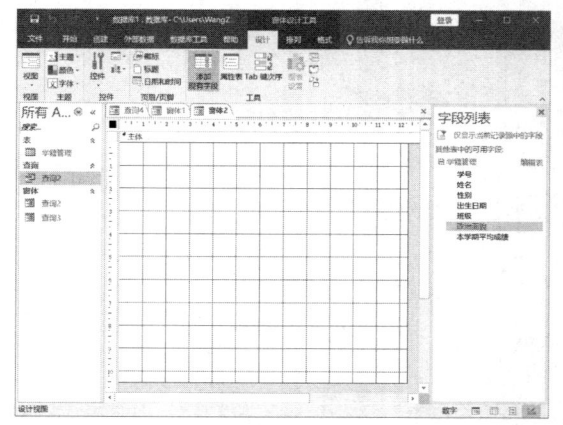

图 7.24　在"设计视图"中创建的窗体

图 7.25　把需要的字段拖动到窗体中

（3）当把需要的字段都拖动到窗体中后，单击界面右下方视图选项组中的"窗体视图"按钮，即可查看窗体中的内容。

7）对窗体的操作

用户可以对窗体进行操作，主要是指对控件的操作和对记录的操作。窗体中的文本框、图像及标签等对象被称为控件，用于显示数据和执行操作，可以通过控件来查看信息和调整窗体中信息的布局。利用窗体还可以查看数据源中的任何记录，也可以对数据源中的记录进行插入、修改等操作。

（1）控件操作：主要包括调整控件的高度、宽度，添加控件和删除控件等操作。这些操作可以通过单击界面右下方视图选项组中的"布局视图"按钮在布局视图中进行，也可以单击"设计视图"按钮在设计视图中进行。

（2）记录操作：主要包括浏览记录、插入记录、修改记录、复制及删除记录等，通过这些操作可以对数据源中的信息进行查看和编辑，这些操作通过窗体下方的记录选择器来完成，如图 7.26 所示。

图 7.26　记录选择器

浏览记录：单击记录选择器中的◀或▶按钮，可以查看所有记录；单击◀或▶按钮，可以查看第一条记录或最后一条记录。

插入记录：单击记录选择器中的▶按钮，会在表的末尾插入一个空白的新记录。

修改记录：选择文本框控件中的数据，输入新的内容。

复制记录：单击窗体左侧的▶按钮，选择需要复制的记录并右击，在弹出的快捷菜单中选择"复制"命令，切换到目标记录，在窗体左侧右击，在弹出的快捷菜单中选择"粘贴"命令，这样，源记录中每个控件的值都被复制到目标记录的对应控件中。

删除记录：单击窗体左侧的▶按钮，选择要删除的整条记录，按 Delete 键或者单击"开始"选项卡"记录"组中的"删除"按钮即可删除记录。

2．报表

报表是数据库中数据输出的另一种形式。它不仅可以将数据库中的数据分析、处理的结果通过打印机输出，还可以对要输出的数据进行分类小计、分组汇总等操作。在数据库管理系统中，使用报表会使数据处理的结果多样化。报表也是 Access 2019 中的重要组成部分，是以打印格式显示数据的可视性表格类型，可以通过它控制每个对象的显示方式和大小。

创建报表的方法如下。

1）快速创建报表

选择要用于创建报表的数据库文件，单击"创建"选项卡"报表"组中的"报表"按钮，系统会自动创建报表。

2）创建空报表

创建空报表的方法很简单，具体操作如下。

（1）打开要创建报表的数据库文件，单击"创建"选项卡"报表"组中的"空报表"按钮。

（2）系统会创建如图 7.27 所示的没有任何内容的空报表，可以按照在空白窗体中添加字段的方法为其添加字段。

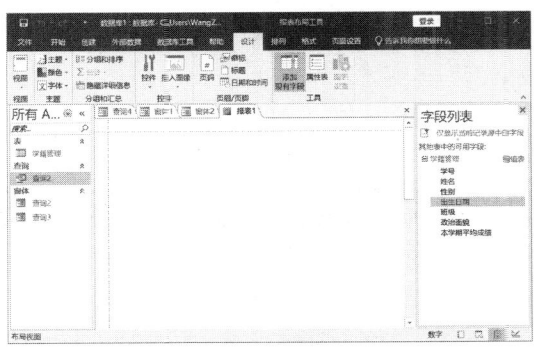

图 7.27　空报表

3）通过向导创建报表

通过向导创建报表的方法如下。

（1）打开要创建报表的数据库文件，单击"创建"选项卡"报表"组中的"报表向导"按钮。

（2）在弹出的"报表向导"对话框中，在"可用字段"列表框中选择需要的字段并添加到"选定字段"列表框中，单击"下一步"按钮，弹出如图 7.28 所示的对话框。

（3）在左侧列表框中选择字段，单击 > 按钮将其添加到右侧列表框中，这样，选择的字段就会出现在右侧列表框的最上面，单击"下一步"按钮，弹出如图 7.29 所示的对话框。

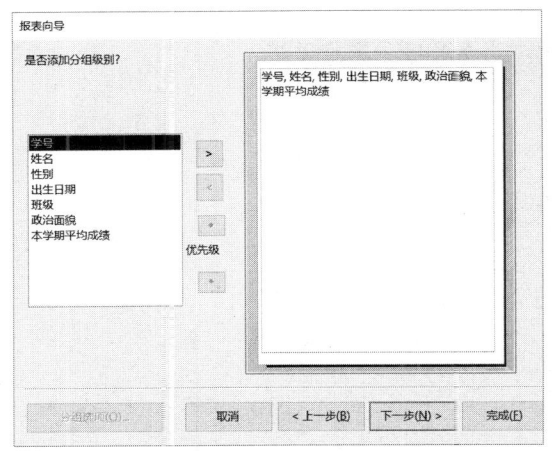

图 7.28　"报表向导"对话框

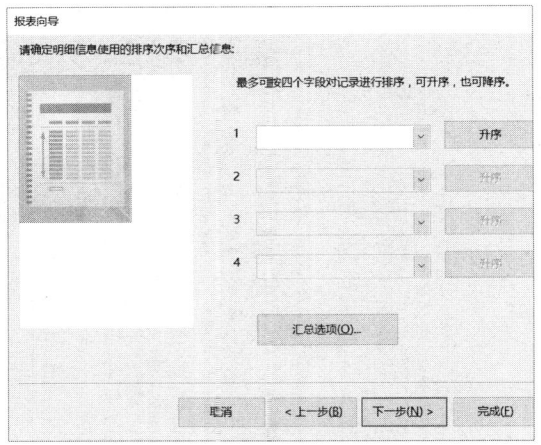

图 7.29　选择排序字段

（4）选择合适的布局方式和方向，单击"下一步"按钮。

(5)选择合适的样式,单击"下一步"按钮,输入文本,单击"完成"按钮,完成报表的创建。

4)在设计视图中创建报表

在设计视图中创建报表的方法如下。

(1)打开要创建报表的数据库文件,单击"创建"选项卡"报表"组中的"报表设计"按钮,系统会创建带有网络线的窗体。

(2)在窗体右侧弹出"字段列表"窗格,从"字段列表"窗格中把需要的字段拖动到带有网络线的报表中。

(3)添加完成后,单击视图选项组中的"报表视图"按钮,切换到报表视图中即可查看报表。

四、实验范例

(1)创建"学籍管理"数据库,其结构如表 7.1 所示。

(2)对"学籍管理"数据库创建窗体。

任选前面所述方法中的一种来创建窗体,这里选择创建窗体中的多个项目窗体,然后选择窗口右上方的自动套用格式中的任意一种,如图 7.30 所示。

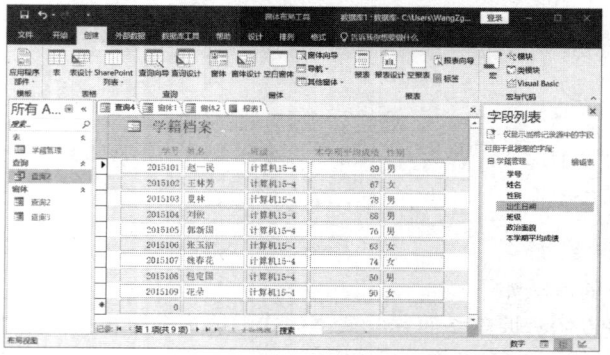

图 7.30 窗体自动套用格式

(3)在如图 7.28 所示的"报表向导"对话框中将要显示的"学号""姓名""性别""本学期平均成绩"选中后单击两次"下一步"按钮,选择按"本学期平均成绩"降序排列,单击"完成"按钮后即可显示报表结果,如图 7.31 所示。将该报表保存起来,也可打印输出。

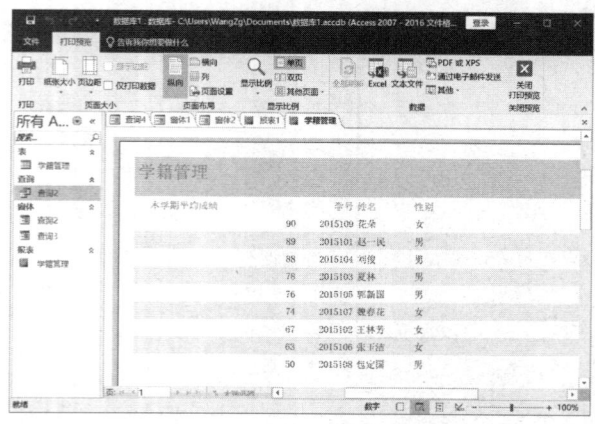

图 7.31 报表结果排序

五、实验要求

(1) 建立对一个学生个人信息表的窗体和报表。
(2) 建立对一个公司通信录的窗体和报表。

第 8 章

计算机网络与 Internet 应用基础

本章主要讲述与网络相关的基本的操作：Internet 的接入、主流浏览器的使用、电子邮件的收发与设置。通过本章的学习，读者能够接入和配置网络、熟练使用电子邮箱进行邮件的收发与设置。

实验一　Internet 的接入

一、实验学时：2 学时

二、实验目的

- 了解三种 Internet 的接入方式；
- 掌握通过宽带连接接入 Internet 的三种方法；
- 掌握格式化工作表的方法。

三、实验范例

1. 宽带连接

单击任务栏中的"网络连接"图标，查看"宽带连接"图标是否存在。如果存在，则单击"连接"按钮，直接进入宽带连接页面；否则，需要先安装宽带拨号连接。

安装宽带拨号连接：选择"开始"→"控制面板"命令，打开"控制面板"窗口，选择"网络和 Internet"选项，再选择"网络和共享中心"选项，进入网络和共享中心页面。在"更改网络设置"中选择"设置新的连接或网络"，在"设置连接或网络"中选择"连接到 Internet"，单击"下一步"按钮，选择"宽带（PPPoE）"选项，进入拨号连接设置页面，如图 8.1 所示。

在建立连接之前，必须已经从本地的 Internet 服务供应商（ISP）得到了一个上网的账户信息，这些信息包括用户名和密码。

（1）在"用户名"文本框中输入 ISP 提供的用户名。

（2）在"密码"文本框中输入 ISP 提供的初始密码或用户自己修改过的密码。

（3）在"连接名称"文本框中可以输入自定义的网络连接名称。

（4）上述信息填写完毕后，一个新的拨号连接就建立好了。此时，单击"连接"按钮，进入如

图 8.2 所示的页面，进行宽带连接验证。验证成功以后，会进入如图 8.3 所示的连接设置成功页面。

（5）当再次需要使用拨号连接时，只需在任务栏中单击"网络连接"图标，选择"宽带连接"选项，进入如图 3.4 所示的页面。

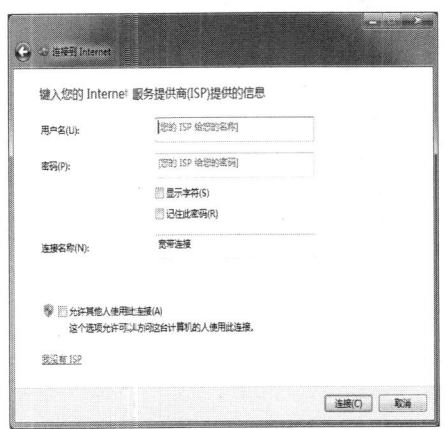

图 8.1 拨号连接设置页面

图 8.2 宽带连接验证页面

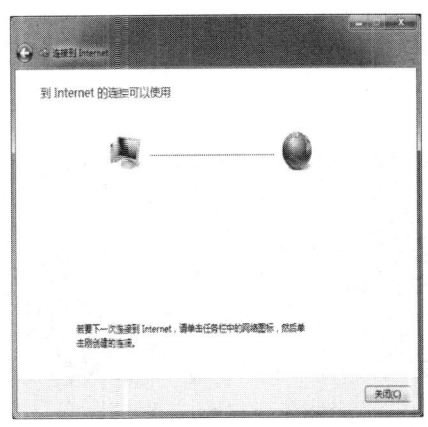

图 8.3 连接设置成功页面

图 8.4 宽带连接页面

（6）在宽带连接页面中输入用户名和密码，单击"连接"按钮，即可接入网络。如果需要下次快速登录，省去输入用户名和密码的步骤，则可以勾选"为下面用户保存用户名和密码"复选框，下次登录时即可省略输入密码的步骤。

2. 无线接入

无线接入适用于不便布线或移动的场合，可以随时获取信息，是目前最常用的 Internet 接入方式之一，其连接步骤如下。

（1）在 Windows 10 系统中，找到计算机屏幕右下角的网络图标，如图 8.5 所示，此时网络处于未连接状态，单击该图标。

图 8.5 网络图标

（2）打开网络和 Internet 设置右下角的 WLAN 按钮，搜索周围可用的 Wi-Fi，如图 8.6 所示。

图 8.6　手动打开 Wi-Fi

（3）单击右下角的"Internet 访问"网络小图标后，选择要连接的 Wi-Fi 名称，如图 8.7 所示，输入对应的网络安全密钥后单击"下一步"按钮，进行验证并连接，如图 8.8 所示。

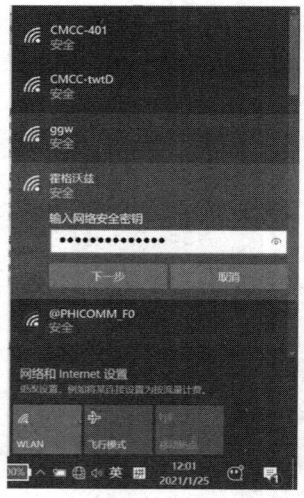
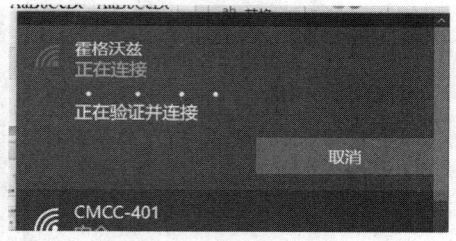

图 8.7　输入网络安全密钥　　　　　　　图 8.8　进行验证并连接

（4）验证输入密钥正确后即连接成功，Internet 接入成功，如图 8.9 所示。

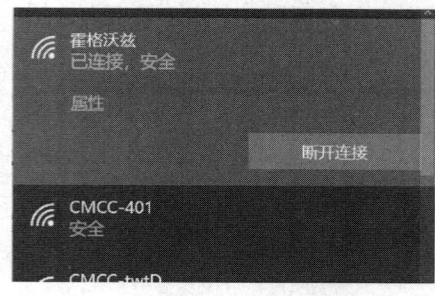

图 8.9　已接入 Internet

3．以太网接入

以太网接入的方式一般在政府机构、企业、公司或者学校用到，一般有自动获取 IP 和设置静态 IP 两种方式。自动获取 IP 的方法为插上网线自动连接。设置静态 IP 需要在网络中心找到对应的以太网网络适配器来设置 IP、网关、DNS 等，设置完毕单击"确定"按钮，详细操作步骤如下。

（1）首先打开计算机，在桌面"开始"菜单中选择"设置"命令，如图 8.10 所示。
（2）进入设置界面后，单击"网络和 Internet"按钮，如图 8.11 所示。

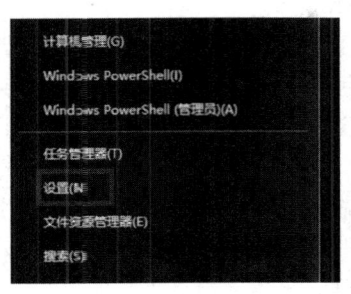

图 8.10　桌面"开始"菜单　　　　　　　　图 8.11　网络设置

（3）进入网络设置界面后，选择"以太网"，可以查看到目前有线网络的连接状态，如图 8.12 所示。
（4）更改适配器选项从而更改有线网络的连接状态，如图 8.13 所示。

图 8.12　查看目前有线网络状态　　　　　　图 8.13　更改有线网络的连接状态

实验二　主流浏览器的概述与使用

一、实验学时：2 学时

二、实验目的

- 了解主流浏览器的种类，选择适合自己的浏览器；
- 学会使用 IE 浏览器和 Google Chrome 浏览器；
- 学会保存网页上的信息；
- 学会设置 IE 浏览器和 Google Chrome 浏览器的主页。

三、相关知识

1. 主流浏览器的概述

主流浏览器是指具有一定市场份额且有独立研发内核的浏览器。当前世界上的主流浏览器主要有五个：IE/Edge 浏览器、Google Chrome 浏览器、Safari 浏览器、Opera 浏览器、Firefox 浏览器。

- IE/Edge 浏览器：微软公司的 IE 浏览器更新至 IE 10 浏览器后，伴随着 Windows 10 系统的上市，迁移到了全新的浏览器 Edge。除了 JS 引擎沿用之前 IE 9 浏览器就开始使用的查克拉（Chakra），渲染引擎使用了新的内核 EdgeHTML。
- Safari 浏览器：Safari 浏览器自 2003 年面世，就一直是苹果公司产品自带的浏览器，它使用的是苹果研发和开源的 Webkit 引擎。Webkit 引擎包含 WebCore 排版引擎及 JavaScriptCore 解析引擎，均是从 KDE 的 KHTML 及 KJS 引擎衍生而来的。Webkit 2 引擎发布于 2010 年，实现了元件的抽象画，提高了元件的重复利用效率，提供了更加干净的网页渲染和更高效的渲染效率。另外，Webkit 也是苹果 Mac OS X 系统引擎框架版本的名称，主要用于 Safari、Dashboard、Mail。
- Google Chrome 浏览器：提到 Google Chrome 浏览器，一般人会认为它使用的是 Webkit 内核，这种说法不完全准确。Google Chrome 浏览器发布于 2008 年，使用的渲染内核是 Chromium。2013 年，由于 Webkit 2 和 Chromium 在沙箱设计上的冲突，Google 公司联手 Opera Software 公司自研和发布了 Blink 引擎，逐步脱离了 Webkit 的影响。所以，可以这么认为，Chromium 扩展自 Webkit，止于 Webkit 2，其后 Google Chrome 浏览器切换到了 Blink 引擎。另外，Google Chrome 浏览器的 JS 引擎使用的 V8 引擎，应该算是最著名和优秀的开源 JS 引擎之一，Node.js 就是选用 V8 作为底层架构的。
- Firefox 浏览器：Firefox 浏览器的内核 Gecko 也是开源引擎，任何程序员都能为其提供扩展和建议。Firefox 浏览器的 JS 引擎历经 SpiderMonkey、TraceMonkey 到现在的 JaegerMonkey。其中，JaegerMonkey 部分技术借鉴了 V8、JSCore 和 Webkit，算是集思广益。
- Opera 浏览器：Opera 浏览器在 2013 年 V12.16 之前使用的是 Opera Software 公司开发的 Presto 引擎，之后连同 Google 公司研发和选择 Blink 作为 Opera 浏览器的排版内核。

2. IE 浏览器的使用

1）启动 IE 浏览器

双击桌面上的 IE 浏览器图标，或者选择"开始"→"Internet Explorer"命令，打开 IE 浏览器窗口。

2）浏览网页信息

在浏览器的地址栏中输入网络地址，访问指定的网站，这时可输入"https://www.doge****.com/"，按 Enter 键，访问 DogeDoge 检索页面，如图 8.14 所示。

图 8.14 DogeDoge 检索页面

第 8 章 计算机网络与 Internet 应用基础

3）收藏网页信息

单击如图 8.15 所示的页面左上角的"收藏夹"按钮，选择收藏当前网页信息，单击"添加"按钮，完成页面的收藏。

图 8.15 收藏 DogeDoge 检索页面

4）设置浏览器主页

在浏览器窗口中选择"…"→"设置"选项，在"设置"窗格中的"Microsoft Edge 打开方式"下的特定页单击添加新页，在显示出的"输入 URL"的输入框中输入"https://www.doge****.com/"，如图 8.16 所示。添加新页后，单击"×"按钮删除原来的特定页，再次打开浏览器时，默认便是 DogeDoge 检索页面。

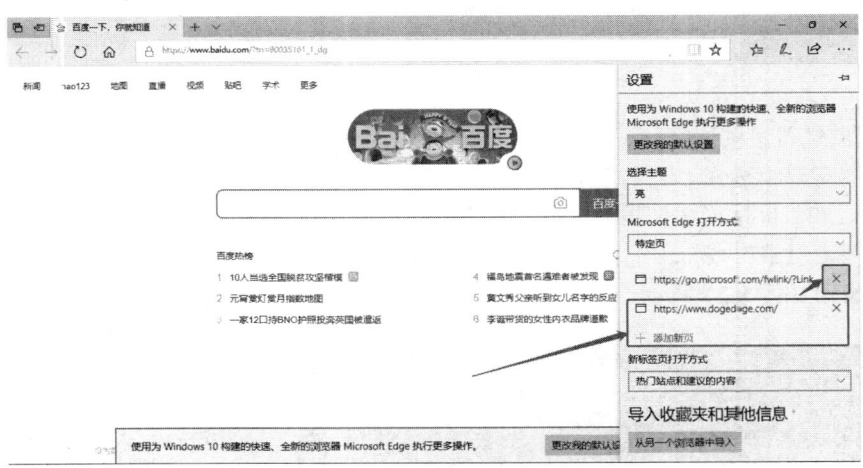

图 8.16 设置 DogeDoge 检索页面为主页

3. Google Chrome 浏览器的使用

1）启动 Google Chrome 浏览器

双击桌面上的 Google Chrome 浏览器图标，或者选择"开始"→"Google Chrome"命令，打开 Google Chrome 浏览器窗口。

2）浏览网页信息

在浏览器的地址栏中输入网页地址，访问指定的网站，这时可输入"https://www.bai**.com/"，按 Enter 键，访问百度页面，如图 8.17 所示。

图 8.17　百度网站

3）收藏网页信息

图 8.17 所示的页面网址栏右侧位置有个星星图标，这是收藏网页的快捷方式，单击即可收藏当前页面。如图 8.18 所示，单击星星图标收藏页面后，星星图标会变为实体，表示已经添加收藏，在打开的属性栏中，可以修改网页的注释名称，方便以后查找。

图 8.18　收藏百度网页

4）设置浏览器主页

在浏览器窗口中选择"工具"→"设置"命令，进入 Google Chrome 浏览器的设置页面，如图 8.19 所示，在"地址栏中使用的搜索引擎"下拉列表中选择并设置默认的浏览器主页。也可以单击"管理搜索引擎"按钮，进行搜索引擎的管理，如图 8.20 所示，并可单击"添加"按钮添加新的搜索引擎，如图 8.21 所示。

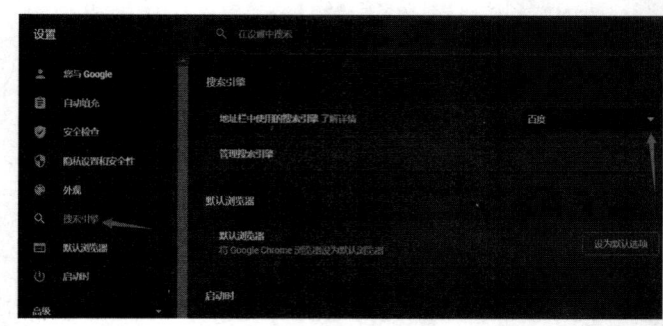

图 8.19　修改 IE 浏览器主页

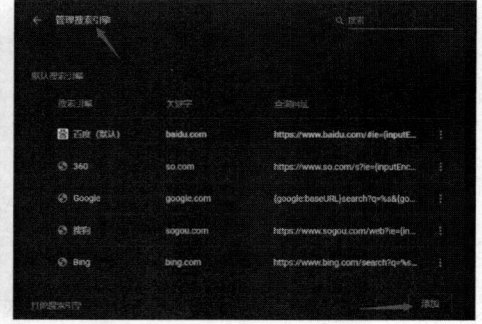

图 8.20　管理搜索引擎

第 8 章 计算机网络与 Internet 应用基础

图 8.21　修改搜索引擎

5）常用搜索技巧

Google 搜索对人们的一些特征 Query 做了针对性的优化，即借助运算符或字词（后文统称为搜索指令），以便使搜索结果更加精确。

在使用过程中应注意以下三点。

（1）Google 搜索通常会忽略不属于搜索运算符的标点符号。

（2）请勿在符号/字词搜索指令和搜索字词之间加上空格。例如，site:chongbuluo.com 可以正常发挥作用，但 site: chongbuluo.com 则不行。

（3）所有冒号都是半角，即英文的冒号。

部分常用的 Google 搜索指令清单，如表 8.1 所示。

表 8.1　Google 搜索指令清单

搜 索 指 令	功　　　能	示　　　例
-	从搜索结果中排除特定字词	苹果-苹果手机
""	搜索完全匹配的结果	"渤海湾的环境污染"
site:	搜索特定网站中的特定内容	site:cnki.net 海洋污染
filetype:	查找特定文件格式的结果	filetype:pdf 疫情防控
intitle:	查找在网页标题里有搜索关键词的页面	intitle:郑州轻工业大学
intext:	在搜索网页的正文中包含该关键词（单个关键词的情况）	敦煌莫高窟 intext:国家宝藏
alltext:	在搜索网页的正文中包含输入的关键词（多个关键词的情况）	alltext:清华大学 北京大学 上海交通大学
inurl:	查找在 URL 地址里有关搜索关键词的页面	inurl:cnki.net
@	搜索社交媒体	@twitter
$	搜索特定价格	笔记本电脑 $4000
OR 或\	组合搜索	相机 OR 笔记本 相机\笔记本

四、实验范例

（1）排除关键词搜索，其方法是在输入搜索的信息后加上减号和不想要的关键词。例如，搜索苹果但并非苹果手机，可输入多个关键词将关于苹果手机方面的信息排除，实现效果如图 8.22 所示。

（2）精确搜索，其方法是给关键词加引号，功能是只搜索引号里固定的字，实现效果如图 8.23 所示。

159

图 8.22　排除关键字搜索

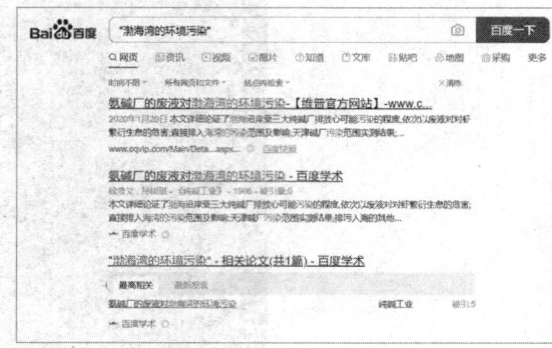
图 8.23　精确搜索

（3）在指定网站内搜索，其方法是 site:域名加上搜索的关键词，可实现在指定网站搜索关键词的功能，如果想搜索知网中关于海洋污染的内容，则只需要在搜索栏中输入 site:cnki.net 海洋污染，实现效果如图 8.24 所示。该方法可将我们使用的搜索引擎作为外置搜索器，以提高检索的准确性，减少遗漏。

（4）指定文件格式搜索，其方法是 filetype:文件格式加关键词，可实现搜索结果全部为该格式的文件的功能，如果想搜索关于疫情防控内容的所有 pdf 文件格式的信息，则只需要在搜索栏中输入 filetype:pdf 疫情防控，实现效果如图 8.25 所示。

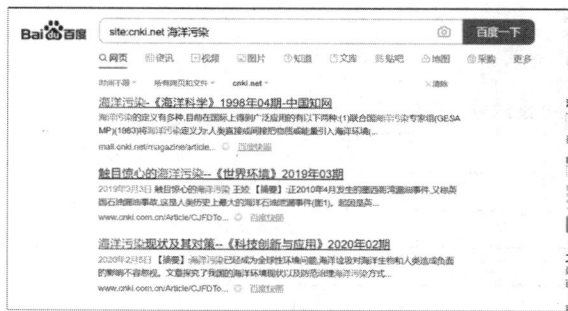
图 8.24　在指定网站内搜索

图 8.25　指定文件格式搜索

（5）指定标题搜索，方法是 intitle:关键词，输入的关键词必须出现在搜索结果的标题之中，实现效果如图 8.26 所示。

图 8.26　指定标题搜索

（6）指定范围搜索，当有一个关键词时使用 intext，即要求在搜索网页的正文中包含该关键词，实现效果如图 8.27 所示；当有多个关键词时使用 allintext，即要求所有输入的关键词（关键词中间需有空格隔开）都包含在搜索结果的正文里，实现效果如图 8.28 所示。

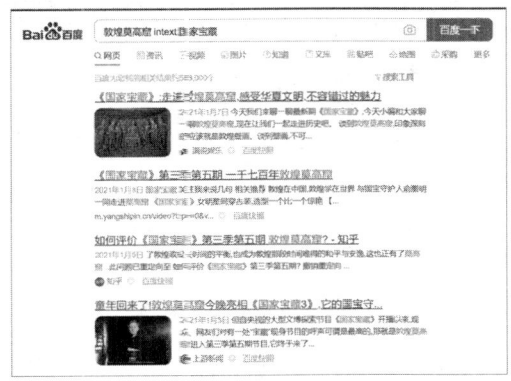 

　　图 8.27　使用 intext 搜索　　　　　　　　图 8.28　使用 allintext 搜索

（7）使用 inurl 搜索，要求在网页 URL 中包含关键字，如果在搜索栏口输入 inurl:cnki.net，则所有搜索结果的 URL 中都必须包括 cnki.net 这个字符串，实现效果如图 8.29 所示。

（8）搜索指定的社交媒体，如在搜索栏中输入"@twitter"，实现效果如图 8.30 所示。

　　图 3.29　使用 inurl 搜索　　　　　　　　图 8.30　搜索指定的社交媒体

（9）使用$搜索特定商品的特定价格，实现效果如图 8.31 所示。

图 8.31　搜索特定商品的特定价格

（10）使用 OR 或\进行组合搜索，实现效果如图 8.32 所示。

（11）将以上技巧叠加使用。例如，在网页上搜索知乎中有关群体免疫的信息，并排除美国和英国的关键词，实现效果如图 8.33 所示。

图 8.32　组合搜索

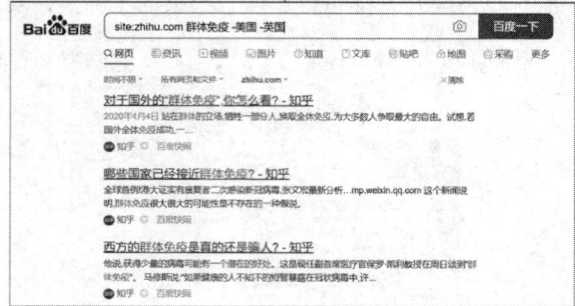

图 8.33　技巧叠加使用举例

实验三　电子邮件的收发与设置

一、实验学时：1 学时

二、实验目的

- 学会申请一个免费的电子邮箱；
- 学会进行简单的邮件管理；
- 能够在线收发电子邮件。

三、实验范例

1. 申请一个免费邮箱

申请一个免费的网易 163 邮箱，步骤如下。

（1）在浏览器地址栏中输入"http://mail.163.com/"，然后按 Enter 键，进入邮箱登录页面，如图 8.34 所示。

图 8.34　邮箱登录页面

（2）单击图 8.34 中的"注册网易邮箱"超链接，进入如图 8.35 所示的邮箱注册页面。在这个页面中有 3 种注册方式可以选择,用户可以根据自己的喜好进行注册。

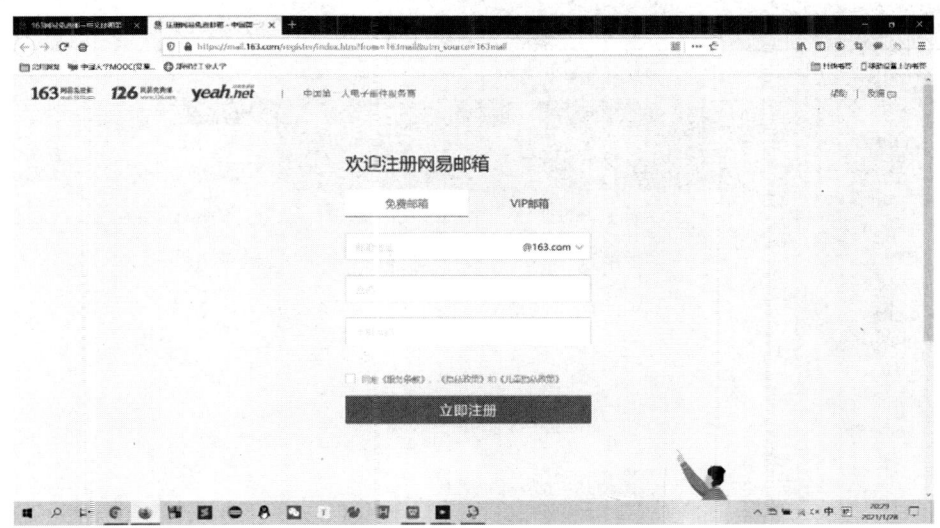

图 8.35　邮箱注册页面

(3) 单击"免费邮箱"按钮,填写相应的用户资料,如图 8.35 所示。

(4) 勾选"同意《服务条款》、《隐私政策》和《儿童隐私政策》"复选框,单击"立即注册"按钮,163 邮箱即可注册成功,然后会进入 163 网易免费邮页面,如图 8.36 所示。

图 8.36　163 网易免费邮页面

2. 邮件的收发

(1) 单击"收件箱"按钮,进入收件箱界面,查看所有收到的电子邮件列表,如图 8.37 所示。

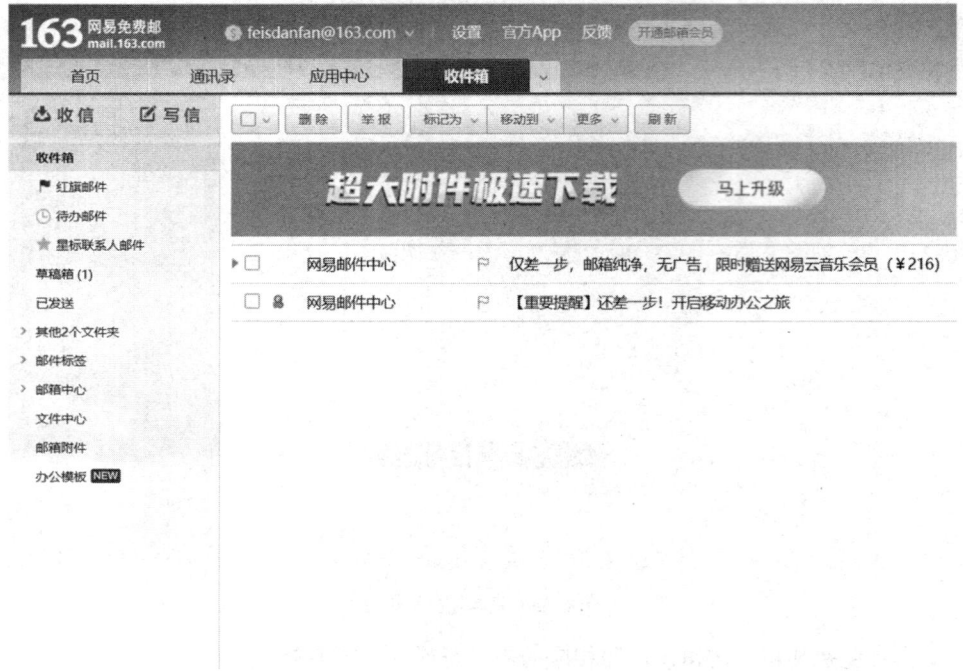

图 8.37　收件箱界面

（2）单击收件箱中的某一封邮件，即可查看此邮件的内容，如单击发件人为"网易邮件中心"的邮件，即可查看此邮件的具体内容，如图 8.38 所示。

图 8.38　查看一封邮件的具体内容

（3）单击"写信"按钮，进入发送邮件界面，如图 8.39 所示。在"收件人"后输入收件人的邮箱地址，在"主题"后输入邮件的主题，在邮件主体部分输入邮件的内容，单击"发送"按钮，邮件即可发送到收件人的邮箱中。

第 8 章 计算机网络与 Internet 应用基础

图 8.39 发送邮件界面

（4）添加邮件附件。在图 8.39 中，单击"添加附件"按钮，弹出"文件上传"对话框，如图 8.40 所示，选择要作为邮件附件上传的文件，单击"打开"按钮，如图 8.41 所示，如果有多个附件，则可以再次单击"添加附件"按钮，选择下一个邮件附件。

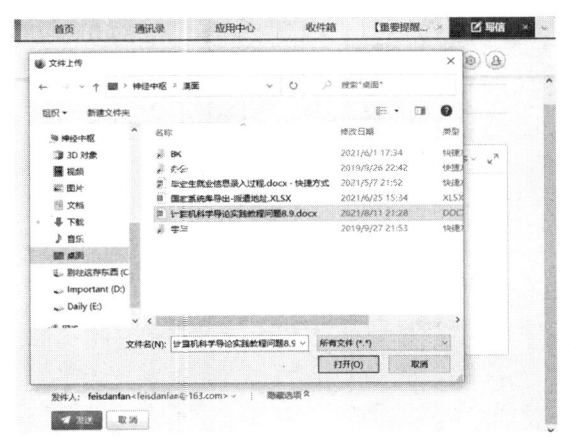

图 8.40 粘贴附件

图 8.41 附件粘贴成功后的发送邮件界面

（5）创建联系人。单击邮箱上部的"通讯录"按钮，进入通讯录的管理界面，如图 8.42 所示，单击"新建联系人"按钮，进入新建联系人界面，输入需要填写的联系人信息，如图 8.43 所示，填写完成后单击"确定"按钮，即可成功创建联系人。

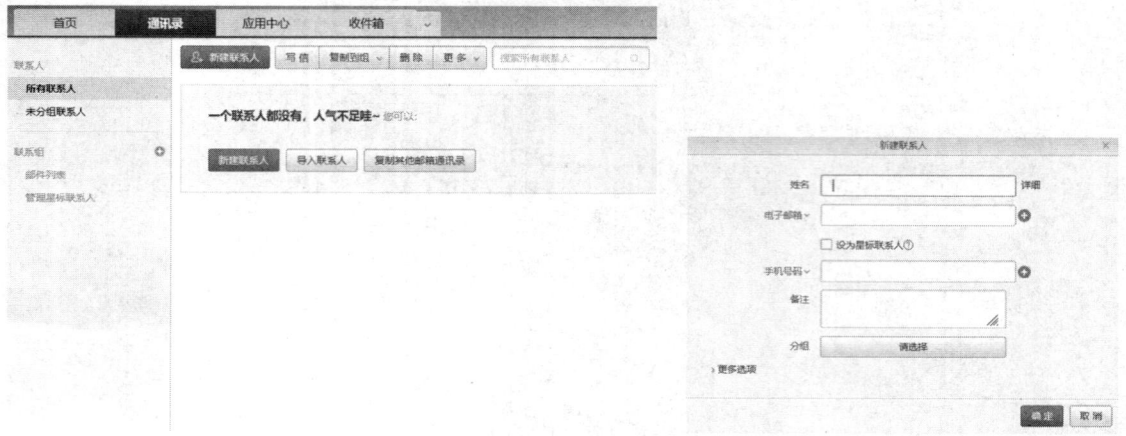

图 8.42　通讯录的管理界面　　　　　图 8.43　填写新建联系人的信息

3．侧栏各项功能

（1）添加红旗邮件附件。如图 8.44 所示，可将重点邮件进行标记，标记后的邮件称为红旗邮件，便于用户在侧栏"红旗邮件"位置直接查看邮件。

图 8.44　红旗邮件

（2）代办邮件。如图 8.45 所示，可将未完成邮件进行标记，标记后的邮件称为代办邮件，便于用户在侧栏"代办邮件"位置直接查看邮件。

图 8.45　代办邮件

（3）星标联系人邮件。如图 8.46 所示，重要文件往来联系人可标为星标联系人，而后与其往来的邮件自动归入"星标联系人邮件"，方便用户及时查阅与回复。

图 8.46　星标联系人邮件

（4）草稿箱。如图 8.47 所示，未完成邮件会在确认选项后，加入草稿箱备用，需要时在草稿箱查找，直接继续编辑即可。

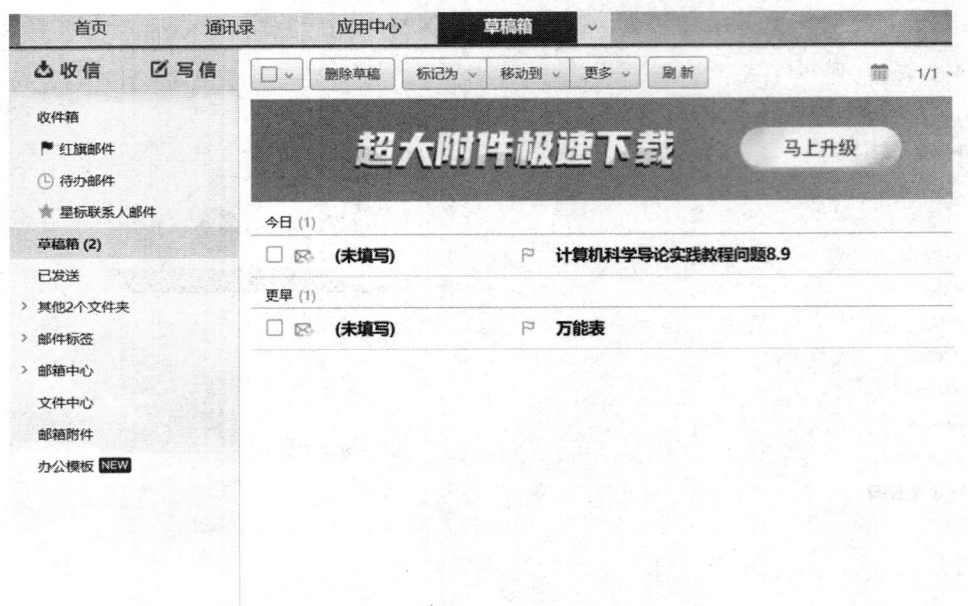

图 8.47　草稿箱

（5）已发送。如图 8.48 所示，已发送邮件会自动保存到"已发送"邮件备份，需要修改或遗失需要重新发送均可在"已发送"查到所需邮件。

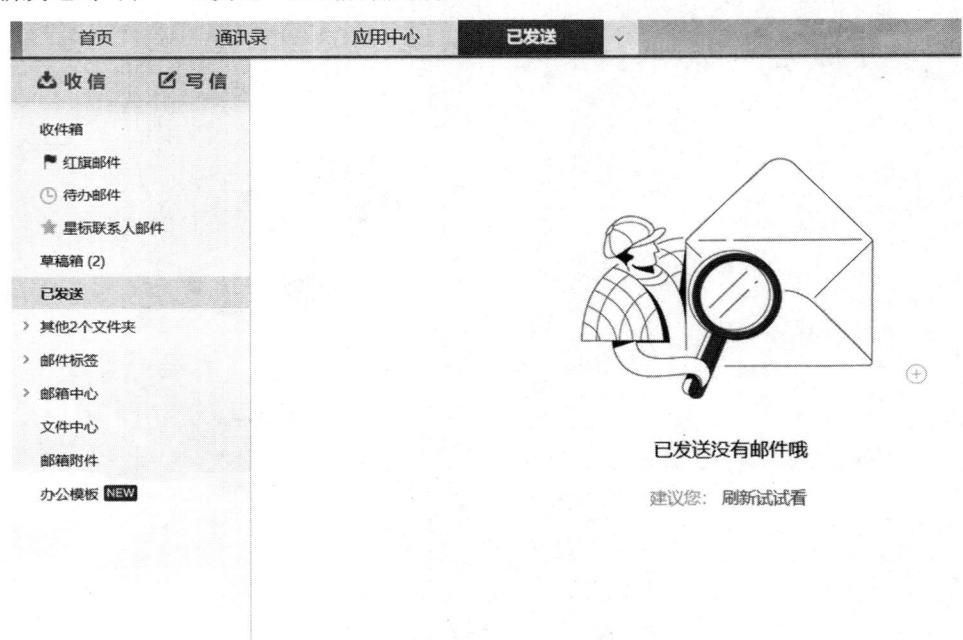

图 8.48　已发送

（6）已删除。如图 8.49 所示，已删除邮件会自动保存到"已删除"邮件备份，可在"其他 2 个文件夹"下查找"已删除"邮件，也可进行彻底删除操作。

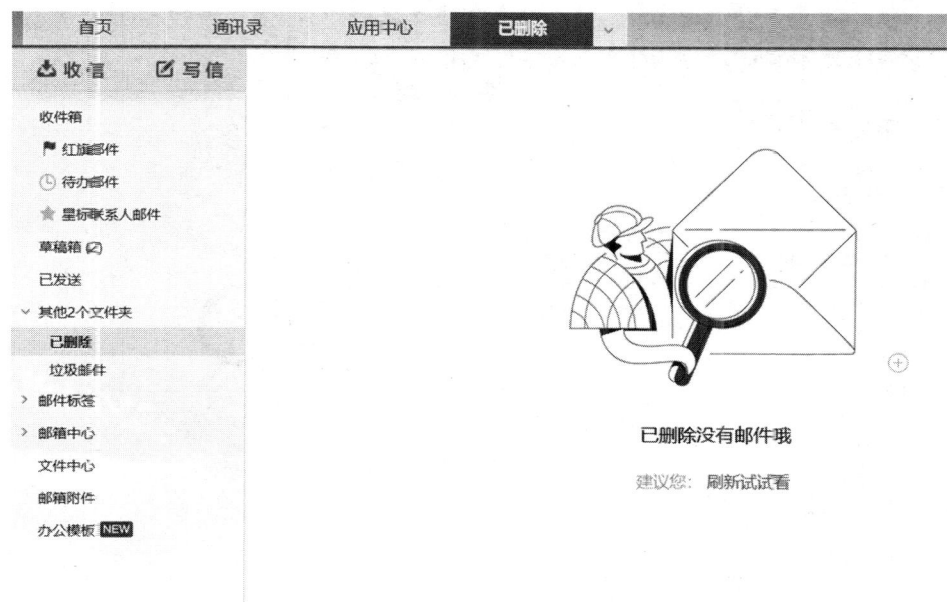

图 8.49　已删除

（7）垃圾邮件。如图 8.50 所示，可在"其他 2 个文件夹"下查找"垃圾邮件"，也可进行彻底删除操作。

图 8.50　垃圾邮件

（8）邮件标签。如图 8.51、图 8.52 所示，可在"邮件标签"处为邮件添加自己想要的标签效果。

图 8.51　邮件标签

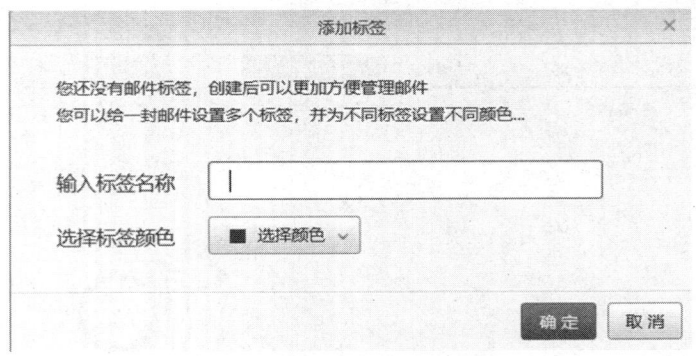

图 8.52　添加邮件标签

第 9 章

网页制作

本章以 VS Code 作为开发工具，详细介绍网页制作的相关知识，包括网站与网页的关系，以及网页中文本、图像、声音、表单、网页布局的使用。通过本章的学习，读者可掌握网页制作的基本思想和方法，能够制作简单的网页。

实验一　VS Code 的安装与配置

一、实验学时：2 学时

二、实验目的

- 掌握 VS Code 的下载安装方法；
- 掌握 VS Code 的配置方法；
- 熟悉 VS Code 的基本操作；
- 了解网页与网站的关系；
- 认识网页制作的一般步骤。

三、相关知识

我们制作网页的目的是向外界发布信息或提供服务，别人怎样才能访问到我们制作的网页呢？我们的网页必须保存到某个地方，还要能方便地找到网页，这个存放网页的地方，称为网站，在网站上存放的每一个网页都有唯一的地址，这个地址称为网址，网页可以直接通过网址找到，也可以通过超链接形式间接访问。网页是构成网站的基本单位，当用户通过浏览器访问一个站点的信息时，被访问的信息最终以网页的形式显示在用户的浏览器中。网页上最常见的功能组件元素包括站标、导航栏、广告条，而色彩、文本、图片和动画则是网页最基本的信息形式和表现手段。

工欲善其事，必先利其器。想要优雅且高效地编写代码，必须熟练使用一款前端开发工具。对于开发者来说，一个好的开发工具往往能够事半功倍。比较常见的网页开发工具有 VS Code、Sublime、WebStorm、HBuilder、Dreamweaver。看到这么多开发工具，我们只需要掌握一款实用性的工具即可。下面我们一起来看看网页开发工具 VS Code。

VS Code 的全称是 Visual Studio Code，是一款开源的、免费的、跨平台的、高性能的、轻量级的代码编辑器。它支持几乎所有主流的开发语言的语法高亮、智能代码补全、自定义快捷键、括号匹配、颜色区分、代码片段、代码对比 Diff 及 GIT 命令等特性，支持插件扩展，并针对网页开发和云端应用开发做了优化。

1. VS Code 的下载安装

（1）下载 VS Code，打开官网地址 https://code.visualstudio.com/，在打开的页面中可以根据自己的操作系统选择对应的下载项。我们一般使用 Windows 操作系统，所以这里我们选择 Windows x64。

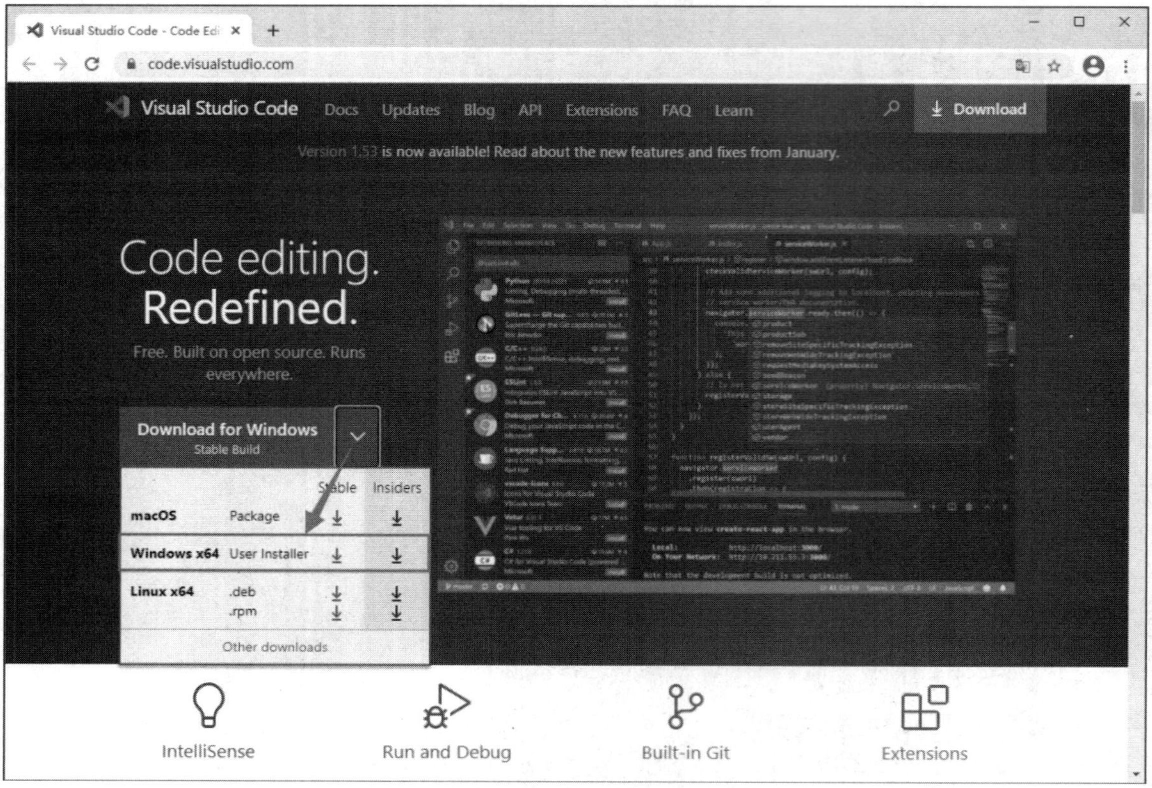

图 9.1 VS Code 下载页面

下载完成后，打开下载文件所在的文件夹，双击下载的安装程序，进行安装，运行安装程序后选择软件安装位置，一般安装目录中不要有中文，如图 9.2 所示。

（2）单击"下一步"按钮，在打开的窗口中勾选如下的复选框，如图 9.3 所示。

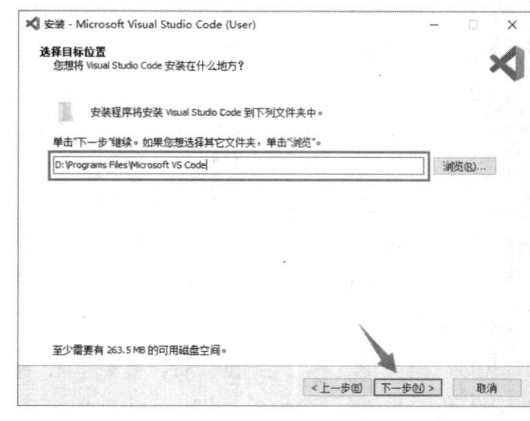

图 9.2 安装位置选择

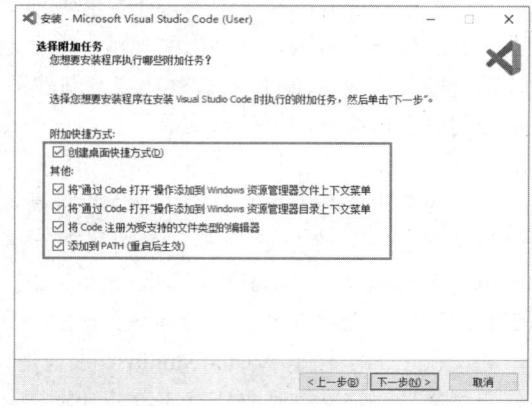

图 9.3 安装选项

（3）单击"下一步"按钮，进行软件安装，过程如图9.4所示。

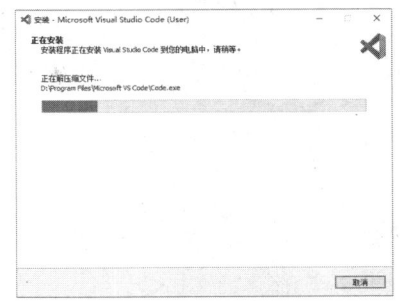

图9.4　VS Code 安装过程

2．VS Code 主界面介绍

VS Code 主界面分为6个区域，分别是菜单栏、活动栏、侧边栏、编辑栏、面板栏、状态栏，如图9.5所示。

图9.5　VS Code 主界面

菜单栏：提供了 VS Code 使用操作过程中的大部分选项。
活动栏：主要有资源管理器、搜索、调试运行、扩展项。
侧边栏：是活动栏项目展开的内容；单击活动栏中的图标，侧边栏内容会同步发生变化。
编辑栏：编写代码的区域。
面板栏：从左到右依次为问题、输出、调试控制台、终端，通过终端可以输入一些相关命令。
状态栏：显示当前的一些状态和配置信息，如打开的文件名、编码格式等。

3．安装插件

VS Code 之所以这么受欢迎，主要是因为其拥有丰富的插件生态系统，可通过安装插件来增强开发工具的功能。单击左侧活动栏的"扩展"图标，然后在搜索栏输入要安装的插件。单击搜索到的结果即可安装。下面介绍一些常用插件的安装方法。

（1）安装中文语言包。启动后，VS Code 的界面全部显示英文；若想显示中文，则需要安装中文语言包。按照图9.6提示的步骤即可完成中文语言包的安装。

图 9.6　安装中文语言包

按住"Ctrl+Shift+P"组合键,打开命令面板,然后输入"configure",如图 9.7 所示,选择"Configure Display Language"选项,将默认的"en"改为"zh-cn",单击"重启"按钮,VS Code 会被关掉,此时什么都不需要做,只需稍等几秒钟,VS Code 就会自动重新启动。

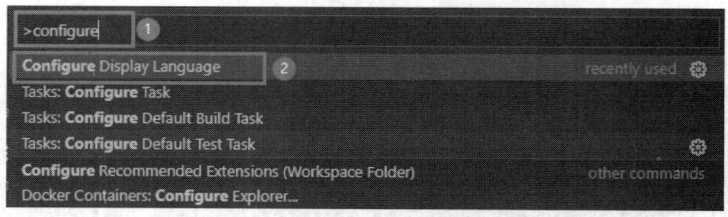

图 9.7　命令面板

（2）安装 open in browser 插件。由于 VS Code 没有提供直接在浏览器中打开文件的内置界面,所以安装此插件后,在快捷菜单中会添加"Open In Default Browser"（在默认浏览器查看文件）选项,安装过程如图 9.8 所示。

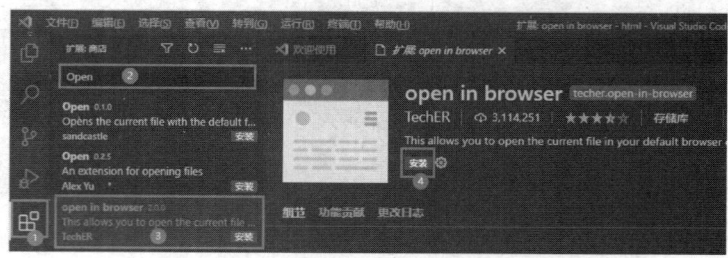

图 9.8　安装 open in browser 插件

（3）安装 Auto Close Tag 插件。在网页文件中,大部分标签都是成对的,安装这个插件之后,输入标签名称的时候会自动生成闭合标签,特别方便,安装过程如图 9.9 所示。

图 9.9　安装 Auto Close Tag 插件

（4）安装 Auto Rename Tag 插件。安装 Auto Rename Tag 插件之后,当修改网页文件中的标签时，会自动完成另一侧标签的同步修改，安装过程如图 9.10 所示。

图 9.10　安装 Auto Rename Tag 插件

（5）安装 Live Server 插件。安装这个插件之后，如果用"Open With Live Server"打开网页，在编辑器中修改代码，按"Ctrl+S"组合键保存，修改效果就会实时同步显示在浏览器中，再也不用手动刷新，安装过程如图 9.11 所示。

图 9.11　安装 Live Server 插件

4. 修改用户配置文件

VS Code 通过修改 setting.json 文件可以实现代码补全、字体、主题等很多方便的操作和个性化的设置。settings.json 文件有以下两种配置。

（1）全局配置，在 Windows 下打开任意 VS Code 界面都会用此配置。

对于全局配置的设置可以通过"Ctrl+Shift+P"组合键打开命令窗口，输入"settings"后，可以选择通过 UI 窗口模式进行设置，也可以通过直接修改 settings.json 文件进行设置，如图 9.12 所示。

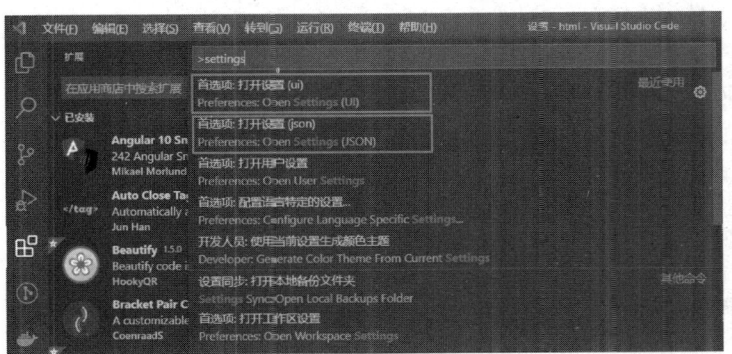

图 9.12　打开命令面板

（2）工作区配置，仅在当前打开的目录下有效。

工作区配置文件放在编辑文档根目录\.vscode\setting.json 下，可自己创建，也可以不创建，默认使用全局配置。

对于工作区配置信息，首先在我们准备保存网页文件的根目录下创建.vscode 文件夹，然后在文件夹中创建 settings.json 文件，如图 9.13 所示。

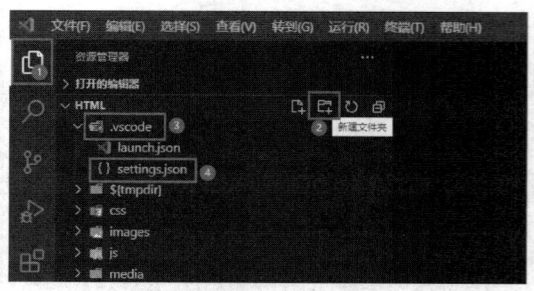

图 9.13 创建工作区配置文件

单击 settings.json 文件进行编辑，把如下的内容输入文件中保存，配置即生效。

```
{
    //浏览网页时默认打开Google Chrome浏览器
    "open-in-browser.default": "Google Chrome",
    //文件字符编码设置为utf8
"files.encoding": "utf8",
//新建文件默认关联网页文件
    "files.associations": {
        "*.html": "html"
    },
    //控制资源管理器在删除文件时需要确认是否删除
"explorer.confirmDelete": false,
//不在搜索中跟踪符号链接，解决打开VS Code内存占用过大问题
"search.followSymlinks": false,
//函数名 空格
"javascript.format.insertSpaceBeforeFunctionParenthesis": true,
"typescript.format.insertSpaceBeforeFunctionParenthesis": true,
    //工作台-图标主题
    "workbench.iconTheme": "vscode-icons",
    //工作台-颜色主题
    "workbench.colorTheme": "Atom One Dark",
    //控制树参考线
    "workbench.tree.renderIndentGuides": "always",
    //文本编辑器-字体大小
"editor.fontSize": 14,
//文本编辑器-设定tabSize为2
"editor.tabSize": 2,
    //文本编辑器-保存自动格式化
    "editor.formatOnSave": true,
}
```

四、实验范例

前面已经下载安装了 VS Code，并进行了必要的配置，下面我们使用 VS Code 制作一个简单的网页，完成后的效果如图 9.14 所示。

图 9.14　页面效果

具体操作步骤如下。

1. 创建网页文件

启动 VS Code，选择"文件"→"打开文件夹菜单项"命令，打开存放网页文件的文件夹，可以看到，里面只有我们之前的配置文件，如图 9.15 所示。

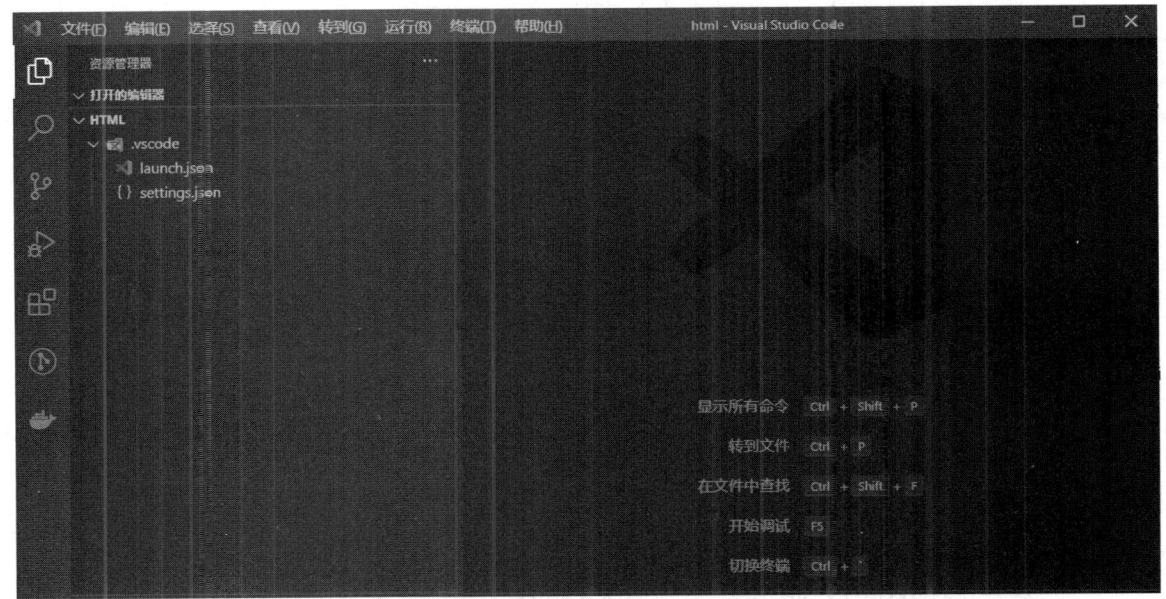

图 9.15　打开网页文件夹

通过单击文件夹右侧的"新建文件"图标，可以在当前文件夹下创建一个网页文件并命名。也可以通过按"Ctrl+N"组合键或者通过选择"文件"→"新建文件菜单项"命令新建一个文件，如图 9.16 所示。

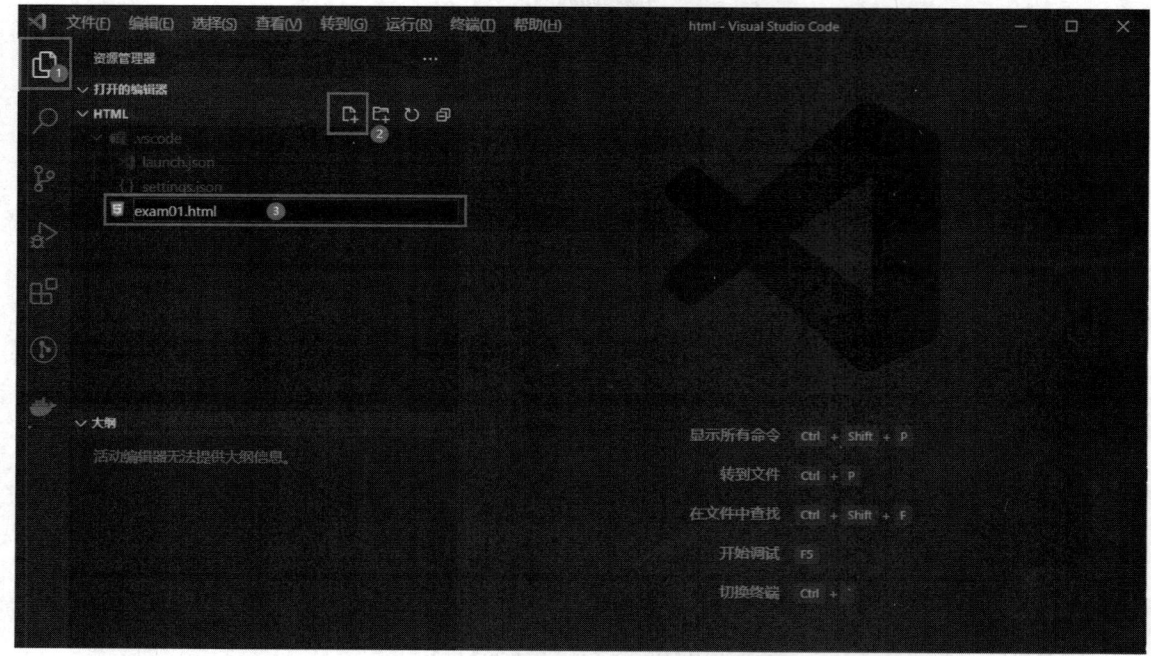

图9.16　新建文件

2．复制图片资源

在 HTML 文件夹下创建一个 images 子文件夹，用来存放网页的图片资源，然后把网页中用到的图片文件复制进去，这样在网页文件中，就可以引用这些图片了。

3．编辑网页代码

单击侧边栏的文件名，在编辑栏打开文件的内容，可以对文件内容进行修改，如果安装了"HTML CSS Support"插件，那么在编写网页文件时，自动补全功能将大大缩减编写时间，在编辑器中输入 html:5，然后按 Tab 键，会自动构建网页文件的模板，如图9.17 所示。

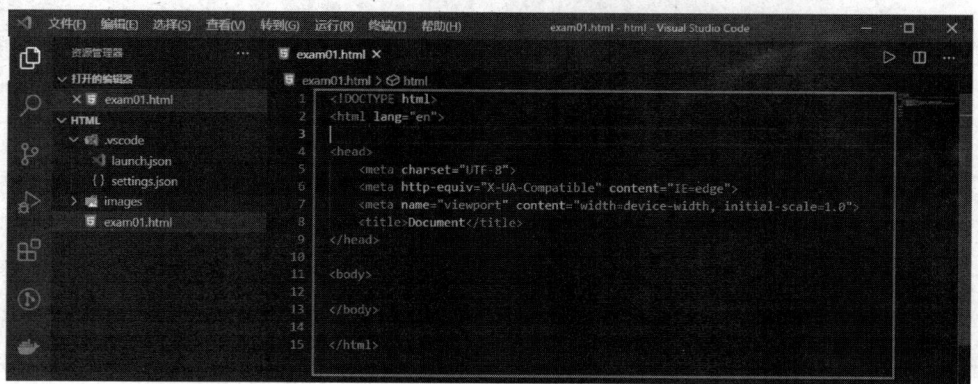

图9.17　代码编辑

把如下的代码片段输入<body></body>标签之间，按"Ctrl+S"组合键保存文件，这样网页文件就编写完成了。

```
<div style="text-align:center;">
    <h1>混一天和努力一天，究竟有什么不同</h1>
    <hr/>
```

```
            <p>混一天和努力一天，一天看不出任何差别，三天看不到任何变化  七天也看不到任何距
离……</p>
            <p>但是一个月后会看到话题不同，三个月后会看到气场不同，半年后会看到距离不同，一年
后会看到人生道路不同。</p>
            <p>请不要在吃苦的年纪选择了安逸！走自己的路为自己的梦想去奋斗，即使有人亏待你，时
间也不会亏待你，人生更不会亏待你。</p>
            <img src="images/img01.jpg" />
        </div>
```

4. 在浏览器中查看预览

网页文件编写好之后，就可以在浏览器中打开，查看设计效果。在浏览器中打开只需要右击编辑窗口，选择"Open In Default Browser"选项，就可以在浏览器中看到我们设计的网页，如图 9.18 所示。

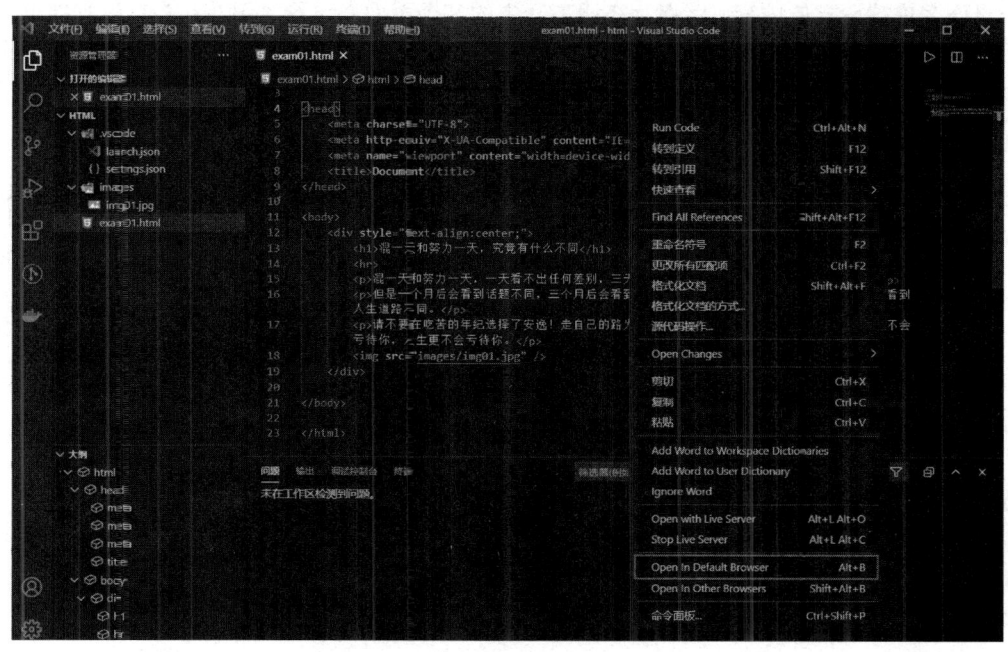

图 9.18　在默认浏览器中打开网页选项

五、实验要求

熟悉 VS Code 的安装与配置，了解常见插件的功能及安装方法，掌握 VS Code 的基本操作过程，并熟悉各种网页元素的添加、设置和使用，能够进行图片、文本的添加，并设置相应的属性，能够独立创建一个网页文件并能在浏览器中查看。

实验二　网页文档及常用标签

一、实验学时：2 学时

二、实验目的

- 掌握网页文件的基本结构；

- 掌握常用标签用法；
- 掌握页面属性的设置方法；
- 掌握超链接的建立方法；
- 熟悉网站的创建和打开过程。

三、相关知识

1. Web 的体系结构

Web 的体系结构采用客户端/服务器模式，其工作原理如图 9.19 所示。信息资源以网页（HTML 文件）的形式存储在 Web 服务器中，用户通过客户端程序（浏览器）向 Web 服务器发出请求；Web 服务器根据客户端请求的内容，将保存在服务器中的某个页面发送给客户端；客户端程序在接收到该页面后对其进行解释，最终将图文声并茂的画面呈现给用户。

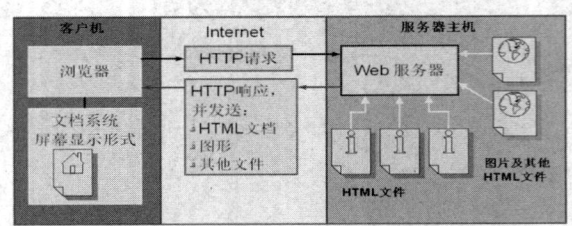

图 9.19　Web 体系结构

2. HTML 文档结构

每一个网页文件本质上都是一个 HTML 文件。

HTML 是用来描述网页的，是由 HTML 标记和纯文本构成的文本文件，是 SGML（Standard Generalized Markup Language，标准通用标记语言）下的一个应用（也称为一个子集），也是一种标准规范，它通过标记符号来标记要显示的网页中的各个部分。而 SGML 是一种定义电子文档结构和描述其内容的国际标准语言，是所有电子文档标记语言的起源。

HTML 文档是由多种标签组成的，一个 HTML5 的标准模板如下。

```
<!DOCTYPE html>
<html lang="en">
<head>
    <meta charset="UTF-8">
        <title>Document</title>
</head>
<body>

    <!--这是注释 -->
</body>
</html>
```

1）文档声明

<!DOCTYPE>声明必须是 HTML 文档的第一行，位于<html>标签之前。

该声明不是 HTML 标签，它声明该 HTML 文档的 DTD 类型（Document Type Definition，文档类型定义）。HTML 文档必须添加<!DOCTYPE>声明，这样浏览器才能获知文档类型。

HTML5 之前，有三种 DTD 类型，分别为 Transitional 类型、Strict 类型、Frameset 类型。

HTML5 只需声明<!DOCTYPE html>即可。

2）html 元素

html 元素可告知浏览器其自身是一个 HTML 文档。

<html> 与 </html> 标签限定了文档的开始点和结束点，在它们之间是文档的头部和主体。

3）head 元素

head 元素用于定义文档的头部，是所有头部元素的容器。

<head></head>中的元素可以引用脚本、指示浏览器在哪里找到样式表、提供元信息等。绝大多数文档头部包含的数据都不会真正作为内容显示给读者，<title>例外。

4）body 元素

body 元素定义文档的主体。

<body></body>中的元素包含文档的所有内容（如文本、超链接、图片、表格和列表等）。

3. 常用标签元素

HTML 标签是由尖括号包围的关键词，标签通常是成对出现的，如<strong>文字</strong>；不成对的标签称为单标签，如
，标签名是大小写不敏感的，就是说不区分大小写，但通常标签用小写；HTML 标签可以拥有属性。属性包含额外的信息，属性的值一般要在双引号中；标签可以拥有一个或多个属性；下面介绍一些常用的标签。

1）排版标签

标题标签：<h1></h1>到<h6></h6>，数字越小，字体越大。

段落标签：<p></p>，用来标记一段文字。

水平线标签：<hr />或者<hr>，用来插入一个水平分隔线，属于单标签。

换行标签：
或者
，因为网页中没有回车换行，所以可通过换行标签实现，该标签属于单标签。

2）文本标签

粗体标签：<strong></strong>，包含的文字加粗。

斜体标签：<em></em>，包含的文字斜体。

删除线标签：<del></del>，包含的文字加删除线。

下画线标签：<ins></ins>，包含的文字加下画线。

字体标签：<font></font>，可以对包含的文字设置字体。

3）图片和多媒体标签

图片标签：<img src="" />，在网页中嵌入图片。

音频标签：<audio></audio>，在网页中嵌入音频。

视频标签：<video></video>，在网页中嵌入视频。

4）超链接标签

<a href=""></a>，单击超链接到其他页面或位置。

5）列表标签

无序列表：<ul></ul>，列表项用项目符号。

有序列表：<ol></ol>，列表项用编号。

列表项：<li></li>，列表项目需要放在有序列表或无序列表标签内部。

6）表格标签

表格定义标签：<table></table>，代表整个表格。

行标签：<tr></tr>，表示表格中的一行。

单元格标签：有<td></td>、<th></th>，<th></th>标签内的内容会自动加粗，一般用于行标题或列标题。

7）表单标签

表单定义标签：<form></form>，可以实现用户与网页的交互。

输入标签：<input />，用于制作各种表单输入区，如文本框、单选框、复选框、按钮等。

多行文本框标签：<textarea></textarea>，多行文本框可以输入多行文本信息。

下拉列表标签：<select></select>，呈现出列表的形式，可以用来选择预设的项。

8）布局标签

分区标签：<div></div>，可以把页面空间分割成独立的、不同的部分。

内联标签：<span></span>，用来组合文档中的行内元素，以便通过样式来格式化它们。

头部标签：<header></header>，一般用来包含网页的头部内容。

底部标签：<footer></footer>，位于网页的底部，一般包含页面的版权、联系方式等信息。

分段标签：<section></section>，将相似的页面结构进行分段。

文章标签：<article></article>，定义独立于文档且有意义的来自外部的内容，可以是博客文章、新闻、论坛帖子、网友评论等。

侧边栏标签：<aside></aside>，定义与页面内容相关或不相关的内容，可以是广告、引用等，一般放在页面的右侧或左侧。

导航标签：<nav></nav>，用来作为页面导航的链接组，其中的导航元素链接到其他页面或当前页面的其他部分。

4. 标签属性

HTML 标签的属性提供了对 HTML 标签的描述和控制信息，借助于标签属性，HTML 网页可以展现丰富多彩且格式美观的内容。一个标签可以有多个属性，必须写在标签中，位于标签后面，属性之前不分先后顺序，属性之间以空格隔开，任何标签的属性都有默认值，省略时属性为默认值，属性值要用引号引起来，双引号和单引号都可以。例如，<body bgcolor="yellow" text="blue">表示设置网页的背景颜色为黄色，网页内文字颜色为蓝色。

四、实验范例

1. 制作一个简单的招聘信息网页

运用标题标签、列表标签、超链接标签和排版标签等制作一个简单的招聘信息网页，如图 9.20 所示。

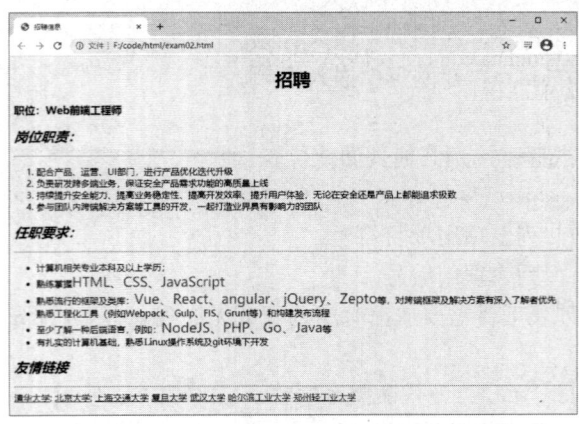

图 9.20 招聘页面效果图

具体操作步骤如下。

1）创建网页文件

启动 VS Code，选择"文件"→"打开文件夹菜单项"命令，打开用来存放网页文件的文件夹，单击文件夹右侧的"新建文件"图标，在当前文件夹下创建一个名字为"exam02.html"的网页文件。

2）添加标签文本内容

单击 exam02.html 文件名，在编辑栏中输入"html:5"，按 Tab 键构建网页文件的结构模板，然后在网页主体标签<body></body>中添加内容，网页标题用<h1>标签，职位用<h3>标签，岗位职责、任职要求和友情链接用<h2>标签，并使用<em>斜体标签，岗位职责的内容使用有序列表<ol>，任职要求的内容使用无序列表<ul>，具体网页主体的内容如下。

```
<body>
    <h1>招聘</h1>
    <h3>职位：Web前端工程师</h3>
    <h2><em>岗位职责：</em></h2>
    <hr />
    <ol>
        <li>配合产品、运营、UI部门，进行产品优化迭代升级</li>
        <li>负责研发跨多端业务，保证安全产品需求功能的高质量上线</li>
        <li>持续提升安全能力、提高业务稳定性、提高开发效率、提升用户体验，无论在安全还是产品上都能追求极致</li>
        <li>参与团队内跨端解决方案等工具的开发，一起打造业界具有影响力的团队</li>
    </ol>
    <h2><em>任职要求：</em></h2>
    <hr />
    <ul>
        <li>计算机相关专业本科及以上学历；</li>
        <li>熟练掌握HTML、CSS、JavaScript</li>
        <li>熟悉流行的框架及类库：Vue、React、angular、jQuery、Zepto等，对跨端框架及解决方案有深入了解者优先</li>
        <li>熟悉工程化工具（例如Webpack、Gulp、FIS、Grunt等）和构建发布流程</li>
        <li>至少了解一种后端语言，例如：NodeJS、PHP、Go、Java等</li>
        <li>有扎实的计算机基础，熟悉Linux操作系统及git环境下开发</li>
    </ul>
    <h2><em>友情链接</em></h2>
    <hr />
    <a href="http://www.tsinghua.edu.cn">清华大学</a>;
    <a href="http://www.pku.edu.cn">北京大学</a>;
    <a href="http://www.sjtu.edu.cn">上海交通大学</a>
    <a href="http://www.fudan.edu.cn">复旦大学</a>
    <a href="http://www.whu.edu.cn">武汉大学</a>
    <a href="http://www.hit.edu.cn/">哈尔滨工业大学</a>
    <a href="http://www.zzuli.edu.cn">郑州轻工业大学</a>
</body>
```

右击编辑栏或在侧边栏选中文件名并右击，在弹出的快捷菜单中选择"Open In Default Browser"命令，网页显示效果如图 9.21 所示。

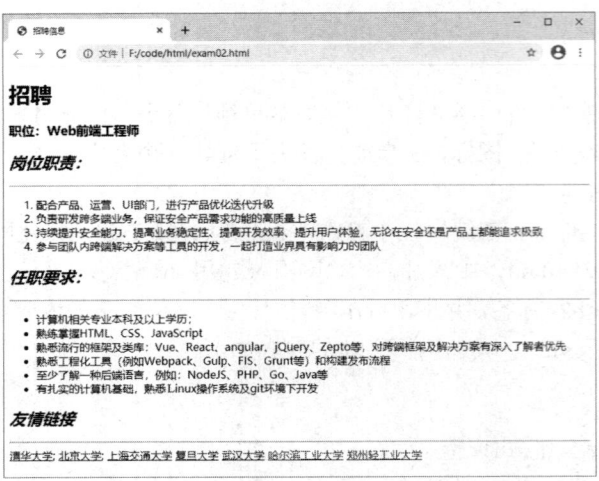

图 9.21 招聘页面原始效果图

3）添加属性

图 9.21 所示的页面效果还不符合题目的要求，需要给标签添加一些属性来美化页面，可直接在编辑栏中对 HTML 文档进行修改，具体步骤如下。

（1）通过给<body>标签添加 bgcolor 属性修改页面的背景颜色。

<body bgcolor="#FFFF99">

（2）通过给<h1>标签添加 align 属性使"招聘"标签居中显示。

<h1 align="center">

（3）为了让任职要求中需要强调的文字变大，文字颜色变成红色，可添加<font>标签并修改其属性。

<font size="5" color="red">HTML、CSS、JavaScript</font>
<font size="5" color="red">Vue、React、angular、jQuery、Zepto</font>
<font size="5" color="red">NodeJS、PHP、Go、Java</font>

HTML 文档修改好之后，在浏览器中重新打开，就会看到如图 9.20 所示的设计效果。

2. 使用表单制作问卷调查页面

使用前面介绍的表单标签，制作一个问卷调查页面，效果如图 9.22 所示。

图 9.22 问卷调查页面

1）创建网页文件

启动 VS Code，打开存放网页文件的文件夹，单击活动栏的资源管理器，右击空白处，在打开的快捷菜单中选择"新建文件"命令，如图 9.23 所示，然后输入文件名"exam03.html"，把表单用到的 4 张图片 img02.jpg、img03.jpg、img04.jpg 和 img05.jpg 复制到 images 文件夹中。

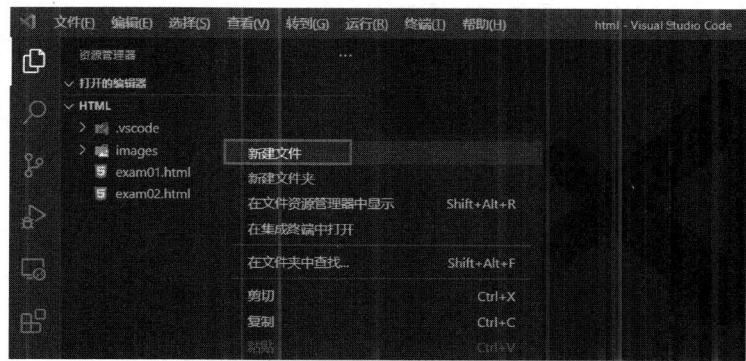

图 9.23　创建新文件

2）编辑网页文件

在编辑栏中输入 html:5，按 Tab 键构建网页文件的结构模板，修改网页文档的头部信息里的标题标签<title></title>的内容为"问卷调查"，然后在网页主体标签<body></body>中添加内容。

```
<body>
    <h1 align="center">问卷调查</h1>
    <form action="register.js">
        姓名:<br />
        <input type="text" size="20" /><br />
        昵称:<br />
        <input type="text" size="20" /><br />
        <input type="radio" name="sex" value="boy" />男
        <input type="radio" name="sex" value="girl" />女  <br />
        邮件地址:<br />
        <input type="text" size="30"><br />
        请选择您喜欢的作品：<br>
        <input type="checkbox" name="film" value="f1" /><img src="images/img02.jpg" width="80" />
        <input type="checkbox" name="film" value="f2"><img src="images/img03.jpg" width="80" />
        <input type="checkbox" name="film" value="f3"><img src="images/img04.jpg" width="80" />
        <input type="checkbox" name="film" value="f4"><img src="images/img05.jpg" width="80" /> <br>
        请说明您的理由:<br>
        <textarea rows=5 cols=60></textarea><br>
        <input type="submit" name="submit" value="提交" />

    </form>
</body>
```

3）在浏览器查看

右击编辑栏，在弹出的快捷菜单中选择"Open In Default Browser"命令，可以在浏览器中看到如图 9.22 所示的页面效果。

五、实验要求

熟练掌握常用标签的用法，熟悉属性的设置方法和作用，掌握列表标签、表单标签、超链接标签、图片标签及标题标签的添加和设置方法，请练习运用多媒体标签设计一个简单的视频播放器，效果如图 9.24 所示。

图 9.24　视频播放器

实验三　CSS 的使用

一、实验学时：2 学时

二、实验目的

- 了解 CSS 的基本结构；
- 掌握在网页中加入 CSS 的方法；
- 掌握利用 CSS 设置元素样式的方法；
- 了解盒子模型在网页布局中的用法；
- 深入理解浮动的定位概念；
- 掌握常见网页布局的实现方法。

三、相关知识

层叠样式表（Cascading Style Sheets，CSS）是由 W3C 组织制定的一种非常实用的网页元素定义规则。在标准网页设计中，CSS 负责网页内容（HTML）的表现。通过 CSS 样式定义，可以将网页制作得更加绚丽多彩。采用 CSS 技术，可以有效地对页面的布局、字体、颜色、背景和其他效果实现更加精确的控制。用 CSS 不仅可以做出令浏览者赏心悦目的网页，还能给网页添加许多特效。

1. CSS 基本语法

CSS 的思想就是首先指定对什么"对象"进行设置，然后指定对该对象的哪个方面的"属性"进行设置，最后给出该设置的"值"。因此，概括来说，CSS 就是由 3 个基本部分组成的，即"对象""属性""值"。

在CSS的3个组成部分中,"对象"是很重要的,它指定了对哪些网页元素进行设置,因此它有一个专门的名称——选择器。

选择器是CSS中很重要的概念,所有HTML中的标签样式都是通过不同的选择器进行控制的。用户只需要通过选择器对不同的HTML标签进行选择,并赋予各种样式声明,即可实现各种效果。

CSS基本语句的结构格式为:

选择器{属性1: 属性值1; 属性2:属性值2;...}

例如:

body {color: #000000; background-color: #FFFFFF;}

基本的选择器类型有3种,分别是标签选择器、类别选择器和ID选择器。

1)标签选择器

一个HTML页面由很多不同的标签(元素)组成,而标签选择器就是用来声明哪些标签采用哪种CSS样式的。例如:

h1{color:red; font-size:25px;}
p{font-family:"宋体"; font-size:10pt; font-color:red}

2)类别选择器

标签选择器一旦声明,页面中所有相应标签就会发生变化。例如,当声明了<p>标签为红色时,页面中所有<p>标签都将显示为红色。如果希望其中的某一个<p>标签不是红色,而是蓝色,这时仅依靠标签选择器是不够的,还需要引入类别(class)选择器。

.left{text-align:left}
.right{text-align:right}
.red{color:red;}

类别选择器的引用,只需在设置样式的标签后面设置class属性值为类别选择器名即可,引用格式如下:

<标签 class="类别选择器名">

例如,在一个段落标签中引用之前创建的类别选择器:

<p class="left">应用了类别选择器设置左对齐的段落</p>
<p class="right">应用了类别选择器设置右对齐的段落</p>

3)ID选择器

ID选择器的使用方法跟类别选择器基本相同,不同之处在于ID选择器只能在HTML页面中使用一次,因此其针对性更强。在HTML的标签中只需要利用ID属性,就可以直接调用CSS中的ID选择器。例如:

#red {color:red;}
#green {color:green;}

ID选择器的引用和类别选择器类似,引用格式如下:

<标签 id="ID选择器名">

例如,两个ID选择器分别被一个<p>标签和<h1>标签引用:

<p id="red">应用了id样式设置红色的段落</p>
<h1 id="green">应用了id样式设置绿色的标题1格式文本</h1>

2. CSS的引入

要想使用CSS修饰网页,就需要在网页文档中引入CSS,网页中常用下面3种样式表,各有优缺点。

1）内联样式表

内联样式表也称为行内式样式表，通过标签的 style 属性来设置元素的样式，内联样式表仅影响一个元素的 CSS 声明。内联样式表的基本语法格式如下：

<标记名 style="属性1:属性值1; 属性2:属性值2; "> 内容 </签名>

例如：

<strong style="font-size: 18px">CSS简介</strong>

2）内部样式表

将 CSS 放置在<style>标签中，该元素包含在 HTML 的<head></head>头部标签内。内部样式表的基本语法格式如下：

<head>
<style type="text/css">
 选择器 {属性1:属性值1; 属性2:属性值2; 属性3:属性值3;}
</style>
</head>

<style>标签一般位于<head>标签中<title>标签之后，也可以把它放在HTML文档的任何地方

3）链入外部样式表

链入外部样式表将样式放在一个或多个以.css 为扩展名的外部样式表文件中，在 HTML 文档中通过<link />标签将外部样式表文件链接到 HTML 文档中，可以使引用该样式表的网页保持相同的风格，避免重复定义，可以极大提高用户工作效率。链入外部样式表的基本语法格式如下：

<head>
<link href="CSS文件的路径" type="text/css" rel="stylesheet" />
</head>

3. CSS 常用属性

1）文字属性

字体系列（font-family），设定时，需考虑浏览器中有无该字体。

字体大小（font-size），注意度量单位。

字体加粗（font-weight），除 normal（正常）、bold（粗体）、bolder（特粗）、lighter（细体）外，还有 9 种以像素为度量单位的设置方式（100、200、300、400、500、600、700、800、900）。

字体风格（font-style），也就是字型。

normal，正常的字体。

italic，斜体。没有斜体变量的特殊字体，将应用 oblique。

oblique，倾斜的字体。

2）文本属性

文字间距（word-spacing），主要用于控制文字间相隔的距离，有正常（normal）和值（自定义间隔值）两种选择方式。

字母间距（letter-spacing），其作用与文字间距类似，也有正常（normal）和值（自定义间隔值）两种选择方式。

垂直对齐（vertical-align），控制文字或图像相对于其母体元素的垂直位置。如果将一个 2×3 像素的 GIF 图像同其母体元素的顶部垂直对齐，则该 GIF 图像将在该行文字的顶部显示。该属性共有基线（baseline，将元素的基线同母体元素的基线对齐）、下标（sub，将元素以下标的形式显示）、上标（super，将元素以上标的形式显示）、顶部（top，将元素的顶部同最高的母体元素对齐）、文本顶对齐（text-top，将元素的顶部同母体元素中文字的顶部对齐）、中线对齐（middle，将元素的中线同母体元素的中线对齐）、底部（bottom，将元素的底部同最低的母体元素对齐）及值（自定

义）等 9 种选择。

文本排列（text-align），设置块的水平对齐方式，共有左对齐（left）、右对齐（right）、居中（center）和均分（justify）4 种选择。

行高（line-height），就是行距。当值为数字时，行高由元素字体大小的量与该数字相乘所得。百分比的值相对于元素的字体大小而定。

文本转换（text-transform），该属性能轻而易举地控制字母大小写，有首字大写（capitalize）、大写（uppercase）、小写（lowercase）和无（none，使所有继承文字和变形参数被忽略，文字将以正常形式显示）4 种选择。

文字缩进（text-indent），控制块的缩进程度。

空白间距（white-space），在 HTML 中，空格是被省略的；在 CSS 中，使用属性（white-space）控制空格的输入。该属性共有正常（normal）、保留（pre）和不换行（nowrap）3 种选择。

修饰（text-decoration），控制链接文本的显示形态，有下画线（underline）、无下画线（overline）、删除线（line-through）、闪烁（blink）和无（none，使上述效果均不会发生）5 种修饰方式，但 IE 浏览器不支持文字闪烁。

3）颜色及背景属性

颜色（color），设置颜色。

背景颜色（background-color），设置背景颜色。

背景图像（background-image），设置网页背景图像。

背景重复（background-repeat），控制背景图像的平铺方式，有不重复（no-repeat）、重复（repeat，沿水平、垂直方向平铺）、横向重复（repeat-X，图像沿水平方向平铺）和纵向重复（repeat-Y，图像沿垂直方向平铺）4 种选择。

背景附件（background-attachment），控制背景图像是否会随页面的滚动而一起滚动，有固定（fixd，文字滚动时，背景图像保持固定）和滚动（scroll，背景图像随文字内容一起滚动）2 种选择。

水平位置/垂直位置（background-position），确定背景图像的水平、垂直位置，共有左对齐（left）、右对齐（right）、顶部（top）、底部（bottom）、居中（center）和值（自定义背景图像的起点位置，可使用户对背景图像的位置做出更精确的控制）6 种选择。

4）边框

边框宽度（border-width），控制边框的宽度，分为 4 个属性：顶边框的宽度（border-top-width）、右边框的宽度（border-right-width）、底边框的宽度（border-bottom-width）、左边框的宽度（border-left-width）。

边框颜色（border-color），设置边框的颜色。若要使边框的四边显示不同的颜色，可在设置中分别列出。例如：

p{:#ff0000 #009900 #0000ff #55cc00}

浏览器将 4 种颜色依次理解为顶边框、右边框、底边框和左边框（自上开始顺时针）。

边框样式（border-style），设定边框的样式，共有无（none）、点画线（dotted）、虚线（dashed）、实线（solid）、双线（double）、槽状（grove）、脊状（ridge）、凹陷（inset）和凸起（outset）9 种选择。

5）盒子属性

宽（width），确定盒子本身的宽度，可以使盒子的宽度不依靠它所包含的内容多少。

高（height），确定盒子本身的高度。

浮动（float），设置块元素的浮动效果。

清除（clear），清除设置的浮动效果。

边距（margin），控制围绕边框的边距大小，包含 4 个属性：margin-top（控制上边距的宽度）、margin-right（控制右边距的宽度）、margin-bottom（控制下边距的宽度）、margin-left（控制左边距的宽度）。

补白（padding），确定围绕块元素的空格填充数量，包含 4 个属性：padding-top（控制上留白的宽度）、padding-right（控制右留白的宽度）、padding-bottom（控制下留白的宽度）、padding-left（控制左留白的宽度）。

框架是指浏览器窗口被分为几个区域，分别显示不同内容的页面布局方式。与表格布局不同的是，框架是将浏览器窗口分为几个不同的区域，在不同的区域中可以显示不同网页文档的内容，从而可以对每个区域中显示的内容进行单独控制，并且在页面上某个区域的内容发生改变时，其他区域的内容可以保持不变。

6）定位属性

类型（position），确定定位的类型，共有绝对（absolute）、相对（relative）和静态（static）3 种选择。

Z 轴（z-index），控制网页中块元素的叠放顺序，可为元素设置重叠效果。该属性的参数值使用纯整数，值为 0 时，元素在最下层，适用于绝对定位和相对定位的元素。

显示（visibility），使用该属性可将网页中的元素隐藏，共有继承（inherit，继承母体元素的可视性设置）、可见（visible）和隐藏（hidden）3 种选择。

溢出（overflow），在确定了元素的高度和宽度后，如果元素的面积不能全部显示元素中的内容，那么该属性的设置起作用了。该属性共有可见（visible，扩大面积以显示所有内容）、隐藏（hidden，隐藏超出范围的内容）、滚动（scroll，在元素的右边显示一个滚动条）和自动（auto，当内容超出元素面积时，显示滚动条）4 种选择。

定位，当为元素确定了绝对定位类型后，该属性决定元素在网页中的具体位置。该属性包含 4 个子属性，分别是左（属性名为 left，控制元素左边的起始位置）、上（属性名为 top，控制元素上面的起始位置）、宽或高（与盒子属性中宽或高的属性作用相同）。

剪辑（clip），当元素被指定为绝对定位类型后，该属性可以把元素区域切成各种形状，但目前提供的只有方形一种。属性值为 rect，即 top right bottom left，属性值的单位为任何一种长度单位。

四、实验范例

运用表格标签制作一个 NBA 比赛的积分表，并运用 CSS 对表格样式进行美化，效果如图 9.25 所示。

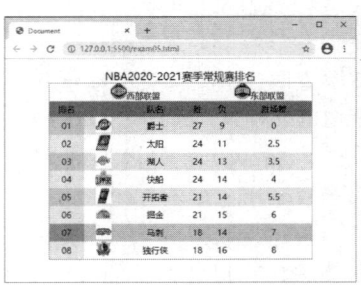

图 9.25　NBA 排名

操作步骤如下。

(1) 创建网页文件。启动 VS Code,选择"文件"→"打开文件夹菜单项"命令,打开用来存放网页文件的文件夹,单击文件夹右侧的"新建文件"图标,在当前文件夹下创建一个名字为"exam05.html"的网页文件。

(2) 复制图片资源。在用来存放图片的 images 文件夹下再创建一个 NBA 子文件夹,用来存放 NBA 球队队标图像文件,然后把我们网页中用到的图片文件复制进去,这样在表格中就可以引用这些图片。

(3) 添加标签文本内容。单击 exam05.html 文件名,在编辑栏中输入"!",按 Tab 键,同样可以构建网页文件的结构,注意这里输入的是英文格式的感叹号,然后在网页主体标签<body></body>中添加表格和内容,具体网页主体的内容如下。

```
<table width=" 500" border="0" cellspacing="0" cellpadding="0">
    <caption>NBA2020-2021赛季常规赛排名</caption>
    <tr>
        <th> </th>
        <th colspan="2"><img src="./images/nba/western.jpg" width="30" height="30" alt=""><span>西部联盟</span>
        </th>
        <th> </th>
        <th colspan="2"><img src="./images/nba/eastern.jpg" width="30" height="30" alt=""><span>东部联盟</span>
        </th>
    </tr>
    <tr>
        <td>排名</td> <td> </td> <td>队名</td> <td>胜</td> <td>负</td> <td>胜场差</td>
    </tr>
    <tr>
        <td>01</td>
        <td><img src="./images/nba/jazz.jpg" width="30" height="30" alt=""></td>
        <td>爵士</td> <td>27</td> <td>9</td> <td>0</td>
    </tr>
    <tr>
        <td>02</td>
        <td><img src="./images/nba/suns.jpg" width="30" height="30" alt=""></td>
        <td>太阳</td> <td>24</td> <td>11</td> <td>2.5</td>
    </tr>
    <tr>
        <td>03</td>
        <td><img src="./images/nba/lakers.jpg" width="30" height="30" alt=""></td>
        <td>湖人</td> <td>24</td> <td>13</td> <td>3.5</td>
    </tr>
    <tr>
        <td>04</td>
        <td><img src="./images/nba/clippers.jpg" width="30" height="30" alt=""></td>
        <td>快船</td> <td>24</td> <td>14</td> <td>4</td>
    </tr>
    <tr>
        <td>05</td>
        <td><img src="./images/nba/blazers.jpg" width="30" height="30" alt=""></td>
```

```html
            <td>开拓者</td> <td>21</td> <td>14</td> <td>5.5</td>
        </tr>
        <tr>
            <td>06</td>
            <td><img src="./images/nba/nuggets.jpg" width="30" height="30" alt=""></td>
            <td>掘金</td> <td>21</td> <td>15</td> <td>6</td>
        </tr>
        <tr>
            <td>07</td>
            <td><img src="./images/nba/spurs.jpg" width="30" height="30" alt=""></td>
            <td>马刺</td> <td>18</td> <td>14</td> <td>7</td>
        </tr>
        <tr>
            <td>08</td>
            <td><img src="./images/nba/mavericks.jpg" width="30" height="30" alt=""></td>
            <td>独行侠</td> <td>18</td> <td>16</td> <td>8</td>
        </tr>
    </table>
</body>
```

在浏览器中查看效果，如图9.26所示。

图9.26 NBA排名初步效果

（4）添加CSS。采用内部样式表，在<head></head>标签内加入<style></style>标签，通过标签选择器设置表格中的文字居中，设置边框和颜色，通过标签选择器设置表格标题的文字大小为20px，颜色为蓝色，用<span></span>标签包含"西部联盟"和"东部联盟"文字，设置文字颜色为红色，通过类别选择器为表头添加背景颜色：蓝色，为奇偶行设置不同的背景颜色，在标签中引用类别选择器需要添加class属性，如标题行<tr class=".title">，奇数行<tr class="odd">，奇数行第一列<td class="rank-odd">，偶数行<tr class="even">，偶数行第一列<td class="rank-even">，通过伪类选择器设置光标放到某一行时背景颜色发生改变，样式表设置具体内容如下。

```
<style>
    table {
        width: 500px;
        margin: 20px auto 0;
```

```css
            text-align: center;
            border: 1px solid #3CF;
        }
        caption {
            font-size: 20px;
            color: blue;
        }
        table tr th {
            color: #f00;
        }
        table .title {
            height: 30px;
            background-color: #428cdb;
        }
        table .odd,
        table .rank-even {
            background: #ebebeb;
        }
        table .odd:hover,
        table .rank-odd {
            background: #ccc;
        }
        table .even {
            background: #FFF;
        }
        table .even:hover {
            background: #D2D2D2;
        }
        table tr:hover .rank-odd {
            background: #999;
        }
        table tr:hover .rank-even {
            background: #b7b7b7;
        }
    </style>
```

（5）在浏览器中查看。右击编辑栏，在弹出的快捷菜单中选择"Open In Default Browser"或"Open with Live Server"命令，就可以在浏览器中看到如图 9.25 所示的效果。

五、实验要求

了解 CSS 在网页设计中的作用，掌握 CSS 的定义和引用方法，能够熟练使用 CSS 中的一些常见的属性；掌握浮动和定位属性在网页布局中的作用，并能够较熟练地运用。

请采用与网页布局相关的标签和样式完成如图 9.27 所示的旅游网主页。

图 9.27　旅游网主页

网页中用到的与布局相关的标签主要有<header>、<nav>、<div>、<footer>，CSS 中会用到与浮动和定位相关的属性。旅游网主页框架如图 9.28 所示。

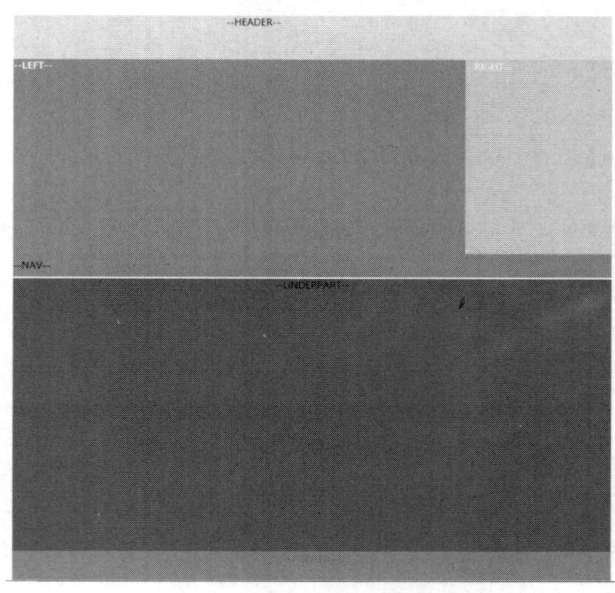

图 9.28　旅游网主页框架

第 10 章

常用工具

本章将介绍一键 GHOST、FinalData、WinRAR、视频编辑专家、光影魔术手 5 个常用软件。通过本章的学习,读者可以掌握这 5 个软件的用途和操作方法,为今后计算机的使用提供帮助和解决办法。

实验一 一键 GHOST 与 FinalData

一、实验学时:1 学时

二、实验目的

- 熟悉一键 GHOST v2016.02.16 的用途和使用方式;
- 学会使用一键 GHOST v2016.02.16 进行系统盘的一键备份和一键恢复;
- 熟悉 FinalData 的用途和使用方法;
- 学会使用 FinalData 进行文件恢复、Office 文档恢复及电子邮件恢复。

三、相关知识

GHOST 是由赛门铁克(Symantec)公司推出的一个用于系统、数据备份与恢复的工具。它可以把一个磁盘上的全部内容复制到另外一个磁盘上,也可以把磁盘内容复制为一个磁盘的镜像文件,以后可以用镜像文件创建一个原始磁盘的副本。它可以最大限度地减少安装操作系统的时间,并且多台配置相似的计算机可以共用一个镜像文件。

FinalData 是一个功能非常强大的数据恢复工具,当文件被误删(并从回收站中清除)、FAT 表或者磁盘根区被病毒侵蚀造成文件信息全部丢失、物理故障造成 FAT 表或者磁盘根区不可读,以及磁盘格式化造成全部文件信息丢失后,FinalData 都能够通过直接扫描目标磁盘抽取并恢复文件信息。

四、实验范例

1. 一键 GHOST v2016.02.16 的安装及使用

(1)下载并安装一键 GHOST v2016.02.16。从网站上下载一键 GHOST v2016.02.16 安装包,并双击安装包进行安装,安装界面如图 10.1 所示。

(2)运行一键 GHOST v2016.02.16。双击桌面上的"一键 GHOST"图标,弹出"一键恢复系统"对话框。此时，可以单击"一键备份系统"单选按钮对系统进行备份，也可以单击"一键恢复系统"单选按钮将系统恢复到以前某个时间点的状态。下面以"一键恢复系统"为例来进行说明。如图 10.2 所示，先单击"一键恢复系统"单选按钮，然后单击"恢复"按钮，进入如图 10.3 所示的界面执行系统恢复过程，此时等待系统恢复完成即可。

图 10.1　一键 GHOST 安装界面

图 10.2　"一键恢复系统"对话框

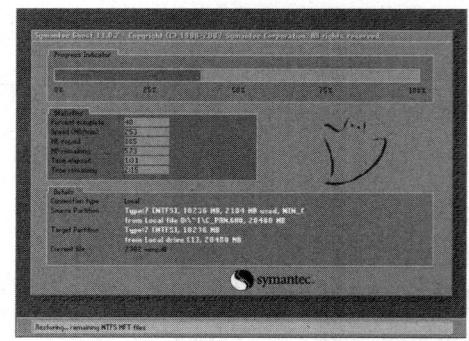

图 10.3　一键恢复正在执行

2. FinalData 的使用

从网站上下载 FinalData 软件，并进行安装。当遇到需要使用已经彻底删除或格式化的数据或文件时（如删除了文件或文件夹并清空了回收站、立刻删除暂不放在回收站中的文件、删除感染病毒的文件、格式化了有重要数据的硬盘分区等），可以使用 FinalData 进行恢复。具体的恢复步骤如下。

（1）打开 FinalData，选择恢复方式，如单击"误删除文件"按钮，如图 10.4 所示。
（2）选择要恢复的文件和目录所在的位置，如图 10.5 所示。

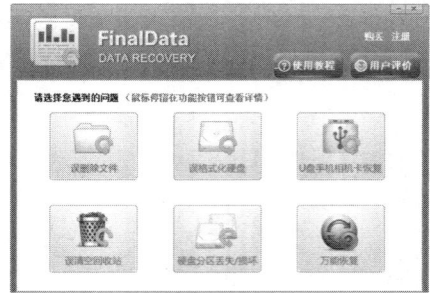

图 10.4　FinalData 主界面

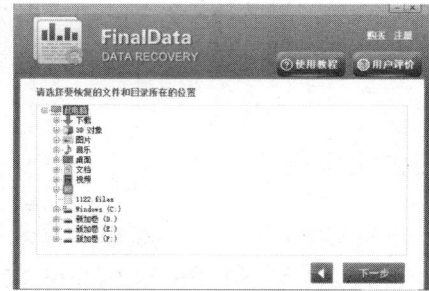

图 10.5　选择恢复丢失数据

（3）开始搜索需要恢复文件的硬盘分区，如图 10.6 所示。扫描结果如图 10.7 所示。

图 10.6 扫描要恢复的硬盘分区

图 10.7 扫描硬盘分区正在进行中

（4）在搜索出的文件结果中，找到所需文件并选中，单击"下一步"按钮，然后选择一个目录存放恢复出来的文件，如图 10.8 所示，单击"下一步"得到恢复报告。

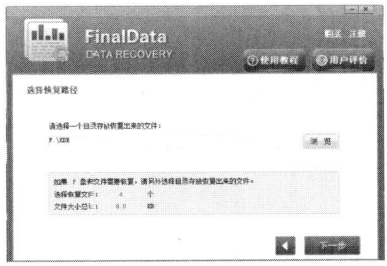
图 10.8 扫描出的文件

类似地，若要通过 FinalData 进行其他情况的修复，则应在如图 10.4 所示的 FinalData 主界面中单击相应按钮，即可根据提示进行恢复。

五、实验要求

（1）能够独立操作一键 GHOST 与 FinalData 完成上述实验。
（2）通过该实验，用户可以体会使用一键 GHOST 进行备份和恢复与手动操作的不同之处。
（3）通过使用 FinalData，了解各种文件和数据的恢复方法，熟练掌握其操作方式。

实验二　WinRAR

一、实验学时：1 学时

二、实验目的

- 学会使用 WinRAR 进行文件压缩；
- 学会使用 WinRAR 进行文件解压缩。

三、相关知识

较大的文件在移动存储或转发时，通常会遇到移动存储设备（如 USB 闪存盘）等容量不足的问题，用文件的压缩程序可以解决这个问题。一般文件经过压缩后，体积会缩小到原来的 10%～70%，如果压缩后一块磁盘还放不下，压缩软件还可以把它分到几块磁盘中。文件压缩后变成 RAR 或其他类型的压缩文件，再运行压缩程序可以对其解压缩，恢复成原来的样子。文件还可以压缩成自解压文件（EXE 文件），直接运行即可解压缩。常用的文件压缩软件有 WinZip、WinRAR 等。其中，WinRAR 体积小、使用方便，本实验主要介绍 WinRAR 的使用方法。

四、实验范例

本实验将以 WinRAR 为例，介绍文件的压缩、解压缩的方法。

（1）从网站上下载软件 WinRAR。双击 WinRAR 安装程序，打开如图 10.9 所示的窗口。安装程序的默认位置为 C:\Program Files\WinRAR，用户可以自己选择安装位置，也可以不做改变，单击"安装"按钮，根据提示完成安装操作。

（2）压缩文件。在完成 WinRAR 安装后，有两种方法可以进行文件的压缩操作。

第一种方法的操作步骤如下。

① 选中要压缩的文件，这里指选中文件夹"uTorrent"。

② 右击，在弹出的快捷菜单中选择"添加到 uTorrent.rar"命令，生成的压缩结果如图 10.10 所示。

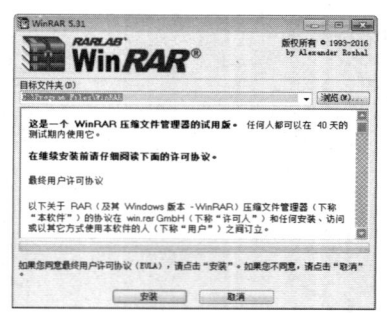

图 10.9　WinRAR 的安装窗口

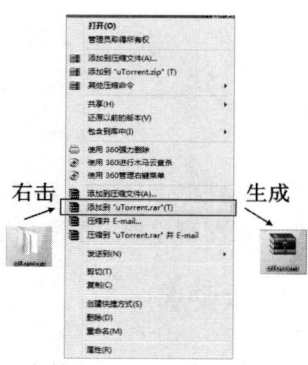

图 10.10　添加压缩文件

第二种方法的操作步骤如下。

① 选择"开始"→"所有程序"→"WinRAR"→"WinRAR"命令，进入 WinRAR 的主界面，如图 10.11 所示。

② 选择"选项"→"添加文件到压缩文件"命令或单击工具栏中的"添加"按钮，屏幕将弹出如图 10.12 所示的"压缩文件名和参数"对话框。

③ 在"常规"选项卡中的"压缩文件名"文本框中直接输入压缩后的文件名，压缩后的文件以该文件名保存在默认文件夹中。也可以单击"浏览"按钮选择保存路径。以在默认文件夹下输入"YASUO.rar"为例，如图 10.12 所示。

④ 在"文件"选项卡中的"要添加的文件"的右侧单击"附加"按钮，在弹出的对话框中选择要压缩的文件（或文件

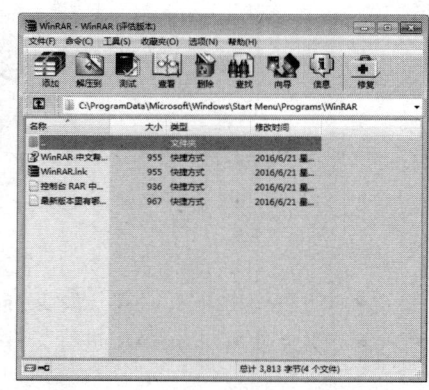

图 10.11　WinRAR 的主界面

夹），如图 10.13 所示。

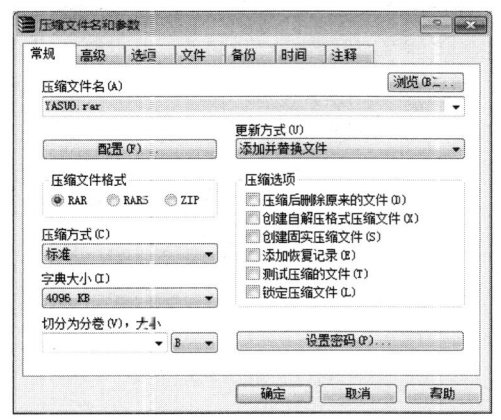

图 10.12 "压缩文件名和参数"对话框

图 10.13 "请选择要添加的文件"对话框

⑤ 单击"确定"按钮，压缩结果如图 10.14 所示。

（3）解压缩文件。对文件进行解压缩同样也有两种方法。

第一种方法的操作步骤如下。

① 选中要进行解压缩的文件，这里选中压缩文件"uTorrent.rar"。

② 右击，在弹出的快捷菜单中选择"解压到 uTorrent\"命令，生成的压缩结果如图 10.15 所示。

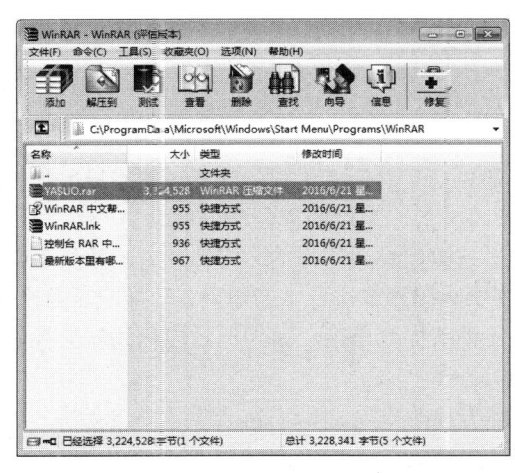

图 10.14 压缩结果

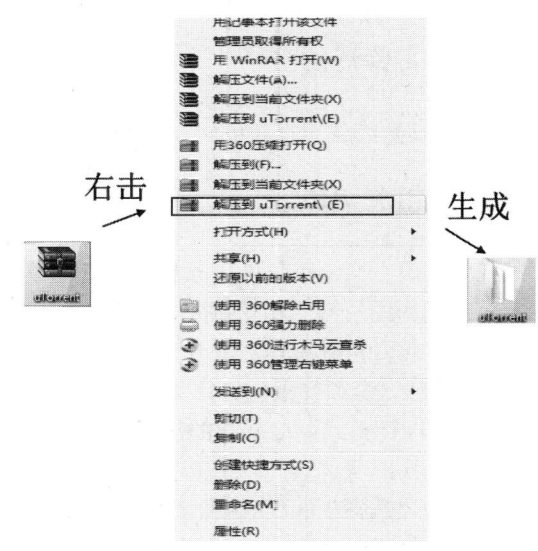

图 10.15 将文件进行解压缩

第二种方法的操作步骤如下。

① 选中要解压的文件，再选择"选项"→"解压到指定文件夹"命令；或单击工具栏中的"解压到"按钮，屏幕上将弹出如图 10.16 所示的"解压路径和选项"对话框。

② 在"目标路径"中显示默认的解压路径，用户可以自己在文本框中输入文件解压路径，也可在下拉列表中进行选择。以默认的解压路径进行解压，结果如图 10.17 所示。

 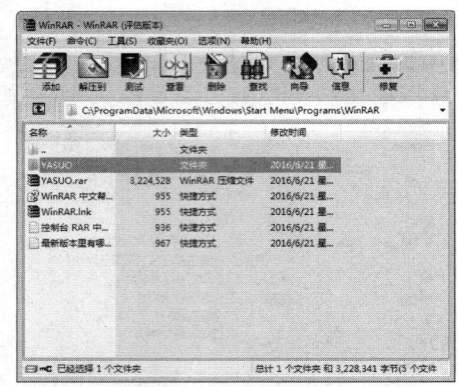

图 10.16　"解压路径和选项"对话框　　　　图 10.17　解压后的界面

五、实验要求

能够独立使用 WinRAR 进行文件的压缩和解压缩。

实验三　视频编辑专家

一、实验学时：1 学时

二、实验目的

● 能够熟练使用视频编辑专家的各种功能编辑视频。

三、相关知识

视频编辑专家不仅仅能对素材的进行简单合成，还包括了对原有素材的加工，最终导出视频的独特效果，如图片间的转场特效、MTV 字幕同步、字幕特效、简单的视频截取等。

视频编辑专家其实是对图片、视频、音频等素材进行重组编码工作的多媒体软件。重组编码是将图片、视频、音频等素材进行非线性编辑后，根据视频编码规范进行重新编码，转换成新的格式，如 VCD、DVD 格式，这样的图片、视频、音频无法被重新提取出来，因为已经转化为新的视频格式，发生了质的变化。

视频编辑专家的另一个重要技术特征在于，它除了是专业的视频编辑软件，还具有为原始图片添加各种多媒体素材的功能，如为图片配置音乐、添加 MTV 字幕效果和各种相片过渡转场特效等。

四、实验范例

本实验将练习使用视频编辑专家进行视频编辑，熟练使用视频分割与合并、视频转换、视频切割等功能。

1. 视频编辑专家的安装

（1）在浏览器上搜索"视频编辑专家"，下载软件并安装，如图 10.18 所示，按照提示完成软件的安装。

（2）打开已安装好的视频编辑专家，其主界面如图10.19所示。

图 10.18　视频编辑专家安装首页

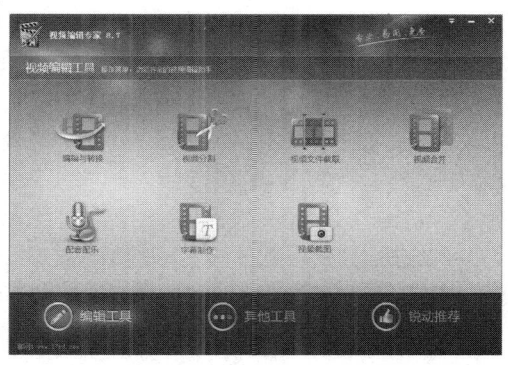

图 10.19　视频编辑专家主界面

2. 视频的编辑与转换

（1）选择视频编辑专家主界面中的"编辑与转换"选项，如图10.20所示，选择需要转换成的文件格式（目标文件格式），然后单击"添加文件"按钮，添加需要转换的视频文件，如图10.21所示。

图 10.20　打开需要转换的视频

图 10.21　已选择需要转换的视频

（2）添加视频文件完成后，单击"下一步"按钮，进入"输出设置"页面，如图10.22所示。此时可以设置"输出目录"，也可以更改"目标格式"，还可以单击"显示详细设置"按钮来对视频进行更为详细的设置。

（3）继续单击"下一步"按钮，等待进度条完成。视频转换进度如图10.23所示。

图 10.22　"输出设置"页面

图 10.23　视频转换进度

3. 视频的分割、合并与截取

（1）有时为了方便存储或者转发，或者只需要保留一段较长的视频中的某一小段，需要将视频截取或者分割开来。在某些情况下，又需要把多段视频合并在一起。

① 在视频编辑专家主界面中选择"视频分割"选项，弹出"视频分割"窗口，如图10.24所示，单击"添加文件"按钮，在弹出的"打开"对话框中选择视频文件，单击"打开"按钮，这样视频被添加进来了，如图10.25所示。

② 单击"下一步"按钮，选择输入目录。此时，系统将进入"分割设置"页面，如图10.26所示，可以进行分割参数的设置，随后单击"下一步"按钮，此时系统将进行视频分割，等待分割进度完成，即可完成视频的分割，如图10.27所示。

图10.24 "视频分割"窗口

图10.25 添加文件

图10.26 "分割设置"页面

图10.27 视频分割进度

（2）视频合并是视频分割的反向操作，即将几个视频剪辑在一起以便于观看。

① 在视频编辑专家主界面中选择"视频合并"选项，单击"添加"按钮，在弹出的"打开"对话框中选择需要合并的视频文件，可按住 **Ctrl** 键选择多个文件，单击"打开"按钮，如图10.28所示。

② 单击"下一步"按钮，弹出视频合并列表，进入"输出设置"页面。单击"输出目录"选项对应的文件夹按钮，在弹出的对话框中选择保存位置，并单击"保存"按钮，输入要合并的文件的名称，也可以更改目标文件格式，如图10.29所示。

图10.28 视频合并界面

③ 单击"下一步"按钮,此时,系统将进行视频合并,并显示合并进度和详细信息,等待合并进度完成,即可完成视频的合并,如图 10.30 所示。

图 10.29 视频合并输出设置

图 10.30 视频合并进度

(3) 视频截取是截取视频中的一段加以保留,截掉视频中不需要的部分。

① 在视频编辑专家主界面中选择"视频文件截取"选项,添加要截取的视频文件,设置"输出目录",如图 10 31 所示。

图 10.31 视频截取

② 单击"下一步"按钮进入"设置截取时间"页面。此时,调整进度条,设置要截取视频段落的开始时间与结束时间,单击"下一步"按钮,如图 10.32 所示。

③ 等待进度条完成,即成功截取视频为止,如图 10.33 所示。

图 10.32 设置视频截取时间

图 10.33 视频截取进度

五、实验要求

能够独立使用视频编辑专家中的各种功能对视频进行编辑，如视频分割、视频截取、视频合并等。

实验四　光影魔术手的使用

一、实验学时：1学时

二、实验目的

- 学习光影魔术手的使用方法；
- 能够使用光影魔术手为照片添加边框；
- 能够使用光影魔术手对照片显示效果进行编辑调整；
- 能够使用光影魔术手为照片添加文字；
- 能够使用光影魔术手对多张照片进行批量处理。

三、相关知识

光影魔术手是一款针对图像画质进行改善提升及效果处理的软件。它简单、易用，不需要任何专业的图像技术就可以制作出专业胶片摄影的色彩效果，且批量处理功能非常强大，具有对摄影作品进行快速后期处理和图片快速美容等功能，能够满足大部分人对照片后期处理的需要。

四、实验范例

从网站上下载光影魔术手安装文件，双击文件进行安装，安装完成后，光影魔术手的主界面如图 10.34 所示。

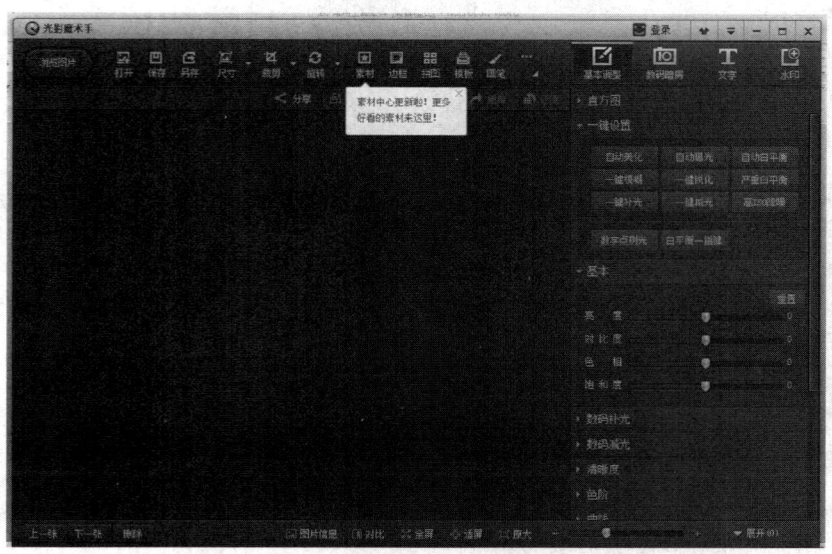

图 10.34　光影魔术手的主界面

(1)使用光影魔术手添加边框。

① 在光影魔术手编辑窗口中打开一张素材照片,单击"边框"按钮,展开"边框"卷展栏,如图 10.35 所示,选择需要的边框,如这里选择"轻松边框"选项,展开轻松边框的素材列表,如图 10.36 所示。

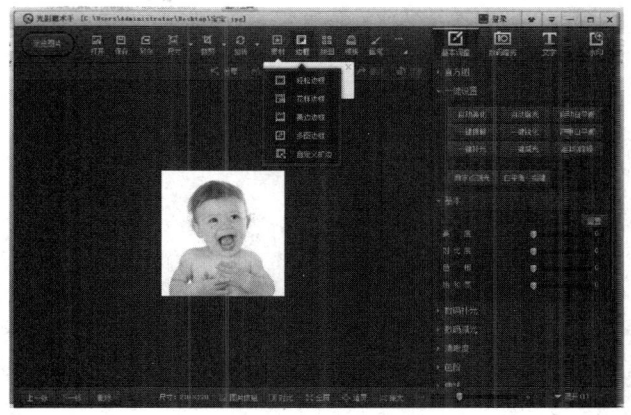

图 10.35　边框

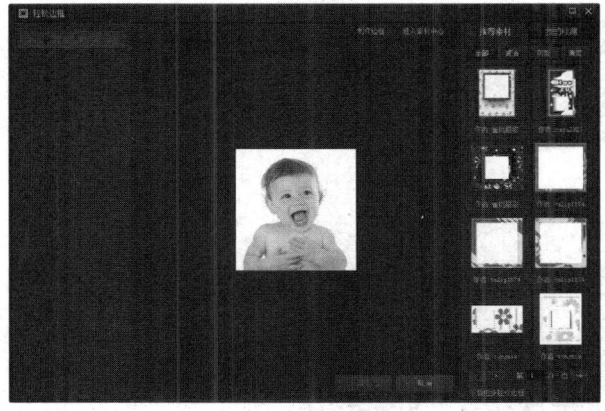

图 10.36　轻松边框的素材列表

② 在素材列表中选择自己需要的边框,即可看到边框预览效果,如图 10.37 所示。

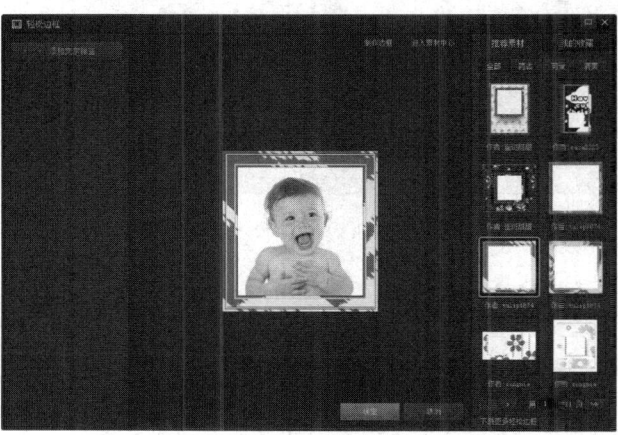

图 10.37　添加边框后的效果

（2）使用光影魔术手处理图片效果。

① 在光影魔术手编辑窗口中打开一张素材照片，然后在编辑窗口的右侧单击"数码暗房"按钮，选择自己想要的效果，这里选择"数字滤色镜"，其效果如图 10.38 所示。某些效果可根据需要调整参数，如"滤镜"和"透明度"。

② 单击"确定"按钮后，再打开"胶片"下的"负片效果"，分别调整"暗部细节"和"亮部细节"，并单击"确定"按钮执行操作，两种叠加的最终效果如图 10.39 所示。

③ 处理完毕后，单击"保存"按钮保存图片文件。

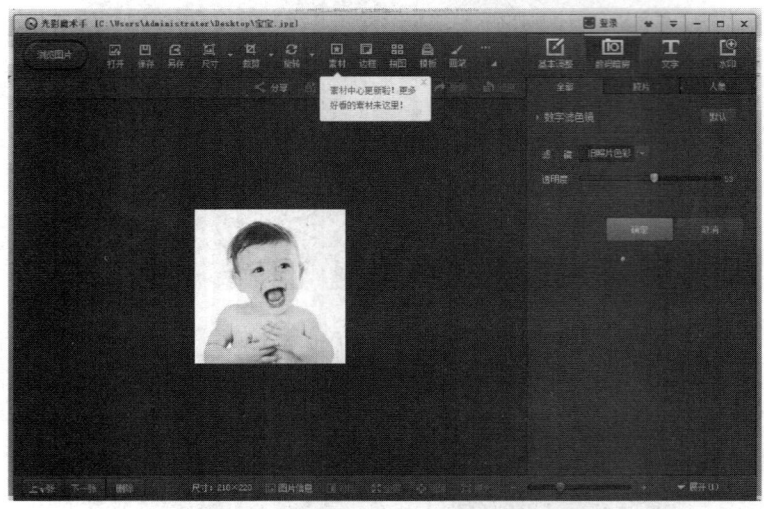

图 10.38　数字滤色镜

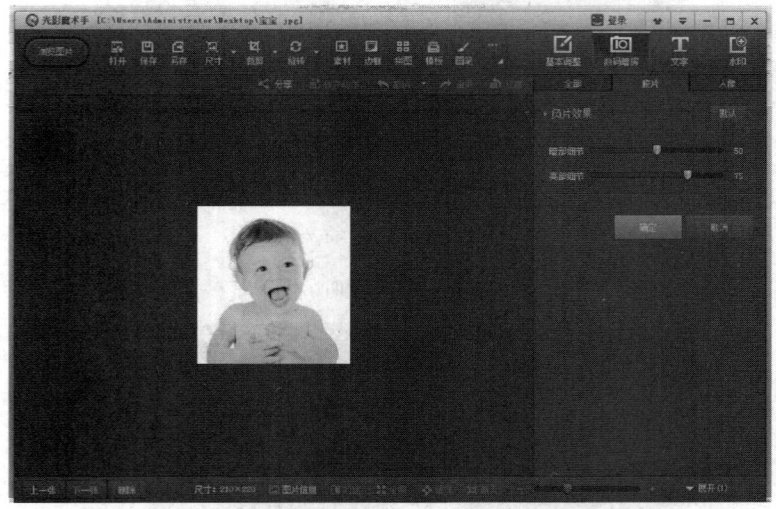

图 10.39　叠加效果

（3）批处理照片。

① 单击光影魔术手照片预览区右上方的下拉按钮，打开下拉列表，可以看到"日历""抠图""批处理"等多个选项，选择"批处理"选项，弹出批处理任务栏，单击下方的"添加"按钮添加照片，可以按住 Ctrl 键一次性打开多张照片，如图 10.40 所示。

② 打开待处理的图片后，单击"下一步"按钮，打开"批处理"动作窗口，如图 10.41 所示。

在右边的"请添加批处理动作"工具栏中单击"添加水印"按钮,打开如图 10.42 所示的"添加水印"窗口。

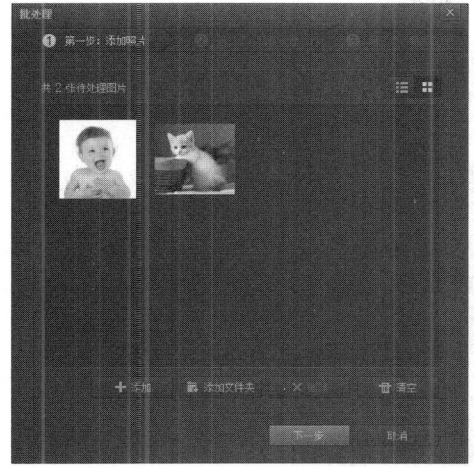
图 10.40 打开多张素材照片

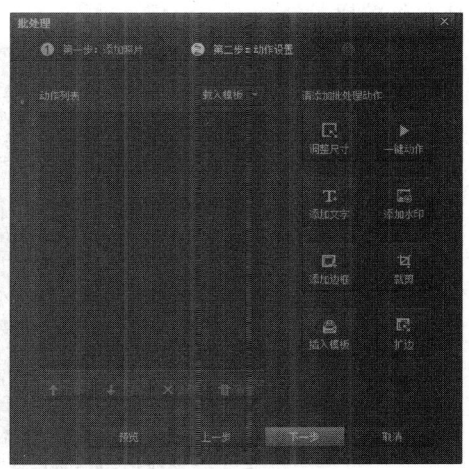
图 10.41 "批处理"动作窗口

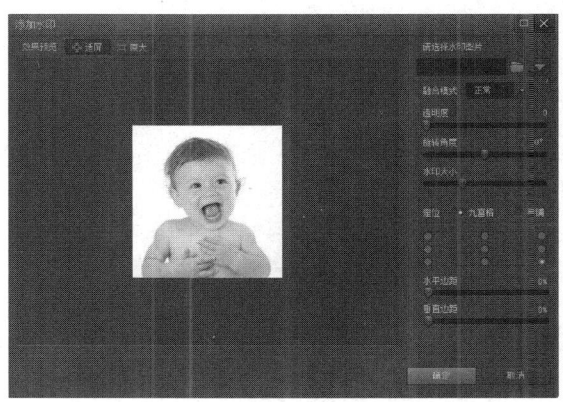
图 10.42 "添加水印"窗口

③ 选择计算机中保存的水印图片,调整水印的融合模式、透明度、旋转角度、大小及位置等,如图 10.43 所示。

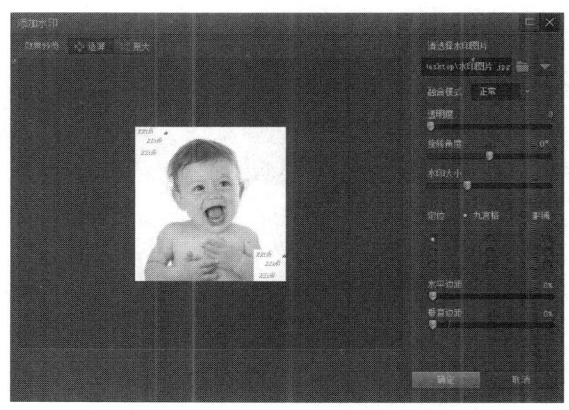
图 10.43 添加水印的参数设置

④ 调整完毕后单击"确定"按钮，然后单击"下一步"按钮，选择输出路径并命名输出文件，设置其输出格式，如图 10.44 所示。设置完成后单击"开始批处理"按钮，单击"确定"按钮，即可完成照片的批量处理。

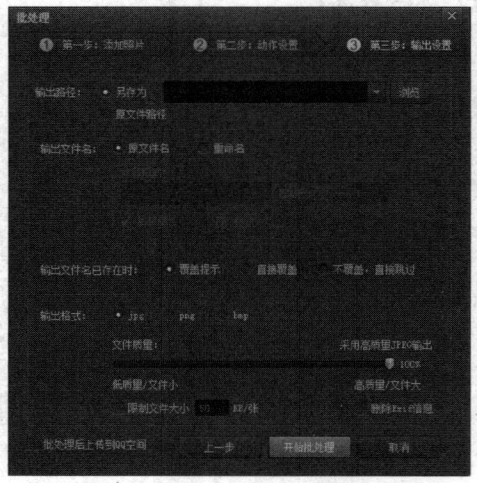

图 10.44　输出设置

五、实验要求

光影魔术手还具有剪裁图片、多张照片拼图、画笔、抠图、添加文字等功能，要求熟练使用这些功能，熟练掌握各种图片的处理动作。

第 11 章 综合实验项目开发

本章主要讲述一个完整的软件项目开发流程，通过一个综合项目开发实验来由浅入深地讲解软件项目开发流程。使读者能够了解软件工程的思想，认识软件开发过程管理和文档的重要性。

实验一 软件项目开发流程

一、实验学时：2 学时

二、实验目的

- 了解软件工程的概念；
- 掌握软件开发的一般过程；
- 掌握软件开发过程文档的撰写方法；
- 掌握常用的软件开发工具的使用。

三、相关知识

软件项目开发是一个有序的过程，软件产品不仅包含程序，还包含数据和文档。在软件生产的每个阶段都要产生最终产品的一个或几个组成部分。也就是说，一个软件产品必须由一个完整的配置组成，软件配置主要包括程序、文档和数据等。一个没有文档的软件，会给开发人员交流、用户使用、软件维护等带来极大的困难。

1. 软件工程的概念

软件工程是指导软件开发和维护的工程性学科，以计算机科学理论和其他相关学科的理论为指导，采用工程化的概念、原理、技术和方法进行软件的开发和维护，把经过时间考验而证明是正确的管理技术和当前能够得到的最好的技术方法结合起来，以较少的代价获得高质量的软件并维护它。

2. 软件过程

软件过程是为构建软件而执行的一系列活动、动作和任务的集合。

当开发一个软件项目时，一个非常重要的原则就是遵循一系列可预测的步骤。软件过程就是软件开发中应遵循的"路线图"。

软件生命周期是指一个软件从定义开始，经过开发、使用和维护，直到最终退役的全过程。软件生命周期也称为软件生存周期。

可以把整个软件生命周期划分为以下 3 个时期。

- 软件定义时期。
- 软件开发时期。
- 运行维护时期（也称软件维护时期）。

软件定义时期进一步还可以划分为以下 3 个阶段。
- 问题定义。
- 可行性分析。
- 需求分析。

软件开发时期通常由以下 4 个阶段组成。
- 总体设计。
- 详细设计。
- 编码和单元测试。
- 综合测试。

其中前两个阶段又称为系统设计，后两个阶段又称为系统实现。

前面的 7 个阶段，再加上软件维护阶段，共 8 个阶段构成了一个过程框架的框架活动。每个阶段的基本任务如下：

1）问题定义

回答："要解决的问题是什么？"

通过对客户的访问调查，系统分析员扼要地写出问题的性质、工程目标和工程规模的书面报告，经过讨论和必要的修改后，这份报告应该得到客户的确认。

2）可行性分析

回答上一个阶段所确定的问题："做还是不做？"

系统分析员需要进行一次大大压缩和简化了的系统分析和设计过程，也就是在较抽象的高层次上进行的分析和设计过程。

可行性分析的结果是客户做出是否继续进行这项工程的决定的重要依据，一般说来，只有投资可能取得较大效益的那些工程项目才值得继续进行下去，不值得投资的工程项目应及时终止。

阶段性产品包括可行性分析报告。

3）需求分析

回答："为了解决这个问题，目标系统必须做什么？"

这个阶段的任务仍然不是具体地解决问题，而是确定目标系统功能需求、性能需求和运行环境约束。

阶段性产品包括软件需求规格说明书、数据要求说明书和初步的用户手册等文档。

4）总体设计

回答："概括地说，应该怎样实现目标系统？"

任务是对需求规格说明中提供的软件系统逻辑模型进行进一步的分解，从而建立软件系统的总体结构和各子系统之间、各功能模块之间的关系，定义各子系统接口界面和各功能模块的接口，设计全局数据库或数据结构，规定设计约束，制订组装测试计划，进而给出每个功能模块的功能描述、全局数据定义和外部文件定义等。

阶段性产品包括总体设计说明书、数据库设计说明书和软件综合测试说明书等文档。

5）详细设计

回答："应该怎样具体实现这个目标系统？"

任务是将总体设计产生的功能模块进一步细化，然后设计每个模块的内部细节，包括算法、数据结构、模块之间的接口、模块的单元测试计划等。

阶段性产品包括详细设计说明书、软件单元测试计划等文档。

6）编码和单元测试

编码的主要任务是根据详细设计说明书，用某种选定的程序设计语言把详细设计的结果转化为机器可运行的源程序模块，这是一个编程和调试程序的过程。

每编写出一个程序模块的源程序，调试通过后，即可对该模块进行测试，这称为单元测试。

阶段性产品包括经排错调试通过的源程序，以及软件用户手册、软件测试计划等文档。

7）综合测试

在综合测试阶段，程序将被全面地测试，已编制的文档将被检查审阅。

在该阶段一般要完成软件测试报告；作为开发工作的结束，所生产的程序、文档及开发工作本身将逐项被评价，最后写出项目开发总结报告。

8）软件维护

软件维护阶段是软件生命周期中持续时间最长的阶段。通常有以下4类维护活动。

纠错性维护：诊断和改正在使用过程中发现的软件错误。

适应性维护：修改软件以适应环境的变化。

完善性维护：根据客户的要求改进或扩充软件使其更完善。

预防性维护：修改软件为将来的维护活动预先做准备。

通常每一项维护活动实质上都是一次压缩和简化了的软件定义和软件开发过程，都要经历提出维护要求、分析维护要求、提出维护方案、审批维护方案、确定维护计划、修改软件设计、修改程序、测试程序、评审、验收等步骤。

3．软件开发方法

软件开发方法是从不同的软件类型出发，按不同的观点和原则，对软件开发中应遵循的策略、原则、步骤和必须产生的文档资料做出规定，从而使软件的开发能够规范化和工程化。

1）传统软件工程方法

采用结构化技术来完成软件开发的各项任务，并使用适当的软件工具或软件工程环境来支持结构化技术的运用。

该方法把软件生命周期的全过程依次划分为需求分析、总体设计与详细设计、编码、测试、维护等几个主要阶段，然后顺序地完成每个阶段的任务。

2）现代软件工程方法

现代软件工程主要是面向对象的软件工程。所谓面向对象，就是针对现实中客观存在的事物进行软件开发。

面向对象使用对象、类和继承的机制，同时对象之间只能通过传递消息来实现相互通信。

4．软件开发工具

软件开发工具是指为支持软件的开发、维护、管理而专门研发的计算机程序系统。目的是提高软件开发的质量和效率，降低软件开发、维护和管理的成本，支持特定的软件工程方法，减轻手工方式管理的负担。

软件开发工具通常由工具（主体）、工具接口和工具用户接口三部分构成。其工具通过工具接口与其他工具、操作系统、通信接口及环境信息库接口等进行相连交互。

5．软件开发中主要的文档资料

（1）可行性分析报告。可行性分析报告的编写目的：说明该软件开发项目的实现在技术、经济和社会条件方面的可行性；评述为了合理地达到开发目标而可能选择的方案；论证选定的方案。

（2）项目开发计划。编制项目开发计划的目的是用文件的形式，把在开发过程中各项工作的负责人员、开发进度所需的经费预算、所需的软硬件条件等问题记录下来，以便根据本计划开展和检查本项目的开发工作。

（3）数据要求说明书。数据要求说明书的编制目的是向整个开发时期提供关于处理数据的描述和数据采集要求的技术信息。

（4）概要设计说明书。概要设计说明书可称作系统设计说明书，这里说的系统是指程序系统，编制的目的是说明对程序的系统的设计思路，包括程序系统的基本处理流程、程序系统的组织结构、模块划分、功能分配、接口设计、运行设计、数据结构设计和出错处理设计等，为程序的详细设计提供基础。

（5）详细设计说明书。详细设计说明书可称作程序设计说明书。编制目的是说明一个软件系统各个层次中的每一个程序（每个模块或子程序）的设计思路，如果一个软件系统比较简单，层次很少，那么该说明书可以不单独编写，有关内容与概要设计说明书合并。

（6）数据库设计说明书。数据库设计说明书的编制目的是对于设计中的数据库所有标识、逻辑结构和理结构做出具体的设计规定。

（7）用户手册。用户手册的编制目的是使用非专门术语的语言，充分地描述该软件系统工程所具有的功能及基本的使用方法，使用户（或潜在用户）通过本手册能够了解该软件的用途，并且能够确定在什么情况下，如何使用软件系统。

（8）操作手册。操作手册的编制是为了向操作人员提供该软件每一个运行的具体过程和有关知识，包括操作方法的细节。

四、实验范例

开发一个 B/S 结构的学生信息管理系统，写出编写代码前相关的软件开发文档。

1. 可行性分析

1）技术可行性

前端设计主要使用的技术有 JSP、JavaScript、jQuery、HTML、CSS、Bootstrap、VUE 等；后端代码编写主要使用的技术有 Java、Spring MVC、MyBatis、SpringBoot、Maven 等；项目运行环境为 Tomcat 9 服务器软件；数据库管理系统软件采用 MySQL 8，采用的都是目前主流的技术。

2）经济可行性

采用新的学生信息管理系统可取代原系统的手工管理工作，减少人工开支，节省资金，并且可大大提高数据信息的取得，缩短数据信息处理时间，提高学生信息的利用率，使教学质量更上一个台阶。

2. 需求分析

在与系统用户进行充分沟通后，整理出学生信息管理系统所需要的基本功能和用户操作界面的一些需求，具体描述如下。

（1）应该能够存储班级信息、任课教师信息、学生信息、课程信息、课记录和成绩等多种数据信息。

（2）提供对基本信息数据的录入、修改、删除等操作。

（3）提供权限管理功能，不同的用户可以设置不同的权限。

（4）应具有模糊查询功能，在输入条件的情况下，查找出所有符合条件的记录。

（5）应具有统计分析功能，可以对学生、课程、学生专业人数等进行统计分析。

（6）用户可以通过浏览器访问系统的功能，不需要安装多余的软件。

（7）学生对教师教学质量可以进行评价。

3. 总体设计

系统分为学生用户和管理员用户，学生的功能主要包括登录、查看课程表、完成阶段测试、查看课后作业、完成知识掌握反馈、教师评分、查看学费信息、修改账号信息。学生用户功能模块划分如图11.1所示。

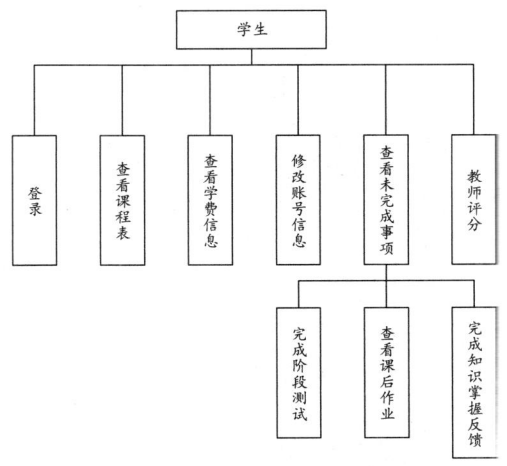

图 11.1　学生用户功能模块划分

管理员的功能主要包括登录、班级管理、教室管理、假期管理、专业管理、专业阶段管理、课程管理、学生管理、教师管理、发布管理及图表分析等。

管理员用户功能模块划分如图11.2所示。

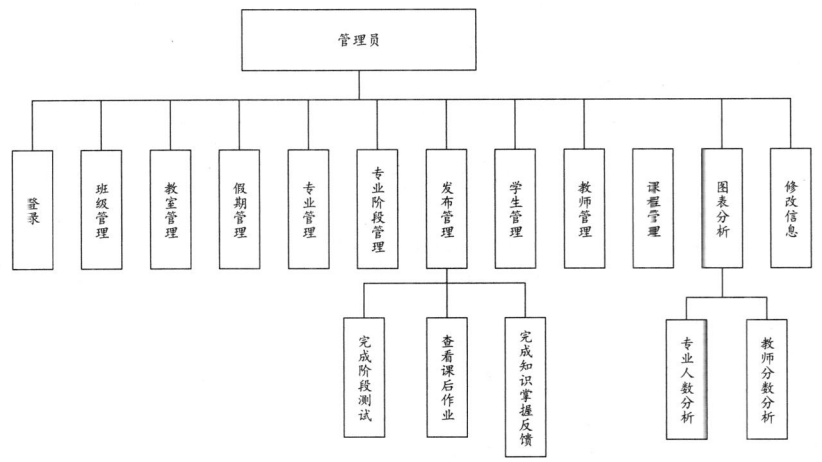

图 11.2　管理员用户功能模块划分

4. 详细设计

学生端系统打开之后的功能主要包括登录、查看课程表、完成阶段测试、查看课后作业、完成知识掌握反馈、教师评分、查看学费信息、修改账号信息。

学生端系统流程图如图11.3所示。

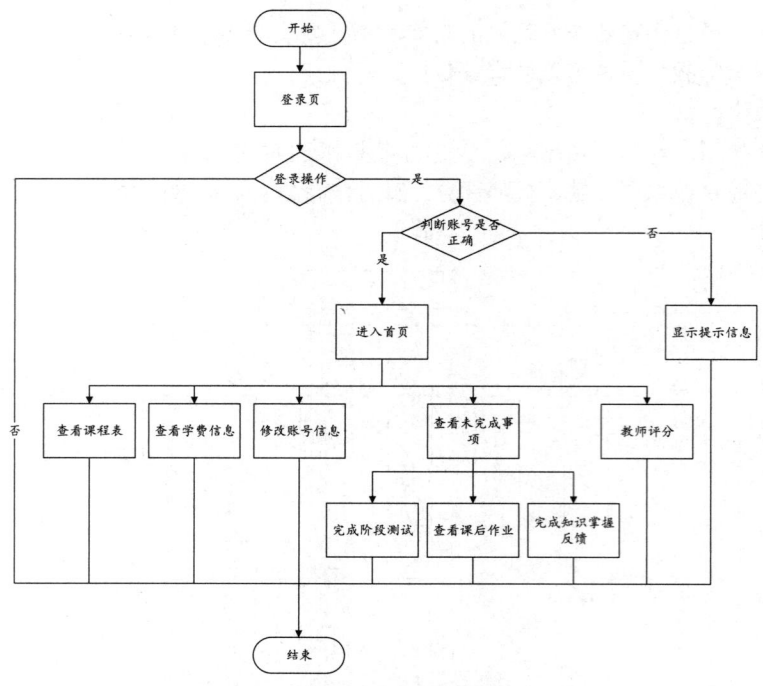

图 11.3 学生端系统流程图

管理员登录之后的功能主要包括学生信息、课程管理和统计分析等,课程管理又包括排课管理、教师管理、专业管理等功能,管理端系统流程图如图 11.4 所示。

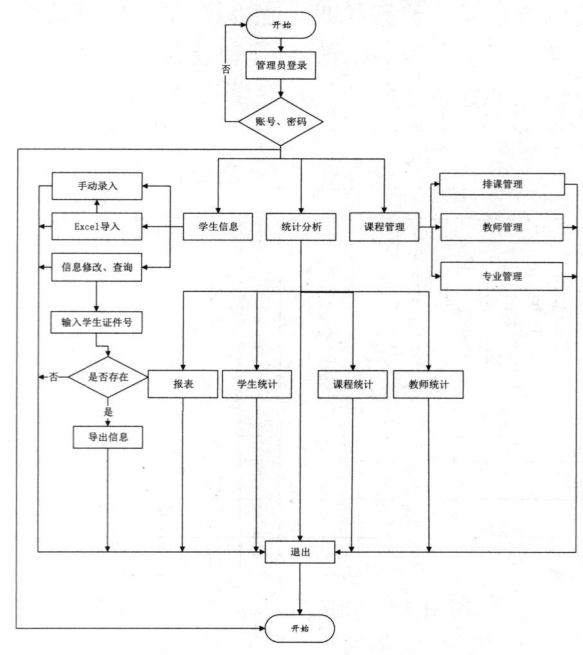

图 11.4 管理端系统流程图

5. 数据库设计

本系统数据库的数据表共有 12 个,分别为班级信息表、教室信息表、专业信息表、课程信息表、学生信息表、教师信息表、用户信息表、试卷信息表、问题信息表、选项信息表、学生评分记录表、教师发布记录表，下面是几个主要数据表的定义描述。

1）班级信息表

班级信息表的主键是 id（班级编号），room_id 和 major_id 是外键，两个外键分别用来连接教室信息表和专业信息表，当添加一个班级时，管理员选择教师和专业并把编号存入班级信息表。班级信息表如表 11.1 所示。

表 11.1 班级信息表

列名	数据类型	长度	约束	允许空	默认值	说明
id	int	11	PK	否		班级编号
people_num	int	11		否	0	班级人数
class_name	varchar	40		否		班级名称
major_id	int	11	FK	否		专业编号
classroom	varchar	10		否		教室名
room_id	int	11	FK	否		教室编号

2）教室信息表

教室信息表的主键是 id（教室编号），max_people 是教室最多容纳人数，当为教室设置班级时，班级的总人数不允许超过教室最多容纳人数，status 表示当前教室是否已安排班级，一个教室同时只能对应一个班级。教室信息表如表 11.2 所示。

表 11.2 教室信息表

列名	数据类型	长度	约束	允许空	默认值	说明
id	int	11	PK	否		教室编号
classroom	varchar	11		否		教室名
max_people	int	11		否		教室最多容纳人数
status	bit			否	b'1'	是否被占用

3）课程信息表

课程信息表存储班级每日的课程信息，如表 11.3 所示。

表 11.3 课程信息表

列名	数据类型	长度	约束	允许空	默认值	说明
id	int	11	PK	否		课程编号
course_name	varchar	40		否		课程名
name_detail	varchar	40		是		课程详名
time	date			否		上课日期
test	bit			否		是否阶段测试
stage_id	int	11		否		阶段编号
classroom	varchar	22		是		教室名
is_holiday	bit			是	b'0'	是否假期
teacher_id	int	11	FK	是	0	教师编号
class_id	int	11	FK	否		班级编号
major_id	int	11	FK	否		专业编号

4）学生信息表

学生信息表是用来存储每个学生信息的数据表，学生的学号是根据专业和班级生成的，学生信息表如表 11.4 所示。

表 11.4 学生信息表

列名	数据类型	长度	约束	允许空	默认值	说明
id	int	11	PK	否		学生编号
number	char	8		否		学号
name	varchar	12		否		姓名
sex	bit			否	b'0'	性别
phone	varchar	11		否		联系电话
birthday	date			否		出生日期
email	varchar	26		是		电子邮箱
target_price	int	11		是	0	目标学费
my_price	int	11		是	0	已交学费
avatar	varchar	255		否		头像
class_id	int	11	FK	否		班级编号
major_id	int	11	FK	否		专业编号

其他数据表内容不再一一列出。

五、实验要求

制作一个图书管理系统项目的开发文档，操作要求如下：

（1）用户的注册功能，用户与管理员的登录功能；

（2）用户可以通过图书信息（如书名或书号）查询想借阅的图书，并在有库存的情况下进行借阅；

（3）当用户想要借阅的图书没有时，可以在预约功能里进行图书预约；

（4）用户可以对借阅的图书进行归还；

（5）用户可以查看和修改个人信息；

（5）用户可以查看公告栏与帮助；

（6）管理员可以查看用户的预约记录，并对其中的记录进行修改；

（7）管理员可以通过用户的预约记录对图书进行采购；

（8）管理员可以对采购的图书进行编目并将其添加到书库；

（9）管理员可以对书库中的图书进行管理，可以通过书名信息模糊查询，也可以通过书号进行查询；

（10）管理员可以对图书信息进行修改、添加及删除；

（11）管理员可以对用户的信息进行查询、修改及删除；

（12）管理员可以对用户的借阅记录进行查询及删除；

（13）管理员可以对所有用户发布公告及删除公告。

实验二　开发平台搭建

一、实验学时：2 学时

二、实验目的

- 掌握 IntelliJ IDEA 的安装与配置；
- 掌握 Tomcat 的安装与配置；
- 掌握 MySQL 的安装与使用；
- 了解 Spring Boot 的用法。

三、相关知识

IntelliJ IDEA 是 Java 编程语言开发的集成环境，在业界被公认为是最好的 Java 开发工具，尤其在智能代码助手、代码自动提示、重构、JavaEE 支持、各类版本工具（git、svn 等）、JUnit、CVS 整合、代码分析、创新的 GUI 设计等方面的功能可以说是超常的。

Tomcat 一个免费的开放源代码的 Web 应用服务器，属于轻量级应用服务器，在中小型系统和并发访问用户不是很多的场合下被普遍使用，是开发和调试 JSP 程序的首选。对于一个初学者来说，可以这样认为，当在一台机器上配置好 Apache 服务器时，可利用它响应 HTML（标准通用标记语言下的一个应用）页面的访问请求。

MySQL 是一个关系型数据库管理系统（RDBMS），属于 Oracle 旗下产品。在 Web 应用方面，MySQL 是最好的 RDBMS 应用软件之一。

Spring Boot 是由 Pivotal 团队提供的全新框架，其设计目的是简化新 Spring 应用的初始搭建及开发过程。该框架使用了特定的方式来进行配置，从而使开发人员不再需要定义样板化的配置。通过这种方式，Spring Boot 致力于在蓬勃发展的快速应用开发领域成为领导者。

四、实验范例

本系统采用 IntelliJ IDEA 开发平台，Web 服务器采用 Tomcat，数据库采用 MySQL，下面将介绍这些工具的安装与配置。

1. IntelliJ IDEA 的下载与安装

打开官网 http://www.jetbrains.com/idea/，单击页面中的"Download"按钮，如图 11.5 所示。

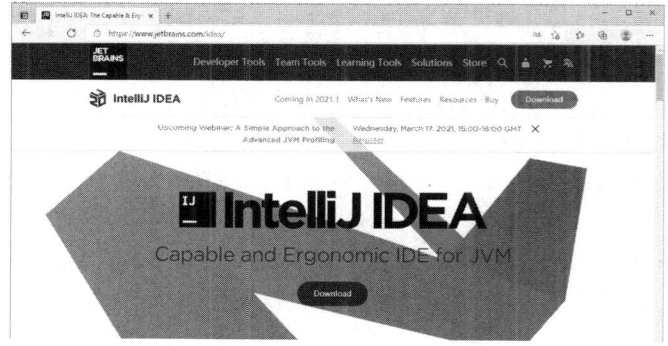

图 11.5　IntelliJ IDEA 官网页面

根据自己的需要选择下载的 IntelliJ IDEA 版本，我们的计算机大多是 64 位的 Windows 10 系统，这里选择的是 Ultimate（旗舰版），如图 11.6 所示。

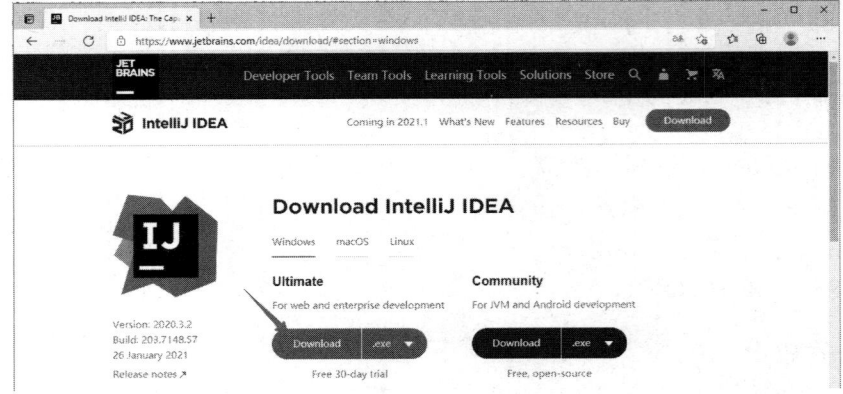

图 11.6　IntelliJ IDEA 下载页面

双击下载好的安装包，然后单击"Next"按钮继续安装，如图 11.7 所示。

选择安装路径时注意安装路径不要存在中文。继续单击"Next"按钮进行下一步，如图 11.8 所示。

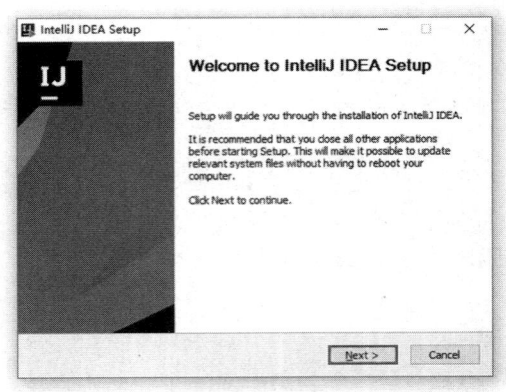

图 11.7　IntelliJ IDEA 安装界面　　　　图 11.8　IntelliJ IDEA 安装路径选择界面

安装选项设置如下。

Create Desktop Shortcut：创建桌面快捷方式，根据操作系统选择。

Update context menu：勾选此项，单击鼠标右键会添加"从文件夹打开项目"菜单项，看个人需要。

Create Associations：创建关联，勾选后打开对应文件都是以 IDEA 打开的，个人建议不勾选。

Download and install 32-bit JetBrains Runtime：下载并安装 32 位运行环境，如果安装 JDK 时已经安装过就无须勾选。个人不建议勾选，此处安装包是从 JetBrains 官网下载的，国内网速普遍下载缓慢。

Update PATH variable（restart needed）：更新路径变量（需要重启），添加 IDEA 的环境变量。

选择完成后单击"Next"按钮进行下一步，如图 11.9 所示。

单击"Next"按钮,显示如图11.10所示的界面,单击"Finish"按钮完成安装。

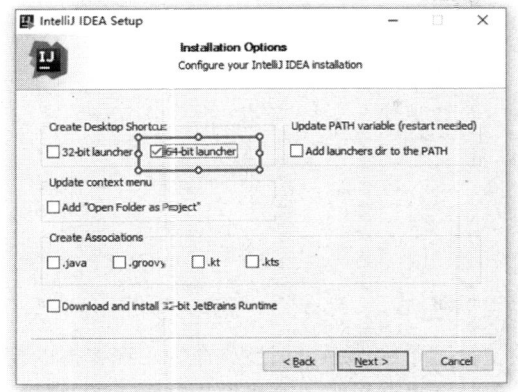 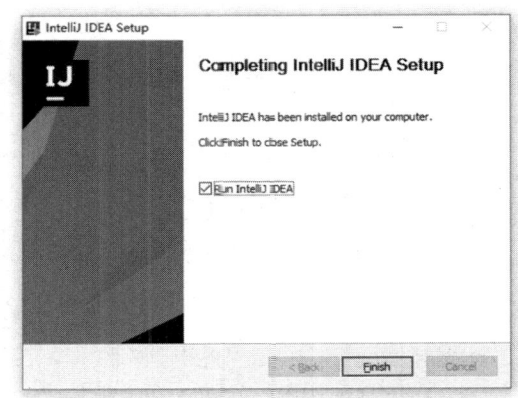

图11.9　IntelliJ IDEA 安装配置界面　　　　图11.10　IntelliJ IDEA 安装完成界面

2. Tomcat 的安装与配置

打开官网 https://tomcat.apache.org/，默认下载最新版本。下面以安装 Tomcat 9 为例，介绍 Tomat 的安装与配置。在左侧的导航栏中"Download"下方选择"Tomcat 9"，然后单击页面下方的"64-bit Windows zip（pgp，sha512）"进行下载，如图11.11所示。

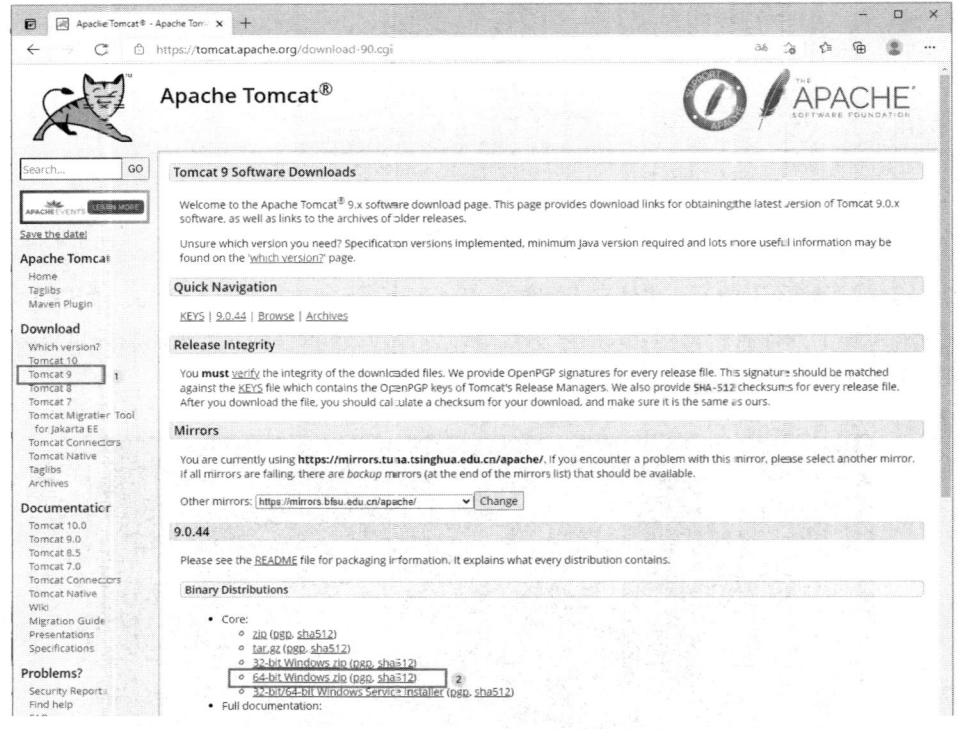

11.11　Tomcat 下载主界面

因为下载的是绿色版的压缩包，所以玉缩包的安装方式很简单，直接解压到想放的地方即可，我们解压到 D 盘，如图11.12所示。

图 11.12　解压 Tomcat

配置环境变量,右击"此电脑"图标,在打开的快捷菜单中选择"属性"命令,在弹出的窗口中单击"高级系统设置"按钮,在弹出的"系统属性"对话框中单击"高级"选项卡下的"环境变量"按钮。新建系统变量名为"CATALINA_HOME",变量值为下载的压缩包解压路径：D:\ProgramFiles\apache-tomcat-9.0.44,如图 11.13 所示。

图 11.13　Tomcat 环境变量配置

在 Tomcat 解压路径下的 bin 文件夹中双击打开"startup.bat",启动 Tomcat,如图 11.14 所示。打开后不要关闭弹出的控制台窗口,关闭控制台窗口会停止 Tomcat 服务,关闭服务可以运行 bin 文件夹下的"shutdown.bat"文件。

图 11.14　启动 Tomcat

打开浏览器，在地址栏中输入"http://localhost:8080/"，出现如图11.15所示的页面，就表示成功启动了。

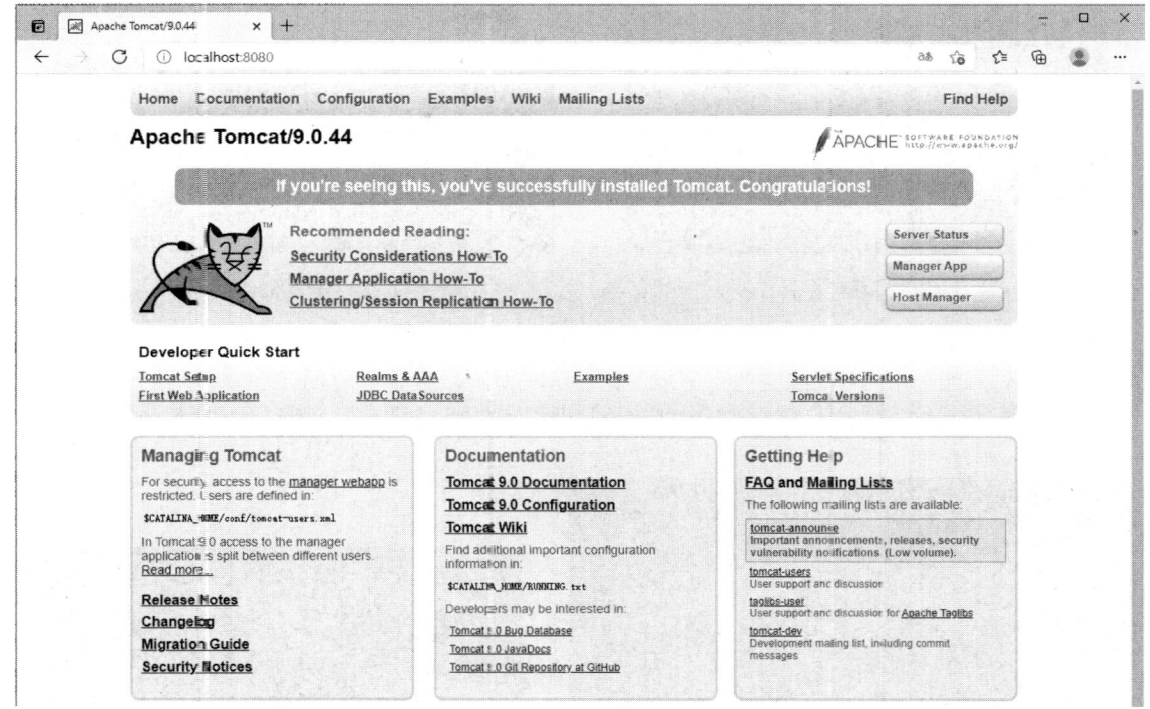

图 11.15　Tomcat 测试页面

3. MySQL 的安装与配置

MySQL 使用的 SQL 语言是用于访问数据库的最常用的标准化语言。MySQL 特点为体积小、速度快、总体拥有成本低，尤其是因为开放源码这一特点，在 Web 应用方面，MySQL 是最好的 RDBMS 应用软件之一。

（1）下载 MySQL，打开官方网址"https://dev.mysql.com/downloads/mysql/"，下载页面如图 11.16 所示，选择对应的 Windows 操作系统，然后选择解压版下载。

图 11.16　MySQL 下载页面

（2）MySQL 的配置。以管理员身份进入"cmd"，如图 11.17 所示，一定要是管理员身份，否则由于后续部分命令需要权限，会出现错误。

在控制台窗口中转到 MySQL 的 bin 目录下，输入命令"mysqld--install"，安装 MySQL 服务，如图 11.18 所示。

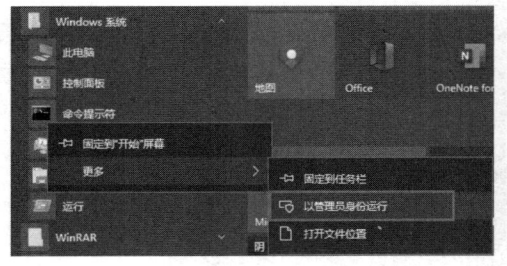

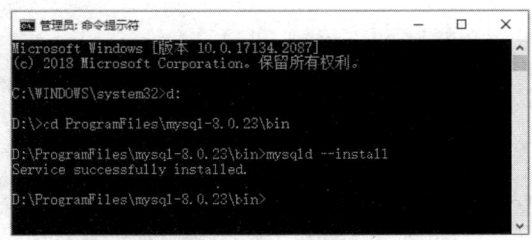

图 11.17　打开命令行模式　　　　　　　　　图 11.18　安装 MySQL 服务

（3）初始化 MySQL，在 bin 目录下，输入命令"mysqld --initialize --console"，初始化会产生一个随机密码，如图 11.19 画线的地方所示，记住这个密码，后面登录 MySQL 会用到。

（4）启动 MySQL 服务，在控制台模式下运用"net start MySQL"命令，如图 11.20 所示。

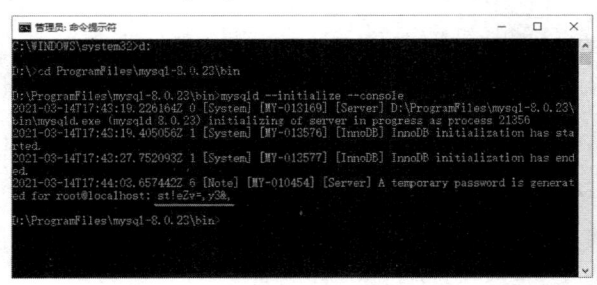

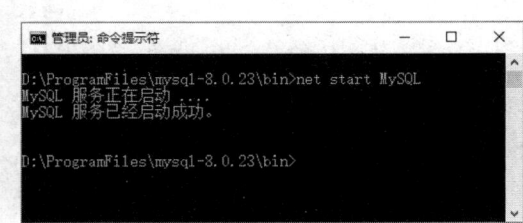

图 11.19　初始化 MySQL　　　　　　　　　图 11.20　启动 MySQL 服务

（5）登录 MySQL，如果登录结果和图 11.21 一样，则说明 MySQL 已经安装并登录成功。需要注意的是，一定要先启动 MySQL 服务，不然会登录失败，出现拒绝访问的提示符。

（6）修改密码。由于初始化产生的随机密码太复杂，不便于用户登录 MySQL，因此用户应当修改一个自己能记住的密码。登录 MySQL 后，输入"alter user'root'@'localhost' identified by'root1234'"，如图 11.22 所示。

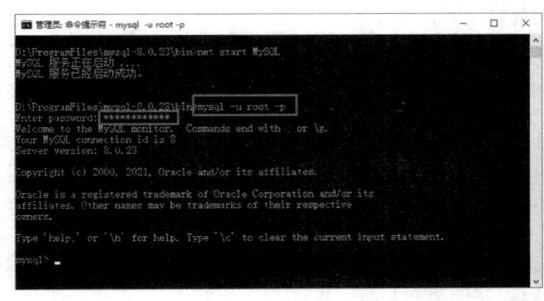

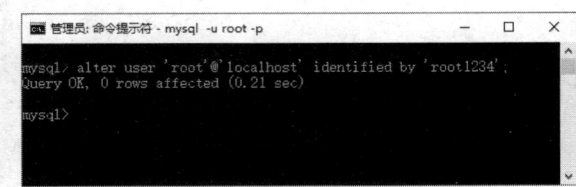

图 11.21　登录 MySQL　　　　　　　　　　图 11.22　修改密码

（7）设置系统的全局变量。为了方便登录操作 MySQL，需要设置一个全局变量。右击"此电脑"图标，在弹出的快捷菜单中选择"属性"命令，接下来按如图 11.23 所示的①～⑤步骤进行操作。

第 11 章 综合实验项目开发

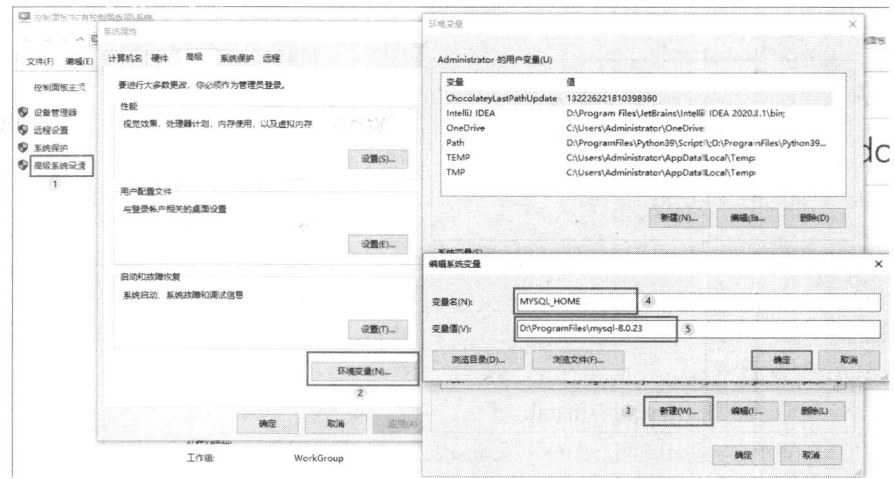

图 11.23 设置环境变量

把新建的 MySQL 变量添加到 Path 环境变量，如图 11.24 所示。

图 11.24 设置 Path 环境变量

（8）创建 MySQL 的配置文件。在安装目录"D:\ProgramFiles\mysql-8.0.23"下，新建"my.ini"文件，打开"my.ini"文件，输入如下的内容。

```
[mysql]
#设置MySQL客户端默认字符集
default-character-set=utf8mb4
[mysqld]
#设置3306端口
port = 3306
#设置MySQL的安装目录
basedir=D:\ProgramFiles\mysql-8.0.23
#设置MySQL的数据的存放目录
datadir=D:\ProgramFiles\mysql-8.0.23\data
#允许最大连接数
max_connections=200
#服务端使用的字符集默认为8bit编码的latin1字符集
```

```
character-set-server=utf8mb4
#创建新表时将使用的默认存储引擎
default-storage-engine=INNODB
#默认使用"mysql_native_password"插件认证
#mysql_native_password
default_authentication_plugin=mysql_native_password
[client]
#设置MySQL客户端连接数据库时默认使用的端口
port = 3306
default-character-set=utf8mb4
```

（9）MySQL 命令参考。
- 安装 MySQL 服务：mysqld --install。
- 初始化 MySQL：mysqld --initialize --console。
- 启动 MySQL 服务：net start MySQL。
- 关闭 MySQL 服务：net stop MySQL。
- 登录 MySQL：mysql -u root -p。
- 修改密码：alter user 'root'@'localhost' identified by 'password';（by 接着的是新密码）。
- 删除 MySQL 服务：mysqld --remove mysql 或 sc delete mysql。

五、实验要求

按照实验范例的步骤下载安装 IntelliJ IDEA，并对 IntelliJ IDEA 进行基本的配置。

实验三　创建 Java Web 项目

一、实验学时：2 学时

二、实验目的

- 掌握 IntelliJ IDEA 的基本操作；
- 掌握创建数据库的方法；
- 掌握 Tomcat 服务的部署；
- 掌握代码的编写方法。

三、相关知识

要进行一个基于 Java 技术的 Web 项目开发，需要掌握的技术包括 Java 语言、前端网页设计技术、数据库、应用服务器、集成开发环境等。

使用 Java 进行 Web 项目的开发，除掌握 Java 语言的基本语法外，还需要具备 JSP、Servlet、JDBC、JavaBean 等相关知识。

1. JDBC 技术

JDBC 是一种执行 SQL 语句的 Java API，由一组用 Java 编程语言编写的类与接口组成，为开发人员提供了一个标准的 API，用来进行与数据库有关的操作。API（Application Programming Interface，应用程序编程接口）是一些预先定义的函数，目的是提供应用程序与开发人员基于某软件或硬件能够访问一组例程的能力，而又无须访问源码或理解内部工作机制的细节。

2．Servlet 技术

Servlet 是运行在服务器端的小程序，是一个接口，定义了 Java 类被浏览器访问到的规则。它被 Web 服务器（Tomcat）加载和执行，然后从客户端接收请求，执行某种操作，再返回结果。

3．JSP（JavaServer Pages）技术

JSP 由 Servlet 分离而来，简化了开发，加强了界面设计。JSP 容器收到客户端发出的请求时，首先执行其中的程序片段，然后将执行结果以 HTML 格式响应给客户端。程序片段可以是操作数据库和重新定向网页。所有程序操作都在服务器端执行，网络上传送给客户端的仅是得到的结果，与客户端的浏览器无关。

4．JavaBean 应用组件技术

JavaBean 提供常用功能，可以重复使用，可以让开发人员将某些功能和核心算法提取出来封装成一个组件对象。这样就增加了代码的重用率和系统的安全性。

四、实验范例

本次开发采用的开发环境与工具包括 IntelliJ IDEA 2020.31.4（Ultimate Edition）、MySQL Workbench 8.0.23、JDK 8、Tomcat 9.0.44。

下面将介绍项目创建的流程。

1．在 IntelliJ IDEA 平台上创建项目

打开 IntelliJ IDEA，选择新建项目，单击"Java Enterprise"选项，"Project template"选择"Web application"，"Application server"选择"Tomcat 9.0.44"，"Project SDK"选择"1.8 Java version '1.8.0_201'"，单击"Next"按钮，如图 11.25 所示。

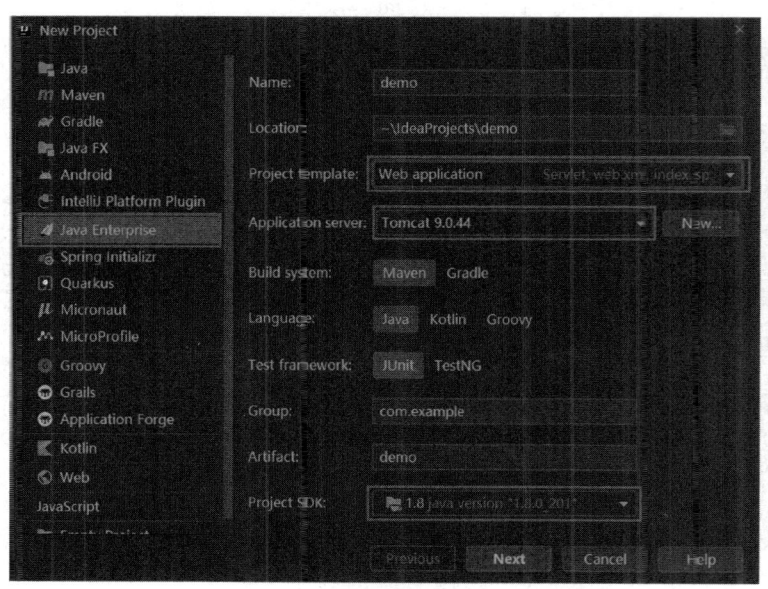

图 11.25　创建 JavaWeb 项目

输入项目名称，这里输入"stumanage"。然后选择项目存放位置，单击"Finish"按钮，如图 11.26 所示。

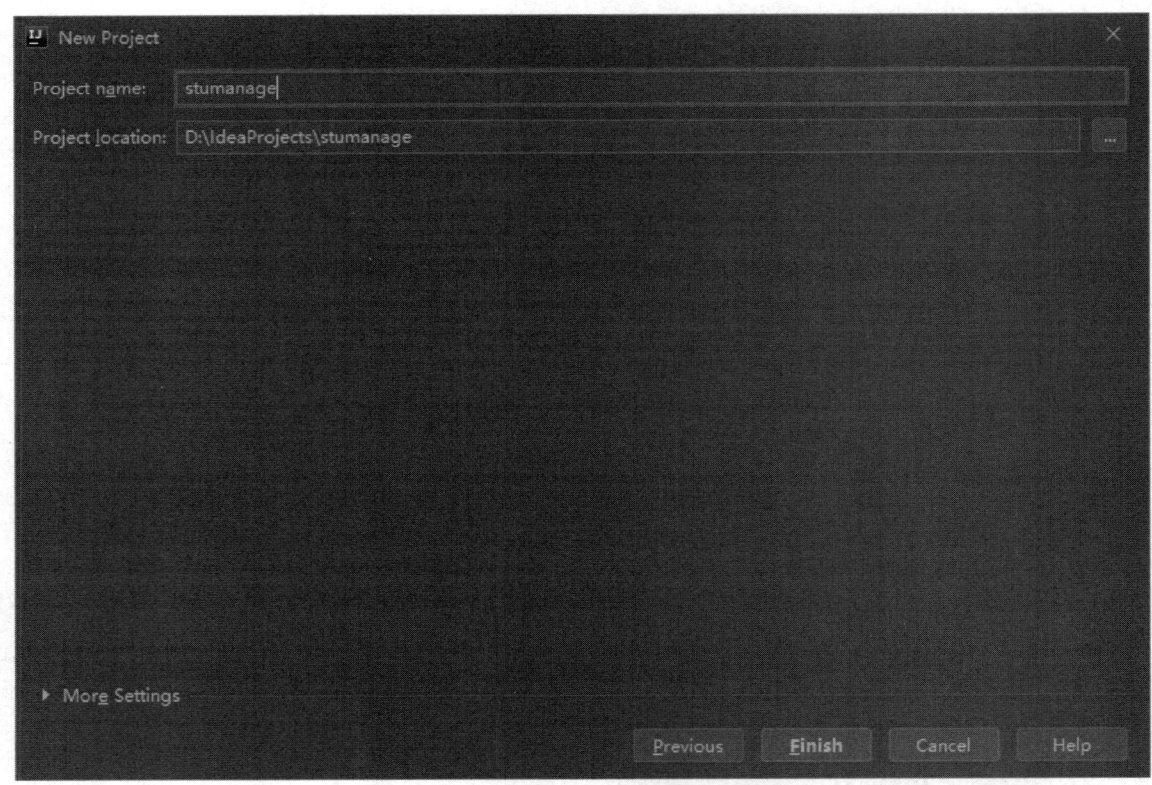

图 11.26　设置项目名称和存放路径

在"WEB-INF"文件夹下新建两个文件夹 classes 和 lib，"classes"文件夹用来存放编译后输出的 class 文件，"lib"文件夹用于存放第三方 jar 包，如图 11.27 所示。

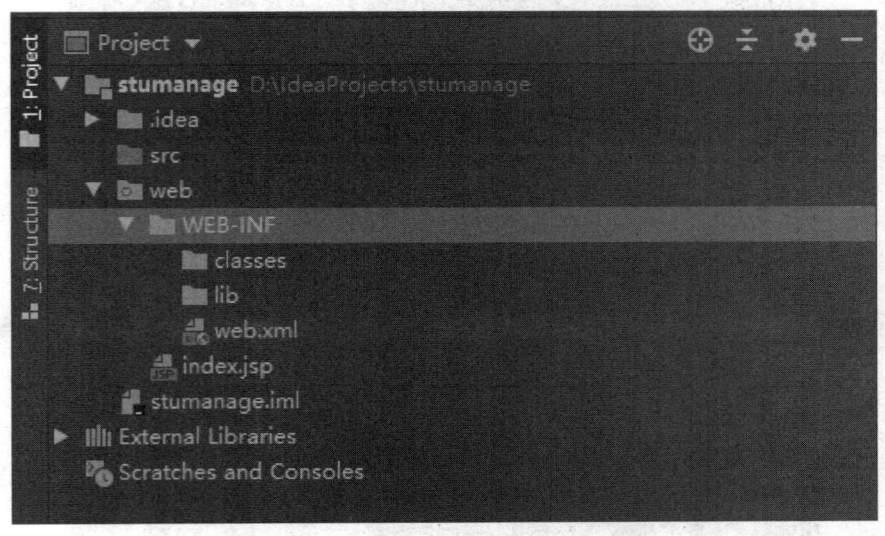

图 11.27　在项目中创建目录

单击"File"→"Project Structure"→"Modules"→"Dependencies"→"+"/"-"→"Libraries"按钮，选择"Application Server Libraries"下的"Tomcat 9.0.44"，单击"Add Selected"按钮，这样就可以导入 JSP 和 Servlet 的 jar 包了，如图 11.28 所示。

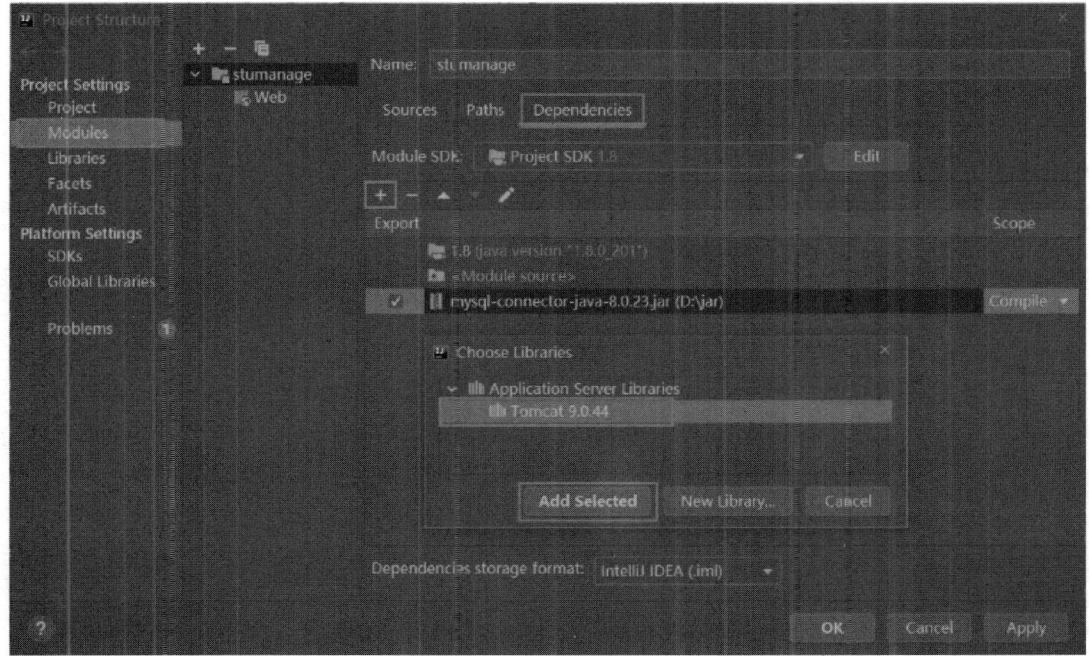

图 11.28　关联 SDK 和 Tomcat

选择"Run"→"Edit Configurations"命令，打开如图 11.29 所示的界面进行设置，单击"Deployment"选项卡，选中"stumanager:war exploded"，在下面的文本框中设置"Application context"。

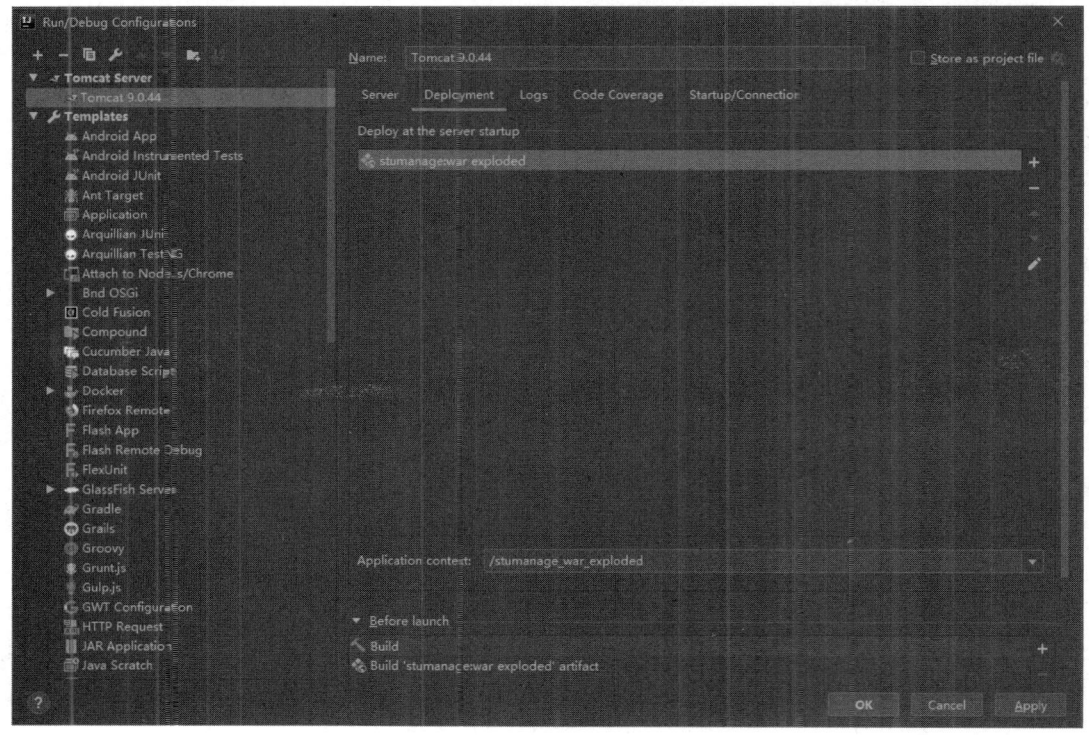

图 11.29　设置"Application context"

单击"Server"选项卡，如图11.30所示，在"Application server"添加本地安装的Tomcat目录路径，设置端口。

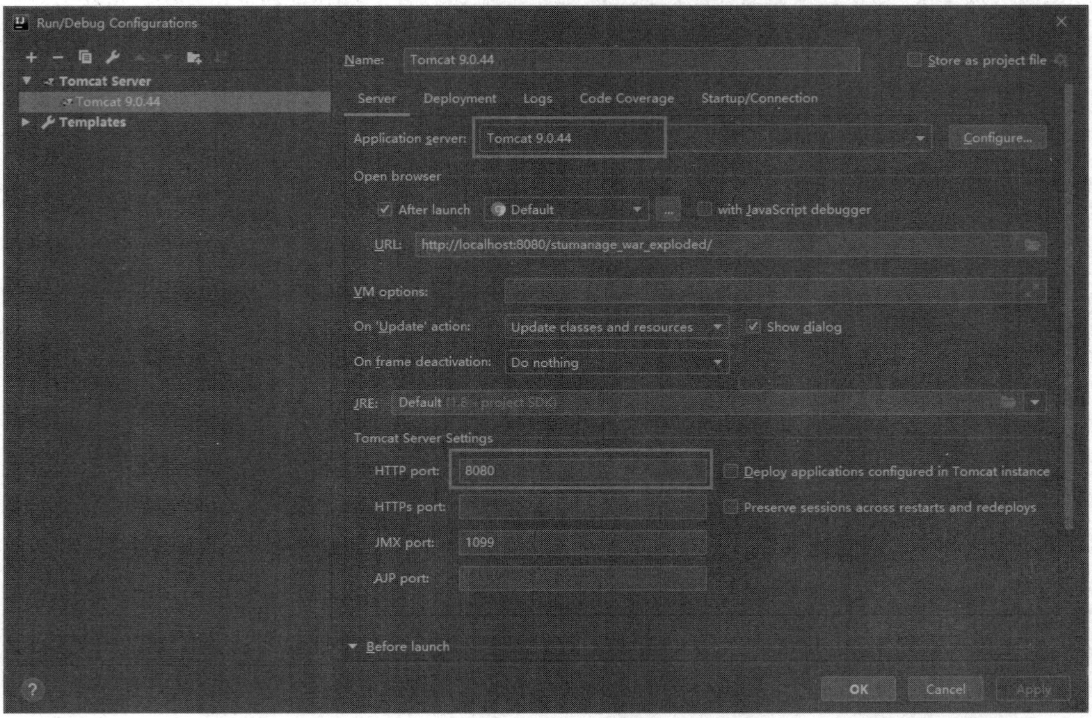

图 11.30　设置 Tomcat 和端口

2. 创建数据库和数据表

登录 MySQL 服务，执行如下的语句，创建一个名为"stu_db"的数据库。

```
create database stu_db;
```

然后执行如下的语句创建一个用户表，并插入数据。

```
use stu_db;
CREATE TABLE `users` (
  `id` int(11) NOT NULL auto_increment,
  `name` varchar(20) NOT NULL,
  `pwd` varchar(30) NOT NULL,
  `sex` varchar(2) NOT NULL,
  `role` varchar(30) NOT NULL,
  `info` varchar(255) NOT NULL,
  PRIMARY KEY  (`id`)
) ENGINE=InnoDB AUTO_INCREMENT=5 DEFAULT CHARSET=utf8;
```

执行下面的语句向 users 数据表中插入数据。

```
INSERT INTO `users` VALUES ('1', 'admin', 'admin', '男', 'administrator', '管理员');
INSERT INTO `users` VALUES ('2', 'stu', 'stu', '女', 'student', '学生');
INSERT INTO `users` VALUES ('3', 'tea', 'tea', '男', 'teacher', '教师');
```

3. 创建项目包结构

右击"src"文件夹，选择"New"→"Package"命令，依次创建 dao、entity、filter、servlet 和 util，如图11.31所示。

第 11 章 综合实验项目开发

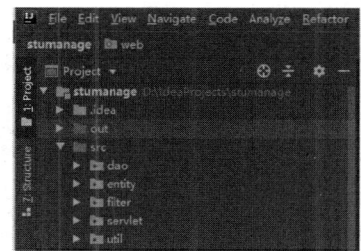

图 11.31 创建项目包结构

filter：过滤器包，一般用来解决中文字符集乱码问题的类放在这个包内。
util：工具包，数据库连接等通用的工具类放在这个包内。
entity：实体包，用户自定义的实体类放在这个包内。
dao：数据访问包，对数据库操作的类放在这里。
servlet：servlet 包，一些业务处理的功能类放在这里。

4．解决中文乱码问题

在 filter 下新建一个 EncodingFilter 用来解决中文字符集乱码问题，它需要实现 Filter 接口，并重写 doFilter 函数，代码如下：

```java
package filter;
import java.io.IOException;
import javax.servlet.Filter;
import javax.servlet.FilterChain;
import javax.servlet.FilterConfig;
import javax.servlet.ServletException;
import javax.servlet.ServletRequest;
import javax.servlet.ServletResponse;
// EncodingFilter用来解决中文字符集乱码问题，它需要实现Filter接口，并重写doFilter函数
public class EncodingFilter implements Filter {
    public EncodingFilter() {
        System.out.println("过滤器构造");
    }
    public void destroy() {
        System.out.println("过滤器销毁");
    }
    public void doFilter(ServletRequest request, ServletResponse response, FilterChain chain) throws IOException, ServletException {
        request.setCharacterEncoding("utf-8"); //将编码改为utf-8
        response.setContentType("text/html;charset=utf-8");
        chain.doFilter(request, response);
    }
    public void init(FilterConfig arg0) throws ServletException {
        System.out.println("过滤器初始化");
    }
}
```

5．web.xml 配置信息

在网页文件根目录 web 下的 WEB-INF 文件夹下有一个 web.xml 配置文件，其内容如下：
```
<?xml version="1.0" encoding="UTF-8"?>
```

```xml
<web-app xmlns="http://xmlns.jcp.org/xml/ns/javaee"
         xmlns:xsi="http://www.w3.org/2001/XMLSchema-instance"
         xsi:schemaLocation="http://xmlns.jcp.org/xml/ns/javaee http://xmlns.jcp.org/xml/ns/javaee/web-app_4_0.xsd"
         version="4.0">

    <display-name></display-name>

    <filter><!-- 过滤器配置-->
        <filter-name>EncodingFilter</filter-name>
        <filter-class>filter.EncodingFilter</filter-class><!--全路径 从根包开始一直到类名-->
    </filter>

    <filter-mapping>
        <filter-name>EncodingFilter</filter-name>
        <url-pattern>/*</url-pattern> <!--*即为过滤所有-->
    </filter-mapping>

    <servlet><!--servlet类路径配置-->
        <servlet-name>loginServlet</servlet-name>
        <servlet-class>servlet.loginServlet</servlet-class>
    </servlet>

    <servlet>
        <servlet-name>registerServlet</servlet-name>
        <servlet-class>com.servlet.registerServlet</servlet-class>
    </servlet>

    <servlet>
        <servlet-name>showAllServlet</servlet-name>
        <servlet-class>servlet.showAllServlet</servlet-class>
    </servlet>

    <servlet>
        <servlet-name>deleteServlet</servlet-name>
        <servlet-class>com.servlet.deleteServlet</servlet-class>
    </servlet>

    <servlet>
        <servlet-name>updateServlet</servlet-name>
        <servlet-class>servlet.updateServlet</servlet-class>
    </servlet>

    <servlet-mapping><!--servlet类映射配置-->
        <servlet-name>loginServlet</servlet-name>
        <url-pattern>/loginServlet</url-pattern>
    </servlet-mapping>
```

```xml
<servlet-mapping>
    <servlet-name>registerServlet</servlet-name>
    <url-pattern>/registerServlet</url-pattern>
</servlet-mapping>

<servlet-mapping>
    <servlet-name>showAllServlet</servlet-name>
    <url-pattern>/showAllServlet</url-pattern>
</servlet-mapping>

<servlet-mapping>
    <servlet-name>deleteServlet</servlet-name>
    <url-pattern>/deleteServlet</url-pattern>
</servlet-mapping>

<servlet-mapping>
    <servlet-name>updateServlet</servlet-name>
    <url-pattern>/updateServlet</url-pattern>
</servlet-mapping>

<welcome-file-list><!--默认首页地址-->
    <welcome-file>login.jsp</welcome-file>
</welcome-file-list>
</web-app>
```

6. 数据库访问类

在util下新建一个DBconnect类用来处理对数据库的连接操作。根据数据库实际情况更改用户名或密码，程序代码如下：

```java
package com.util;
import java.sql.*;
public class DBconnect
{
    static String url="jdbc:mysql://localhost 3306/DataTest?useSSL=false";
    static String user="root";
    static String pw = "12345678";
    static Connection conn=null;
    static PreparedStatement ps=null;
    static ResultSet rs=null;
    static Statement st=null;

    public static void init() throws SQLException, ClassNotFoundException {//SQL程序初始化
        try{
            Class.forName("com.mysql.jdbc.Driver");//注册驱动
            conn= DriverManager.getConnection(url, user, pw);   //建立连接
        }catch (Exception e){
            System.out.println("SQL程序初始化失败");
```

```java
            e.printStackTrace();
        }
    }

    public static int addUpdateDelete(String sql){
        int i=0;
        try{
            ps=conn.prepareStatement(sql);
            boolean flag= ps.execute();
            if(flag==false){//如果第一个结果是结果集对象,则返回true;如果第一个结果是更新计数或者没有结果,则返回false
                i++;
            }
        }catch(Exception e){
            System.out.println("数据库增删改异常 ");
            e.printStackTrace();
        }
        return i;
    }

    public static ResultSet selectSql(String sql){
        try{
            ps=conn.prepareStatement(sql);
            rs=ps.executeQuery();

        }catch(Exception e){
            System.out.println("数据库查询异常");
            e.printStackTrace();
        }
        return rs;
    }

    public static  void closeConn(){
        try{
            conn.close();
        }catch(Exception e){
            System.out.println("数据库关闭异常");
            e.printStackTrace();
        }
    }
}
```

7. 创建实体类

在 entity 下新建一个 Users 实体类,实体即抽象出来的用户对象,对应数据库中的 Users 表,表中每个字段在实体中为一个属性,也可以理解为一个 Users 对象对应数据库的 Users 表中的一条记录,程序代码如下:

```java
package entity;
public class Users {
```

```java
        private int id;
        private String name;
        private String pwd;
        private String sex;
        private String role;
        private String info;
        public int getId() {
            return id;
        }
    public void setId(int id) {
        this.id = id;
    }
    public String getName() {
        return name;
    }
    public void setName(String name) {
        this.name = name;
    }
    public String getPwd() {
        return pwd;
    }
    public void setPwd(String pwd) {
        this.pwd = pwd;
    }
    public String getSex() {
        return sex;
    }
    public void setSex(String sex) {
        this.sex = sex;
    }
    public String getRole() {
        return role;
    }
    public void setRole(String role) {
        this.role = role;
    }
    public String getInfo() {
        return info;
    }
    public void setInfo(String info) {
        this.info = info;
    }
}
```

8. 创建数据访问层接口

在 dao 下新建一个 UserDao 接口及对应的方法实现类。

UserDao 类：

```java
package dao;
```

```java
import java.util.List;
import entity.Users;

public interface UserDao {
    public boolean login(String name,String password);
    public boolean register(Users user);
    public List<Users> getUserAll();//返回用户信息集合
    public boolean delete(String id);//根据id删除
    public boolean update(String name, String id);
}
```

UserDaoImplement 类：

```java
package dao;

import entity.Users;
import util.DBconnect;

import java.lang.invoke.MutableCallSite;
import java.sql.ResultSet;
import java.sql.SQLException;
import java.util.ArrayList;
import java.util.List;

public class UserDaoImplement implements UserDao {
    public boolean login(String name, String password) {
        boolean flag = false;
        try {
            try{
                DBconnect.init();
            }catch (Exception e){
                e.printStackTrace();
            }
            //注意查询语句中的单引号、双引号
            ResultSet rs = DBconnect.selectSql("select * from student where name='" + name + "'and password='" + password + "';");
            while (rs.next()) {
                if (rs.getString("name").equals(name) && rs.getString("password").equals(password)) {
                    flag = true;
                }
            }
            DBconnect.closeConn();
        } catch (SQLException e) {
            e.printStackTrace();
        }
        return flag;
    }

    public boolean register(Users user) {
```

```java
        boolean flag = false;
        try{
            DBconnect.init();
        }catch (Exception e){
            e.printStackTrace();
        }
        int i = DBconnect.addUpdateDelete("insert into student(name,password,id) " +
                "values('" + user.getName() + "','" + user.getPassword() + "','"+user.getId()+" ')");
        if (i > 0) {
            flag = true;
        }
        DBconnect.closeConn();
        return flag;
    }

    public List<MyUser> getUserAll() {//返回用户信息集合
        List<Users> list = new ArrayList<>();
        try {
            try{
                DBconnect.init();
            }catch (Exception e){
                e.printStackTrace();
            }
            ResultSet rs = DBconnect.selectSql("select * from student");
            while (rs.next()) {
                String nameone=rs.getString("name");
                String passwordone=rs.getString("password");
                String idone=rs.getString("id");
                Users user=new Users(nameone,passwordone,idone);
                list.add(user);
            }
            DBconnect.closeConn();
        } catch (SQLException e) {
            e.printStackTrace();
        }
        return list;
    }

    public boolean delete(String id) {//根据id删除{
        boolean flag = false;
        try{
            DBconnect.init();
        }catch (Exception e){
            e.printStackTrace();
        }
        String sql = "delete from student where id='" + id+"'";
        int i = DBconnect.addUpdateDelete(sql);//i的意义
```

```java
            if (i > 0) {
                flag = true;
            }
            DBconnect.closeConn();
            return flag;
        }

        public boolean update(String name, String id) {
            boolean flag = false;
            try{
                DBconnect.init();
            }catch (Exception e){
                e.printStackTrace();
            }
            String sql = "update users set name ='" + name
                    +"'"+"where id = '" + id+"'";

            int i = DBconnect.addUpdateDelete(sql);
            System.out.println("1"+" "+i);
            if (i > 0) {
                flag = true;
            }
            DBconnect.closeConn();
            return flag;
        }

}
```

9. 创建登录控制类

在 servlet 下创建 loginServlet，用来实现对用户登录的操作。

```java
package servlet;
import java.io.IOException;
import java.io.PrintWriter;
import java.util.Date;
import java.text.*;



import javax.servlet.ServletException;
import javax.servlet.http.HttpServlet;
import javax.servlet.http.HttpServletRequest;
import javax.servlet.http.HttpServletResponse;
import dao.UserDao;
import dao.UserDaoImplement;
import entity.Users;

public class registerServlet extends HttpServlet {
    public void doGet(HttpServletRequest request, HttpServletResponse response)
```

```java
            throws ServletException, IOException {
        doPost(request, response);
    }
    public void doPost(HttpServletRequest request, HttpServletResponse response)
            throws ServletException, IOException {

        String name = request.getParameter("name"); //获取JSP页面传过来的参数
        String pwd = request.getParameter("password");
        String id = request.getParameter("id");

        Users user = new Users(); //实例化一个对象，组装属性
        user.setName(name);
        user.setPassword(pwd);
        user.setId(id);

        UserDao ud = new UserDaoImplement();

        if(ud.register(user)){
            request.setAttribute("name", name);    //向request域中放置参数
            request.getRequestDispatcher("/login.jsp").forward(request, response);   //转发到登录页面
        }else {
            response.sendRedirect("register.jsp");//注册失败，返回注册页面，但是缺少提示"注册失败"
        }
    }
}
```

10. 获取用户所有数据

在 servlet 下创建 shouAllServlet，用来返回数据库中的所有用户信息。

```java
package servlet;
import java.io.IOException;
import java.util.List;
import javax.servlet.ServletException;
import javax.servlet.http.HttpServlet;
import javax.servlet.http.HttpServletRequest;
import javax.servlet.http.HttpServletResponse;
import dao.UserDao;
import dao.UserDaoImplement;
import entity.MyUser;

public class showAllServlet extends HttpServlet {
    public void doGet(HttpServletRequest request, HttpServletResponse response)
            throws ServletException, IOException {
        doPost(request, response);
    }
    public void doPost(HttpServletRequest request, HttpServletResponse response)
            throws ServletException, IOException {

        response.setContentType("text/html;charset=utf-8");
```

```
        UserDao ud = new UserDaoImplement();
        List<MyUser> userAll = ud.getUserAll();
        request.setAttribute("all", userAll);
        request.getRequestDispatcher("showAll.jsp").forward(request, response);
    }
}
```

11. 创建JSP网页文件

Login.jsp：

```jsp
<%@ page contentType="text/html;charset=UTF-8" language="java" %>
<%@ page language="java" import="java.util.*" pageEncoding="utf-8"%>
<html>
<head>
    <title>登录注册页面</title>
    <style>
        html{
            width: 100%;
            height: 100%;
            overflow: hidden;
            font-style: sans-serif;
        }
        body{
            width: 100%;
            height: 100%;
            font-family: 'Open Sans',sans-serif;
            margin: 0;
            background-color:goldenrod;
        }
        #login{
            position: absolute;
            top: 50%;
            left:50%;
            margin: -200px 0 0 -150px;
            width: 300px;
            height: 400px;
        }
        #login h1{
            color: #fff;
            text-shadow:0 0 10px;
            letter-spacing: 1px;
            text-align: center;
        }
        h1{
            font-size: 2em;
            margin: 0.67em 0;
        }
        input{
            width: 278px;
```

```css
            height: 26px;
            margin-bottom: 10px;
            outline: none;
            padding: 10px;
            font-size: 13px;
            color: #fff;
            text-shadow:1px 1px 1px;
            border-top: 1px solid #312E3D;
            border-left: 1px solid #312E3D;
            border-right: 1px solid #312E3D;
            border-bottom: 1px solid #56536A;
            border-radius: 4px;
            background-color: #2D2D3F;
        }
        .but{
            width: 278px;
            min-height: 20px;
            display: block;
            background-color: #4a77d4;
            border: 1px solid #3762bc;
            color: #fff;
            padding: 3px 14px;
            font-size: 15px;
            line-height: normal;
            border-radius: 5px;
            margin: 10px 0;
        }
    </style>
</head>
<body>
<div id="login">
<h1>登录</h1>
<form action='loginServlet'  method="post"  style="padding-top:-700px;">
    <input type="text" required="required" placeholder="用户名" name="name"></input>
    <input type="password" required="required" placeholder="密码" name="password"></input>
    <input class="but" type="submit"value="登录"name="login">
    <input class="but" type="reset"value="重置"><br>
</form>

<form action='register.jsp'>
    <input class="but" type="submit"value="新用户注册">
</form>
</div>
</body>
</html>
```

单击如图 11.32 所示的窗口右上角的运行图标,启动项目。

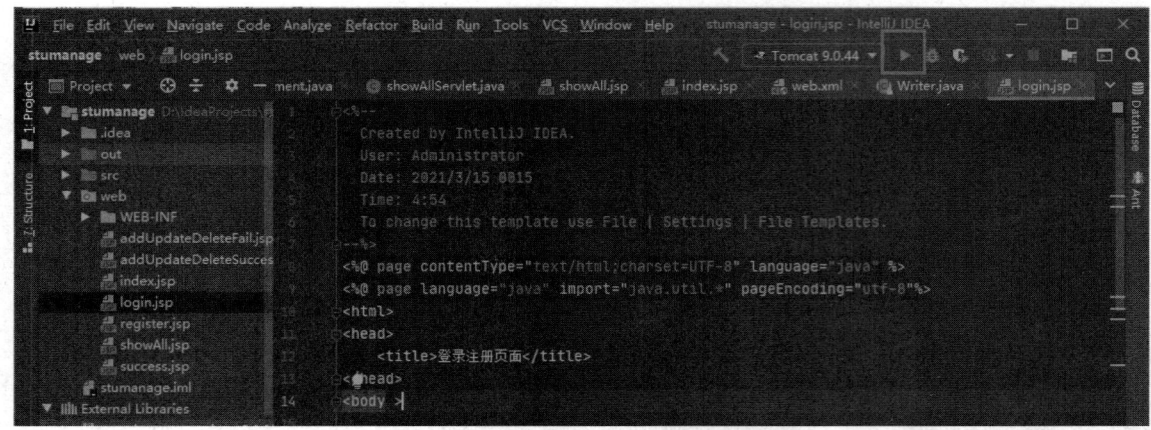

图 11.32　启动项目

等项目启动之后，系统会自动打开浏览器访问默认的登录页面，如图 11.33 所示。

图 11.33　通过浏览器访问系统登录页面

至此，一个 Java Web 项目创建的完整过程已经描述得很清楚了，后面的主要工作内容就是逐步完善系统功能和美化系统的界面。

五、实验要求

根据系统功能需要的描述，请模仿项目开发流程，完成学生信息、课程信息管理的功能，同时，可以采用第 9 章所学的前端网页的设计技术，美化项目的前端页面，最终实现一个功能完备、界面美观、操作方便的管理系统软件。

附录
扫码获取附录文档，自可行学习